수학 좀 한다면

KB212714

디딤돌 초등수학 기본+유형 3-1

펴낸날 [초판 1쇄] 2024년 10월 18일 [초판 2쇄] 2025년 1월 8일 | **펴낸이** 이기열 | **펴낸곳** (주)디딤돌 교육 | **주소** (03972) 서울특별시 마포구 월드컵북로 122 청원선와이즈타워 | **대표전화** 02-3142-9000 | **구입문의** 02-322-8451 | **내용문의** 02-323-9166 | **팩시밀리** 02-338-3231 | **홈페이지** www.didimdol.co.kr | **등록번호** 제10-718호 | 구입한 후에는 철회되지 않으며 잘못 인쇄된 책은 바꾸어 드립니다. 이 책에 실린 모든 삽화 및 편집 형태에 대한 저작권은 (주)디딤돌 교육에 있으므로 무단으로 복사 복제할 수 없습니다. Copyright ⓒ Didimdol Co. [2502850]

내 실력에 딱!
최상위로 가는 '맞춤 학습 플랜'

STEP 1 On-line
나에게 맞는 공부법은?
맞춤 학습 가이드를 만나요.

교재 선택부터 공부법까지! 디딤돌에서 제공하는 시기별
맞춤 학습 가이드를 통해 아이에게 맞는 학습 계획을 세워 주세요.
(학습 가이드는 디딤돌 학부모카페 '맘이가'를 통해 상시 공지합니다.
cafe.naver.com/didimdolmom)

STEP 2 Book
맞춤 학습 스케줄표
계획에 따라 공부해요.

교재에 첨부된 '맞춤 학습 스케줄표'에 맞춰 공부 목표를
달성합니다.

STEP 3 On-line
이럴 땐 이렇게!
'맞춤 Q&A'로 해결해요.

궁금하거나 모르는 문제가 있다면,
'맘이가' 카페를 통해 질문을 남겨 주세요.
디딤돌 수학쌤 및 선배맘님들이 친절히 답변해 드립니다.

STEP 4 Book
다음에는 뭐 풀지?
다음 교재를 추천받아요.

학습 결과에 따라 후속 학습에 사용할 교재를 제시해 드립니다.
(교재 마지막 페이지 수록)

 ★ 디딤돌 플래너 만나러 가기

디딤돌 초등수학 기본 + 유형 3-1

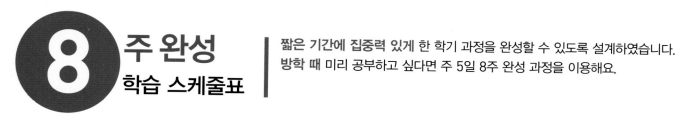

8주 완성 학습 스케줄표

짧은 기간에 집중력 있게 한 학기 과정을 완성할 수 있도록 설계하였습니다.
방학 때 미리 공부하고 싶다면 주 5일 8주 완성 과정을 이용해요.

공부한 날짜를 쓰고 하루 분량 학습을 마친 후, 부모님께 확인 check ☑를 받으세요.

1주 / 2주 — 1 덧셈과 뺄셈

월 일	월 일	월 일	월 일	월 일	월 일	월 일
6~11쪽	12~17쪽	18~23쪽	24~26쪽	27~30쪽	31~33쪽	34~36쪽

3주 / 4주 — 3 나눗셈

월 일	월 일	월 일	월 일	월 일	월 일	월 일
53~56쪽	57~59쪽	60~62쪽	64~69쪽	70~75쪽	76~78쪽	79~82쪽

5주 / 6주 — 4 곱셈 / 5 길이

월 일	월 일	월 일	월 일	월 일	월 일	월 일
94~97쪽	98~102쪽	103~106쪽	107~110쪽	111~113쪽	114~116쪽	118~121쪽

7주 / 8주 — 6 분수와 소수

월 일	월 일	월 일	월 일	월 일	월 일	월 일
135~138쪽	139~141쪽	142~144쪽	146~151쪽	152~155쪽	156~162쪽	163~165쪽

MEMO

효과적인 수학 공부 비법

시켜서 억지로   내가 스스로

억지로 하는 일과 즐겁게 하는 일은 결과가 달라요.
목표를 가지고 스스로 즐기면 능률이 배가 돼요.

가끔 한꺼번에   매일매일 꾸준히

급하게 쌓은 실력은 무너지기 쉬워요.
조금씩이라도 매일매일 단단하게 실력을 쌓아가요.

정답을 몰래   개념을 꼼꼼히

모든 문제는 개념을 바탕으로 출제돼요.
쉽게 풀리지 않을 땐, 개념을 펼쳐 봐요.

채점하면 끝   틀린 문제는 다시

왜 틀렸는지 알아야 다시 틀리지 않겠죠?
틀린 문제와 어림짐작으로 맞힌 문제는
꼭 다시 풀어 봐요.

디딤돌 초등수학 기본 + 유형 3-1

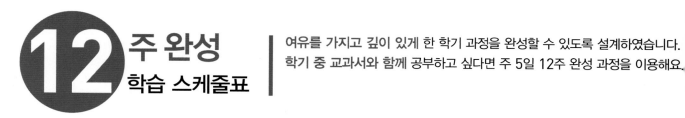

12주 완성 학습 스케줄표

여유를 가지고 깊이 있게 한 학기 과정을 완성할 수 있도록 설계하였습니다.
학기 중 교과서와 함께 공부하고 싶다면 주 5일 12주 완성 과정을 이용해요.

공부한 날짜를 쓰고 하루 분량 학습을 마친 후, 부모님께 확인 check ☑️를 받으세요.

1 덧셈과 뺄셈

1주					2주	
월 일	월 일	월 일	월 일	월 일	월 일	월 일
6~9쪽	10~11쪽	12~15쪽	16~17쪽	18~20쪽	21~23쪽	24~26쪽

2 평면도형

3주					4주	
월 일	월 일	월 일	월 일	월 일	월 일	월 일
34~36쪽	38~41쪽	42~43쪽	44~46쪽	47~49쪽	50~52쪽	53~54쪽

3 나눗셈

5주					6주	
월 일	월 일	월 일	월 일	월 일	월 일	월 일
64~67쪽	68~69쪽	70~72쪽	73~75쪽	76~78쪽	79~80쪽	81~82쪽

4 곱셈

7주					8주	
월 일	월 일	월 일	월 일	월 일	월 일	월 일
94~97쪽	98~100쪽	101~102쪽	103~104쪽	105~106쪽	107~108쪽	109~110쪽

5 길이와 시간

9주					10주	
월 일	월 일	월 일	월 일	월 일	월 일	월 일
122~123쪽	124~125쪽	126~128쪽	129~131쪽	132~134쪽	135~136쪽	137~138쪽

6 분수와 소수

11주					12주	
월 일	월 일	월 일	월 일	월 일	월 일	월 일
150~151쪽	152~155쪽	156~157쪽	158~160쪽	161~162쪽	163~165쪽	166~167쪽

효과적인 수학 공부 비법

시켜서 억지로 ✗   내가 스스로 ◯

억지로 하는 일과 즐겁게 하는 일은 결과가 달라요.
목표를 가지고 스스로 즐기면 능률이 배가 돼요.

가끔 한꺼번에 ✗   매일매일 꾸준히 ◯

급하게 쌓은 실력은 무너지기 쉬워요.
조금씩이라도 매일매일 단단하게 실력을 쌓아가요.

정답을 몰래 ✗   개념을 꼼꼼히 ◯

모든 문제는 개념을 바탕으로 출제돼요.
쉽게 풀리지 않을 땐, 개념을 펼쳐 봐요.

채점하면 끝 ✗   틀린 문제는 다시 ◯

왜 틀렸는지 알아야 다시 틀리지 않겠죠?
틀린 문제와 어림짐작으로 맞힌 문제는
꼭 다시 풀어 봐요.

수학 좀 한다면

디딤돌

초등수학
기본+유형

상위권으로 가는 유형반복 학습서

3
1

이 책의 **구성**과 **특징**

1 단계

교과서 **핵심 개념**을
자세히 살펴보고

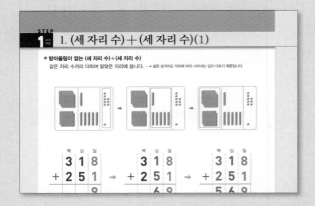

필수 문제를
반복 연습합니다.

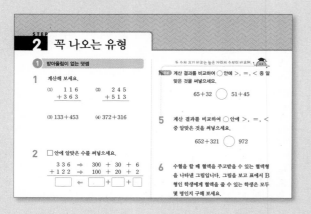

2 단계

문제를 이해하고
실수를 줄이는 연습을 통해

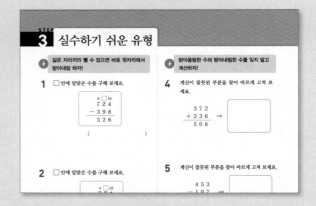

3 단계

문제해결력과 사고력을
높일 수 있습니다.

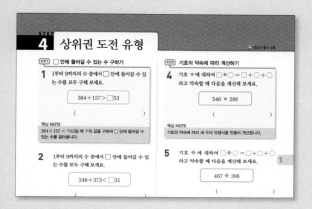

4 단계

수시평가를
완벽하게 대비합니다.

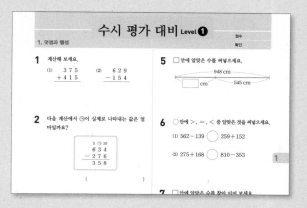

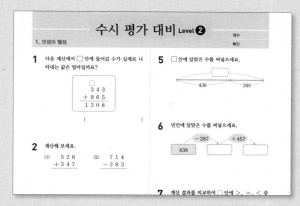

이 책의 **차례**

1 덧셈과 뺄셈

핵심 1 받아올림이 없는 (세 자리 수)+(세 자리 수)

```
    6 0 3
+   2 4 5
  □ □ 8
```

이번 단원에서 꼭 짚어야 할 **핵심 개념**을 알아보자.

핵심 2 받아올림이 한 번 있는 (세 자리 수)+(세 자리 수)

```
      1
    3 4 9
+   2 1 9
  □ □ 8
```

핵심 3 받아올림이 두 번, 세 번 있는 (세 자리 수)+(세 자리 수)

```
  □   1
    4 6 9
+   5 8 7
  □ □ □ 6
```

핵심 4 받아내림이 없는 (세 자리 수)−(세 자리 수)

```
    5 6 4
−   1 2 2
  □ □ 2
```

핵심 5 받아내림이 한 번, 두 번 있는 (세 자리 수)−(세 자리 수)

```
  □   9 10
    6 0 4
−   2 3 5
  □ □ 9
```

답 1.8&4 2.5&6 3.1/1.0&5 4.4&4 5.5/3&6

1. (세 자리 수) + (세 자리 수) (1)

● 받아올림이 없는 (세 자리 수) + (세 자리 수)

같은 자리 수끼리 더하여 알맞은 자리에 씁니다. ──→ 같은 숫자라도 자리에 따라 나타내는 값이 다르기 때문입니다.

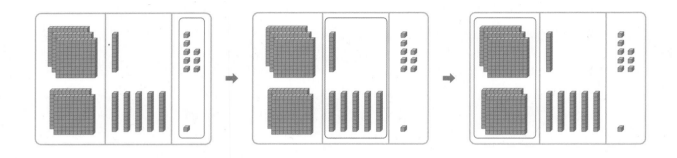

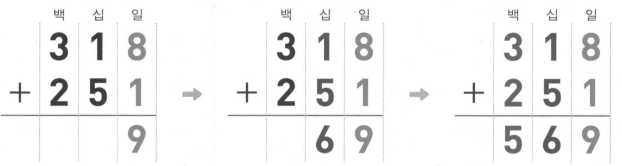

백	십	일
3	1	8
+ 2	5	1
		9

① 일의 자리 수끼리 더하여
일의 자리에 씁니다.
➡ 8+1=9

백	십	일
3	1	8
+ 2	5	1
	6	9

② 십의 자리 수끼리 더하여
십의 자리에 씁니다.
➡ 10+50=60

백	십	일
3	1	8
+ 2	5	1
5	6	9

③ 백의 자리 수끼리 더하여
백의 자리에 씁니다.
➡ 300+200=500

개념 다르게 보기

● 318+251을 계산하는 방법은 여러 가지가 있어요!

방법 1 318은 320쯤으로, 251은 250쯤으로 어림하여 계산하기

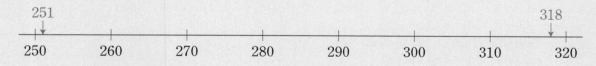

318에 가까운 수는 320이고, 251에 가까운 수는 250입니다.

➡ 318+251을 어림하여 구하면 약 320+250=570입니다.

방법 2 318을 300+10+8로, 251을 200+50+1로 생각하여 계산하기

$$318 \rightarrow 300+10+8 \qquad 318$$
$$+251 \rightarrow 200+50+1 \rightarrow +251$$
$$\underline{500+60+9} \qquad \underline{569}$$

① □ 안에 알맞은 수를 써넣으세요.

<table>
<tr><td></td><td>5</td><td>6</td><td>4</td></tr>
<tr><td>+</td><td>1</td><td>2</td><td>2</td></tr>
<tr><td></td><td></td><td></td><td>□</td></tr>
</table>
➡
<table>
<tr><td></td><td>5</td><td>6</td><td>4</td></tr>
<tr><td>+</td><td>1</td><td>2</td><td>2</td></tr>
<tr><td></td><td></td><td>□</td><td>□</td></tr>
</table>
➡
<table>
<tr><td></td><td>5</td><td>6</td><td>4</td></tr>
<tr><td>+</td><td>1</td><td>2</td><td>2</td></tr>
<tr><td></td><td>□</td><td>□</td><td>□</td></tr>
</table>

세로셈으로 계산할 때에는 자리를 잘 맞추어 계산해야 해요.

② 267+311을 보기 와 같이 더하는 두 수를 각각 수직선에 표시하고 몇 백몇십쯤으로 어림하여 계산해 보세요.

> **보기**
>
> 213+183
>
> ```
> 180  ↑   190    200    210   ↑   220
>     183                    213
> ```
>
> 213을 어림하면 210쯤이고, 183을 어림하면 180쯤이므로
> 213+183을 어림하여 구하면 약 210+180=390입니다.

```
260   270   280   290   300   310   320
```

267을 어림하면 [ ]쯤이고, 311을 어림하면 [ ]쯤이므로

267+311을 어림하여 구하면 약 [ ]+[ ]=[ ]입니다.

267은 260과 270 중 어떤 수에 더 가까운지, 311은 310과 320 중 어떤 수에 더 가까운지 알아보아요.

③ 463+324를 다음과 같은 방법으로 계산하려고 합니다. □ 안에 알맞은 수를 써넣으세요.

```
  4 6 3  ➡  400 + 60 + 3      4 6 3
+ 3 2 4  ➡  300 + 20 + 4  ➡  + 3 2 4
            ────────────     ───────
            [  ] + [ ] + [ ]     [    ]
```

2. (세 자리 수)＋(세 자리 수)(2)

● 받아올림이 한 번 있는 (세 자리 수)＋(세 자리 수)

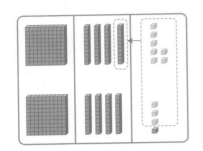 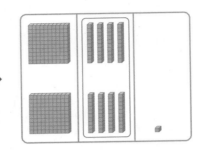 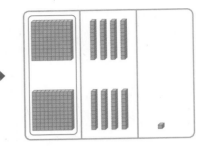

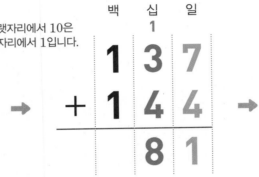 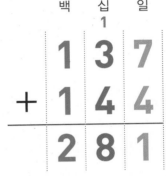

① 일의 자리 수끼리 더하면 7＋4＝11이므로 1은 일의 자리에 쓰고 10은 십의 자리로 받아올림합니다.

② 받아올림한 수와 십의 자리 수를 더하여 십의 자리에 씁니다.
➡ 10＋30＋40＝80

③ 백의 자리 수끼리 더하여 백의 자리에 씁니다.
➡ 100＋100＝200

개념 다르게 보기

● 137＋144를 계산하는 방법은 여러 가지가 있어요!

방법 1 137은 140쯤으로, 144는 140쯤으로 어림하여 계산하기

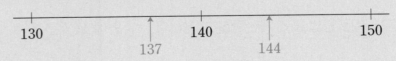

137에 가까운 수는 140이고, 144에 가까운 수는 140입니다.
➡ 137＋144를 어림하여 구하면 약 140＋140＝280입니다.

방법 2 137을 100＋30＋7로, 144를 100＋40＋4로 생각하여 계산하기

$$
\begin{array}{l}
137 \Rightarrow 100+30+7 \\
+144 \Rightarrow 100+40+4 \Rightarrow \quad
\begin{array}{r} 137 \\ +144 \\ \hline \end{array} \\
 200+70+11 \qquad 281
\end{array}
$$

① ☐ 안에 알맞은 수를 써넣으세요.

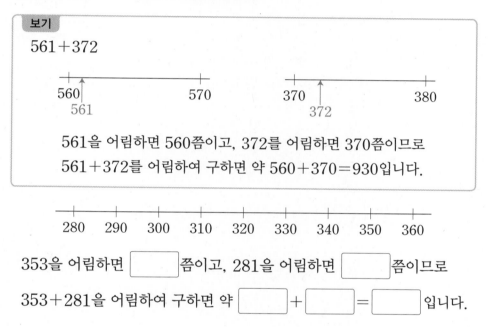

🔗 배운 것 연결하기 **2학년 1학기**

받아올림이 있는 (두 자리 수)+(두 자리 수)

일의 자리 수끼리의 합이 10 이거나 10보다 크면 십의 자리로 10을 받아올림하여 계산합니다.

```
   1
   4 6
 + 2 7
 ─────
   7 3
```

② 353+281을 보기 와 같이 더하는 두 수를 각각 수직선에 표시하고 몇백몇십쯤으로 어림하여 계산해 보세요.

보기

561+372

```
    ↑
560|          570        |  370    ↑      380
  561                            372
```

561을 어림하면 560쯤이고, 372를 어림하면 370쯤이므로 561+372를 어림하여 구하면 약 560+370=930입니다.

```
  280  290  300  310  320  330  340  350  360
```

353을 어림하면 ☐ 쯤이고, 281을 어림하면 ☐ 쯤이므로

353+281을 어림하여 구하면 약 ☐ + ☐ = ☐ 입니다.

353은 350과 360 중 어떤 수에 더 가까운지, 281은 280과 290 중 어떤 수에 더 가까운지 알아보아요.

③ 514+477을 다음과 같은 방법으로 계산하려고 합니다. ☐ 안에 알맞은 수를 써넣으세요.

```
  5 1 4  →  5 0 0  +  1 0  +  4       5 1 4
+ 4 7 7  →  4 0 0  +  7 0  +  7   → + 4 7 7
           ─────────────────────     ─────
            ☐  +  ☐  +  ☐            ☐
```

같은 숫자라도 자리에 따라 나타내는 값이 달라요.

3. (세 자리 수)＋(세 자리 수)(3)

● 받아올림이 두 번 있는 (세 자리 수)＋(세 자리 수)

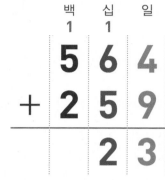

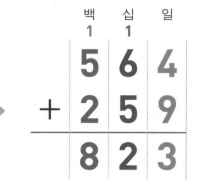

① 일의 자리 수끼리 더하면 4＋9＝13이므로 3은 일의 자리에 쓰고, 10은 십의 자리로 받아올림합니다.

② 받아올림한 수와 십의 자리 수를 더하면 1＋6＋5＝12이므로 2는 십의 자리에 쓰고, 10은 백의 자리로 받아올림합니다.
➡ 10＋60＋50＝120

③ 받아올림한 수와 백의 자리 수를 더하여 백의 자리에 씁니다.
➡ 100＋500＋200 ＝800

● 받아올림이 세 번 있는 (세 자리 수)＋(세 자리 수)

① 일의 자리 수끼리 더하면 7＋8＝15이므로 5는 일의 자리에 쓰고, 10은 십의 자리로 받아올림합니다.

② 받아올림한 수와 십의 자리 수를 더하면 1＋8＋4＝13이므로 3은 십의 자리에 쓰고, 10은 백의 자리로 받아올림합니다.
➡ 10＋80＋40＝130

③ 받아올림한 수와 백의 자리 수를 더하면 1＋9＋3＝13이므로 3은 백의 자리에 쓰고, 1은 천의 자리에 씁니다.
➡ 100＋900＋300 ＝1300

① 수 모형을 보고 덧셈을 해 보세요.

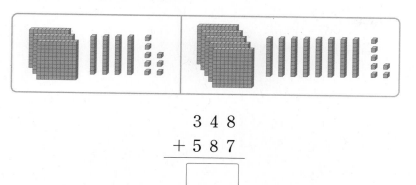

$$\begin{array}{r} 3\ 4\ 8 \\ +\ 5\ 8\ 7 \\ \hline \fbox{} \end{array}$$

일 모형 10개는 십 모형 1개, 십 모형 10개는 백 모형 1개와 같아요.

② ☐ 안에 알맞은 수를 써넣으세요.

①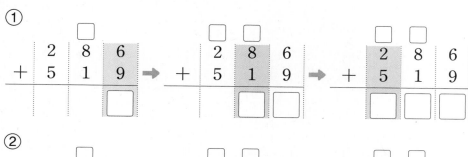

백의 자리 수끼리의 합이 10이거나 10보다 크면 1은 천의 자리에 씁니다.

②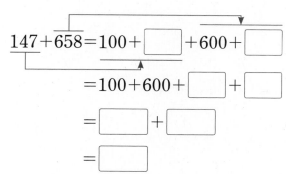

③ 147+658을 다음과 같은 방법으로 계산하려고 합니다. ☐ 안에 알맞은 수를 써넣으세요.

두 수를 각각 분해하여 더해도 계산 결과는 같아요.

$$147+658=100+\fbox{}+600+\fbox{}$$

$$=100+600+\fbox{}+\fbox{}$$

$$=\fbox{}+\fbox{}$$

$$=\fbox{}$$

4. (세 자리 수) − (세 자리 수)(1)

● **받아내림이 없는 (세 자리 수) − (세 자리 수)**

같은 자리 수끼리 빼어 알맞은 자리에 씁니다. ──● 같은 숫자라도 자리에 따라 나타내는 값이 다르기 때문입니다.

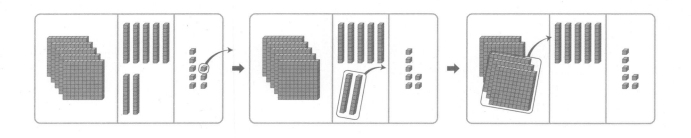

백	십	일
5	7	8
− 3	2	1
		7

① 일의 자리 수끼리 빼어
  일의 자리에 씁니다.
  ➡ 8−1=7

백	십	일
5	7	8
− 3	2	1
	5	7

② 십의 자리 수끼리 빼어
  십의 자리에 씁니다.
  ➡ 70−20=50

백	십	일
5	7	8
− 3	2	1
2	5	7

③ 백의 자리 수끼리 빼어
  백의 자리에 씁니다.
  ➡ 500−300=200

개념 다르게 보기

● **578−321을 계산하는 방법은 여러 가지가 있어요!**

방법 1 578은 580쯤으로, 321은 320쯤으로 어림하여 계산하기

578에 가까운 수는 580이고, 321에 가까운 수는 320입니다.
➡ 578−321을 어림하여 구하면 약 580−320=260입니다.

방법 2 578을 500+70+8로, 321을 300+20+1로 생각하여 계산하기

$$578 \rightarrow 500+70+8 \rightarrow 578$$
$$-321 \rightarrow -300-20-1 \rightarrow -321$$
$$200+50+7 \qquad 257$$

① ☐ 안에 알맞은 수를 써넣으세요.

	3	8	9
−	2	6	5
			☐

➡

	3	8	9
−	2	6	5
		☐	☐

➡

	3	8	9
−	2	6	5
	☐	☐	☐

> 각 자리 수끼리 빼어 계산해요.

② 739−326을 보기 와 같이 두 수를 각각 수직선에 표시하고 몇백쯤으로 어림하여 계산해 보세요.

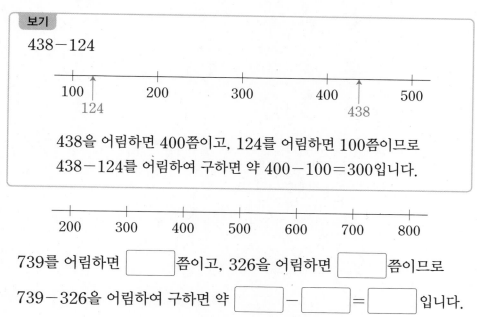

보기

438−124

438을 어림하면 400쯤이고, 124를 어림하면 100쯤이므로 438−124를 어림하여 구하면 약 400−100=300입니다.

739를 어림하면 ☐ 쯤이고, 326을 어림하면 ☐ 쯤이므로

739−326을 어림하여 구하면 약 ☐ − ☐ = ☐ 입니다.

> 739는 700과 800 중 어떤 수에 더 가까운지, 326은 300과 400 중 어떤 수에 더 가까운지 알아보아요.

③ 768−427을 다음과 같은 방법으로 계산하려고 합니다. ☐ 안에 알맞은 수를 써넣으세요.

	7	6	8
−	4	2	7

➡

700 + ☐ + ☐
− 400 − ☐ − ☐

➡

	7	6	8
−	4	2	7

☐ + ☐ + ☐

☐

5. (세 자리 수) − (세 자리 수)(2)

● 받아내림이 한 번 있는 (세 자리 수) − (세 자리 수)

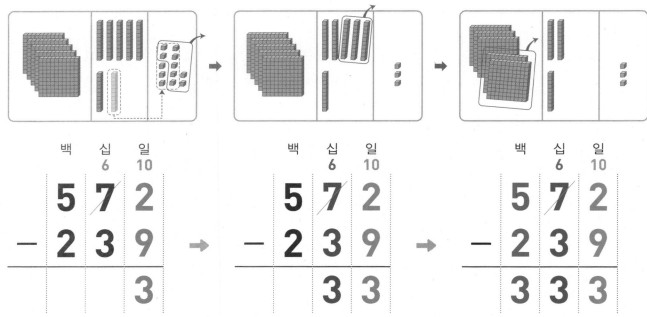

① 일의 자리 수끼리 뺄 수 없으므로 십의 자리에서 받아내림하여 계산하면 12−9=3이 되므로 3은 일의 자리에 쓰고, 십의 자리는 7−1=6이 됩니다.

② 받아내림하고 남은 수에서 십의 자리 수를 빼어 십의 자리에 씁니다.
➡ 60−30=30

③ 백의 자리 수끼리 빼어 백의 자리에 씁니다.
➡ 500−200=300

개념 다르게 보기

● 572−239를 계산하는 방법은 여러 가지가 있어요!

방법 1 572는 570쯤으로, 239는 240쯤으로 어림하여 계산하기

572에 가까운 수는 570이고, 239에 가까운 수는 240입니다.
➡ 572−239를 어림하여 구하면 약 570−240=330입니다.

방법 2 572를 500+60+12로, 239를 200+30+9로 생각하여 계산하기

$$
\begin{array}{r}
572 \\
-239 \\
\end{array}
\Rightarrow
\begin{array}{r}
500+60+12 \\
-200-30-9 \\
\hline
300+30+3 \\
\end{array}
\Rightarrow
\begin{array}{r}
572 \\
-239 \\
\hline
333 \\
\end{array}
$$

① 수 모형을 보고 뺄셈을 해 보세요.

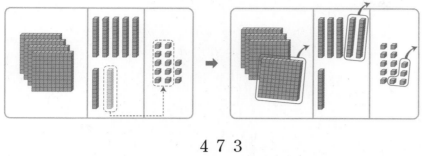

일 모형끼리 뺄 수 없으면 십 모형 1개를 일 모형 10개로 바꾼 후 계산해요.

$$\begin{array}{r} 4\ 7\ 3 \\ -\ 1\ 2\ 4 \\ \hline \boxed{} \end{array}$$

② □ 안에 알맞은 수를 써넣으세요.

①

$$\begin{array}{r} \boxed{\ }\ \boxed{\ } \\ 6\ 7\ 3 \\ -\ 4\ 3\ 6 \\ \hline \boxed{\ } \end{array} \Rightarrow \begin{array}{r} \boxed{\ }\ \boxed{\ } \\ 6\ 7\ 3 \\ -\ 4\ 3\ 6 \\ \hline \boxed{\ }\ \boxed{\ } \end{array} \Rightarrow \begin{array}{r} \boxed{\ }\ \boxed{\ } \\ 6\ 7\ 3 \\ -\ 4\ 3\ 6 \\ \hline \boxed{\ }\ \boxed{\ }\ \boxed{\ } \end{array}$$

②

$$\begin{array}{r} 8\ 5\ 6 \\ -\ 5\ 7\ 3 \\ \hline \boxed{\ } \end{array} \Rightarrow \begin{array}{r} \boxed{\ }\ \boxed{\ } \\ 8\ 5\ 6 \\ -\ 5\ 7\ 3 \\ \hline \boxed{\ }\ \boxed{\ } \end{array} \Rightarrow \begin{array}{r} \boxed{\ }\ \boxed{\ } \\ 8\ 5\ 6 \\ -\ 5\ 7\ 3 \\ \hline \boxed{\ }\ \boxed{\ }\ \boxed{\ } \end{array}$$

🔗 배운 것 연결하기 **2학년 1학기**

받아내림이 있는
(두 자리 수)−(두 자리 수)

일의 자리 수끼리 뺄 수 없으면 십의 자리에서 10을 받아내림합니다.

$$\begin{array}{r} \overset{2}{\cancel{3}}\ \overset{10}{4} \\ -\ 1\ 8 \\ \hline 1\ 6 \end{array}$$

십의 자리 수끼리 뺄 수 없으면 백의 자리에서 받아내림하여 계산해요.

③ 791−325를 다음과 같은 방법으로 계산하려고 합니다. □ 안에 알맞은 수를 써넣으세요.

$$\begin{array}{r} 7\ 9\ 1 \\ -\ 3\ 2\ 5 \\ \hline \end{array} \Rightarrow \begin{array}{r} 7\ 0\ 0\ +\ 8\ 0\ +\ 1\ 1 \\ -\ 3\ 0\ 0\ -\ 2\ 0\ -\ 5 \\ \hline \boxed{\ }\ +\ \boxed{\ }\ +\ \boxed{\ } \end{array} \Rightarrow \begin{array}{r} 7\ 9\ 1 \\ -\ 3\ 2\ 5 \\ \hline \boxed{\ } \end{array}$$

6. (세 자리 수) ─ (세 자리 수)(3)

● 받아내림이 두 번 있는 (세 자리 수)─(세 자리 수)

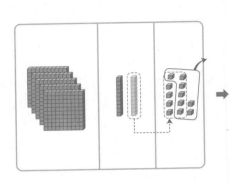 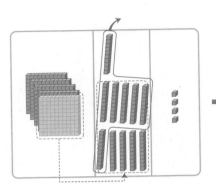 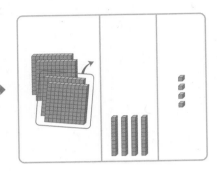

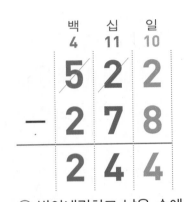

```
        백   십   일
             1   10
        5   2   2
    ─   2   7   8
    ─────────────
                4
```

① 일의 자리 수끼리 뺄 수 없으므로 십의 자리에서 받아내림하여 계산하면 12─8=4가 되므로 4는 일의 자리에 쓰고, 십의 자리는 2─1=1이 됩니다.

```
        백   십   일
        4   11   10
        5   2   2
    ─   2   7   8
    ─────────────
            4   4
```

② 십의 자리 수끼리 뺄 수 없으므로 백의 자리에서 받아내림하여 계산하면 11─7=4가 되므로 4는 십의 자리에 쓰고, 백의 자리는 5─1=4가 됩니다.
➡ 110─70=40

```
        백   십   일
        4   11   10
        5   2   2
    ─   2   7   8
    ─────────────
        2   4   4
```

③ 받아내림하고 남은 수에서 백의 자리 수를 빼어 백의 자리에 씁니다.
➡ 400─200=200

개념 다르게 보기

● 522─278을 어림하여 계산할 수 있어요!

522는 520쯤으로, 278은 280쯤으로 어림하여 계산하기

522에 가까운 수는 520이고, 278에 가까운 수는 280입니다.
➡ 522─278을 어림하여 구하면 약 520─280=240입니다.

◐ 정답과 풀이 2쪽

① □ 안에 알맞은 수를 써넣으세요.

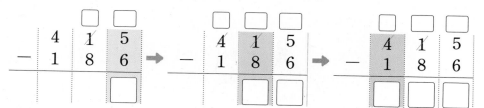

일의 자리 수끼리, 십의 자리 수끼리 뺄 수 없으면 십의 자리, 백의 자리에서 받아내림하여 계산해요.

② 746−357을 보기 와 같이 두 수를 각각 수직선에 표시하고 몇백몇십쯤으로 어림하여 계산해 보세요.

보기

531−168

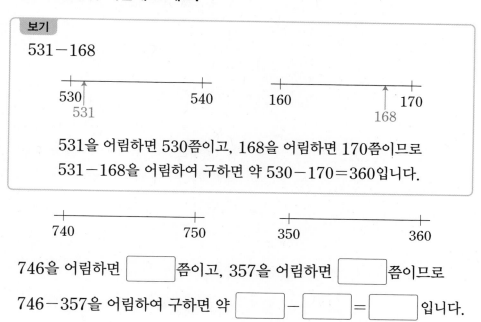

531을 어림하면 530쯤이고, 168을 어림하면 170쯤이므로
531−168을 어림하여 구하면 약 530−170=360입니다.

746을 어림하면 [ ]쯤이고, 357을 어림하면 [ ]쯤이므로

746−357을 어림하여 구하면 약 [ ]−[ ]=[ ]입니다.

746은 740과 750 중 어떤 수에 더 가까운지, 357은 350과 360 중 어떤 수에 더 가까운지 알아보아요.

③ 952−594를 여러 가지 방법으로 계산하려고 합니다. □ 안에 알맞은 수를 써넣으세요.

①
```
  9 5 2  ➡   8 0 0 + 1 5 2      9 5 2
- 5 9 4  ➡ - 5 0 0 -   9 4  ➡ - 5 9 4
           [    ] + [    ]      [    ]
```

②
```
  9 5 2  ➡   8 0 0 + 1 4 0 + 1 2      9 5 2
- 5 9 4  ➡ - 5 0 0 -   9 0 -   4  ➡ - 5 9 4
           [    ] + [    ] + [    ]    [    ]
```

1 받아올림이 없는 덧셈

1 계산해 보세요.

(1)
```
   1 1 6
 + 3 6 3
```

(2)
```
   2 4 5
 + 5 1 3
```

(3) $133 + 453$

(4) $372 + 316$

2 ☐ 안에 알맞은 수를 써넣으세요.

```
 3 3 6  →  300 + 30 + 6
+1 2 2  →  100 + 20 + 2
```
☐ ← ☐ + ☐ + ☐

3 빈칸에 알맞은 수를 써넣으세요.

+	110	120	130
235			

4 다음 수보다 245만큼 더 큰 수는 얼마인지 구해 보세요.

> 100이 3개, 10이 5개, 1이 2개인 수

( )

두 수의 크기 비교는 높은 자리의 수부터 비교해.

준비 계산 결과를 비교하여 ◯ 안에 >, =, < 중 알맞은 것을 써넣으세요.

$65 + 32$ ◯ $51 + 45$

5 계산 결과를 비교하여 ◯ 안에 >, =, < 중 알맞은 것을 써넣으세요.

$652 + 321$ ◯ 972

6 수혈을 할 때 혈액을 주고받을 수 있는 혈액형을 나타낸 그림입니다. 그림을 보고 표에서 B형인 학생에게 혈액을 줄 수 있는 학생은 모두 몇 명인지 구해 보세요.

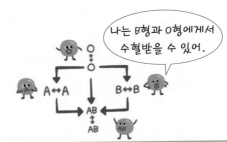

나는 B형과 O형에게서 수혈받을 수 있어.

혈액형	A형	B형	O형	AB형
학생 수(명)	214	252	133	187

( )

7 ☐ 안에 알맞은 수를 써넣으세요.

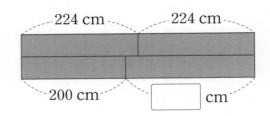

2 받아올림이 한 번 있는 덧셈

8 계산해 보세요.

(1)
```
    1 5 7
  + 5 2 5
```

(2)
```
    2 6 3
  + 4 6 1
```

(3) 188＋304

(4) 673＋192

9 더하는 두 수를 각각 몇백몇십쯤으로 어림하여 합을 구하고, 실제 계산한 값을 구해 보세요.

	어림한 값	계산한 값
158＋423	약	

10 빈칸에 알맞은 수를 써넣으세요.

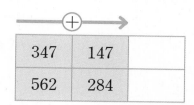

347	147	
562	284	

11 사각형과 원 안에 모두 들어 있는 두 수의 합을 구해 보세요.

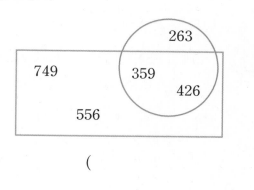

(   )

12 수직선에서 두 수를 골라 덧셈식을 만들어 보세요.

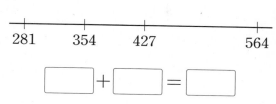

☐ ＋ ☐ ＝ ☐

> 같은 자리 수끼리의 합이 10이거나 10보다 크면 바로 윗자리로 받아올림해.

준비 ☐ 안에 알맞은 수를 써넣으세요.

```
    3   7
  + 8   ☐
  ─────────
  1   ☐   1
```

13 ☐ 안에 알맞은 수를 써넣으세요.

```
    4   1   7
  + ☐   6   ☐
  ─────────────
  8   8   5
```

서술형

14 학교 운동장 한 바퀴는 392 m입니다. 진수가 학교 운동장을 2바퀴 뛰었다면 모두 몇 m를 뛰었는지 풀이 과정을 쓰고 답을 구해 보세요.

풀이 _____

_____

_____

답 _____

3 받아올림이 두 번, 세 번 있는 덧셈

15 계산해 보세요.

(1)
```
    2 8 8
  + 3 4 8
```

(2)
```
    7 3 5
  + 4 9 6
```

(3) 157＋663

(4) 479＋536

16 빈칸에 알맞은 수를 써넣으세요.

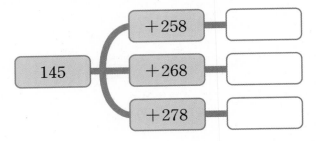

수를 가르기하여 계산하면 계산이 쉬워져.

준비 □ 안에 알맞은 수를 써넣으세요.

$35＋18 = 35＋10＋$

$= 45＋$ □

$=$ □

17 빈칸에 알맞은 수를 써넣으세요.

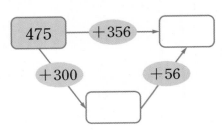

18 어림하여 계산 결과가 1000보다 큰 것을 찾아 ○표 하세요.

453＋479	387＋547	266＋768
( )	( )	( )

19 계산 결과가 더 큰 것을 찾아 기호를 써 보세요.

㉠ 355＋368　　㉡ 467＋246

(   )

20 미혜네 집에서 현진이네 집까지 가는 길 중 더 짧은 길은 몇 m인지 구해 보세요.

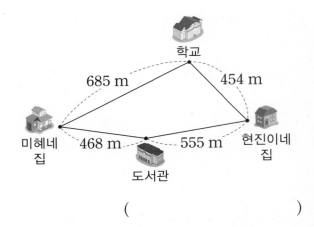

(   )

☺ 내가 만드는 문제

21 145＋178을 이용하여 풀 수 있는 문제를 만들고 해결해 보세요.

문제 _____

_____

_____

답 _____

4 **받아내림이 없는 뺄셈**

22 계산해 보세요.

(1)
```
    4 6 5
  - 1 2 3
```

(2)
```
    7 8 6
  - 5 4 1
```

(3) 547－221

(4) 978－637

23 ☐ 안에 알맞은 수를 써넣으세요.

```
  4 8 6  →    400  +  80  +  6
- 1 3 4  →  - 100  -  30  -  4
```
☐ ← ☐ + ☐ + ☐

24 ☐ 안에 알맞은 수를 써넣으세요.

$487-245 = 487-200-$ ☐

$= $ ☐ -45

$= $ ☐

25 삼각형 안에 있는 두 수의 차를 구해 보세요.

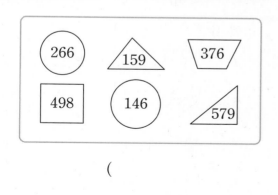

(   )

26 2020년 우리나라와 독일의 1인당 하루에 가정에서 사용하는 물의 양을 나타낸 것입니다. 우리나라와 독일의 1인당 하루에 사용하는 물의 양의 차는 몇 L인지 풀이 과정을 쓰고 답을 구해 보세요.

 192 L   120 L

[출처: 국가상수도정보시스템]

풀이 _____

_____

_____

_____

답 _____

27 양팔저울이 기울어지지 않게 빈칸에 알맞은 수를 써넣으세요.

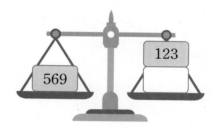

"="는 양쪽이 같다는 말이지?

준비 ☐ 안에 알맞은 수를 써넣으세요.

$89-21 = $ ☐ $+48$

28 ☐ 안에 알맞은 수를 써넣으세요.

$897-231 = $ ☐ $+66$

5 받아내림이 한 번 있는 뺄셈

29 계산해 보세요.

(1)
```
    3 7 2
  - 1 4 8
```

(2)
```
    6 5 4
  - 2 7 1
```

(3) $483 - 158$

(4) $717 - 365$

30 수 모형이 나타내는 수보다 143만큼 더 작은 수를 구해 보세요.

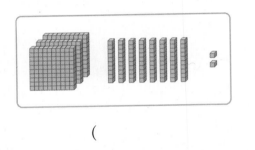

(   )

31 ■ $= 100$, ▲ $= 10$, ● $= 1$을 나타낼 때 다음을 계산해 보세요.

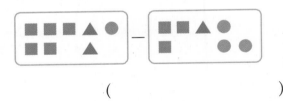

(   )

32 빈칸에 알맞은 수를 써넣으세요.

268	129	
851	536	

33 희주는 붙임딱지를 580장 모으려고 합니다. 오늘까지 모은 붙임딱지가 271장이라면 앞으로 몇 장을 더 모아야 할까요?

식 _____

답 _____

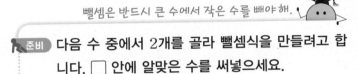

뺄셈은 반드시 큰 수에서 작은 수를 빼야 해.

준비 다음 수 중에서 2개를 골라 뺄셈식을 만들려고 합니다. ☐ 안에 알맞은 수를 써넣으세요.

57	62	54

☐ $-$ ☐ $= 5$

34 다음 수 중에서 2개를 골라 뺄셈식을 만들려고 합니다. ☐ 안에 알맞은 수를 써넣으세요.

508	782	544

☐ $-$ ☐ $= 238$

☺ 내가 만드는 문제

35 받아내림이 한 번 있는 뺄셈이 되도록 ☐ 안에 세 자리 수를 자유롭게 써넣고, ◯에 알맞은 수를 구해 보세요.

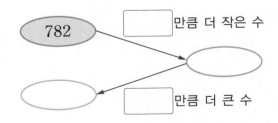

782   ☐ 만큼 더 작은 수
◯   ☐ 만큼 더 큰 수

6 받아내림이 두 번 있는 뺄셈

36 계산해 보세요.

(1)
```
   5 2 1
 - 1 4 8
```

(2)
```
   8 3 5
 - 3 5 7
```

(3) $644 - 265$

(4) $960 - 498$

37 빈칸에 알맞은 수를 써넣으세요.

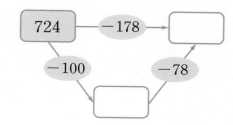

38 계산 결과를 비교하여 ○ 안에 >, =, < 중 알맞은 것을 써넣으세요.

(1) $705 - 129$ ◯ $805 - 129$

(2) $643 - 268$ ◯ $643 - 368$

39 ☐ 안에 알맞은 수를 써넣으세요.

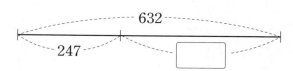

40 4개의 산 중에서 가장 높은 산과 가장 낮은 산의 높이의 차는 몇 m인지 구해 보세요.

산	남산	도봉산	인왕산	청계산
높이(m)	265	740	338	618

[출처: 내친구서울]

( )

41 계산 결과가 더 큰 것을 찾아 기호를 써 보세요.

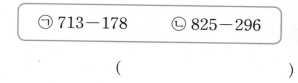

( )

받아내림이 어느 자리에 있는지 알아봐.

준비 ☐ 안에 알맞은 수를 써넣으세요.

(1)
```
   8 4
 - 2 ☐
 ─────
   5 5
```

(2)
```
   ☐ 5
 - 2 8
 ─────
   3 7
```

42 ☐ 안에 알맞은 수를 써넣으세요.

(1)
```
   8 3 ☐
 - ☐ 7 9
 ───────
   4 5 6
```

(2)
```
   ☐ 4 5
 - 2 ☐ 8
 ───────
   2 8 7
```

실수하기 쉬운 유형

⚡ **같은 자리끼리 뺄 수 없으면 바로 윗자리에서 받아내림 하자!**

1 ☐ 안에 알맞은 수를 구해 보세요.

$$
\begin{array}{r}
{}^{6}\ \square\ {}^{10} \\
7\ 2\ 4 \\
-\ 3\ 9\ 8 \\
\hline
3\ 2\ 6
\end{array}
$$

(   )

2 ☐ 안에 알맞은 수를 구해 보세요.

$$
\begin{array}{r}
{}^{4}\ \square\ {}^{10} \\
5\ 5\ 4 \\
-\ 2\ 8\ 7 \\
\hline
2\ 6\ 7
\end{array}
$$

(   )

3 ☐ 안에 알맞은 수를 구해 보세요.

$$
\begin{array}{r}
{}^{3}\ \square\ {}^{10} \\
4\ 0\ 3 \\
-\ 2\ 5\ 4 \\
\hline
1\ 4\ 9
\end{array}
$$

(   )

⚡ **받아올림한 수와 받아내림한 수를 잊지 말고 계산하자!**

4 계산이 잘못된 부분을 찾아 바르게 고쳐 보세요.

$$
\begin{array}{r}
3\ 7\ 2 \\
+\ 2\ 3\ 6 \\
\hline
5\ 0\ 8
\end{array}
$$
➡

5 계산이 잘못된 부분을 찾아 바르게 고쳐 보세요.

$$
\begin{array}{r}
4\ 5\ 3 \\
-\ 1\ 0\ 7 \\
\hline
3\ 5\ 6
\end{array}
$$
➡

6 계산이 잘못된 부분을 찾아 바르게 고치고, 잘못된 까닭을 써 보세요.

$$
\begin{array}{r}
8\ 0\ 5 \\
-\ 2\ 1\ 9 \\
\hline
5\ 9\ 6
\end{array}
$$
➡

까닭

⚡ **덧셈과 뺄셈의 관계를 이용하여 모르는 수를 구해 보자!**

7 빈칸에 알맞은 수를 써넣으세요.

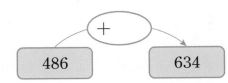

8 빈칸에 알맞은 수를 써넣으세요.

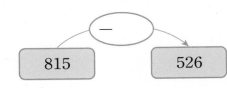

9 빈칸에 알맞은 수를 써넣으세요.

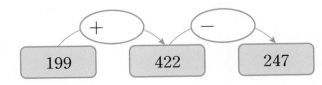

⚡ **몇백몇십쯤으로 어림할 때는 더 가까운 수로 어림하자!**

10 어림하여 계산한 두 수의 합이 700보다 작은 두 수를 찾아 써 보세요.

| 526 | 348 | 332 | 419 |

(   ), (   )

11 어림하여 계산한 두 수의 합이 900보다 큰 두 수를 찾아 써 보세요.

| 284 | 549 | 326 | 386 |

(   ), (   )

12 어림하여 계산한 두 수의 차가 400보다 큰 두 수를 찾아 써 보세요.

| 617 | 923 | 858 | 459 |

(   ), (   )

⚡ 받아올림과 받아내림이 있는 경우를 생각해서 식에 들어갈 수를 구해 보자!

13 ☐ 안에 알맞은 수를 써넣으세요.

$$
\begin{array}{r}
7\ 2\ 2 \\
-\ \boxed{}\ 7\ 6 \\
\hline
2\ \boxed{}\ 6
\end{array}
$$

14 ☐ 안에 알맞은 수를 써넣으세요.

$$
\begin{array}{r}
\boxed{}\ 4\ 2 \\
-\ 6\ 7\ \boxed{} \\
\hline
2\ \boxed{}\ 9
\end{array}
$$

15 ☐ 안에 알맞은 수를 써넣으세요.

$$
\begin{array}{r}
2\ 4\ \boxed{} \\
+\ 9\ \boxed{}\ 8 \\
\hline
1\ \boxed{}\ 1\ 2
\end{array}
$$

⚡ 차가 가장 작게 되려면 가장 가까운 수를 빼보자!

16 다음 수 중에서 한 수를 골라 차가 가장 작게 되도록 식을 완성해 보세요.

211	175	329

$$483 - \boxed{} = \boxed{}$$

17 다음 수 중에서 두 수를 골라 차가 가장 작게 되도록 식을 만들어 보세요.

134	255	474

$$\boxed{} - \boxed{} = \boxed{}$$

18 다음 세 수를 한 번씩 이용하여 계산 결과가 가장 작게 되도록 식을 만들어 보세요.

725	312	546

$$\boxed{} - \boxed{} + \boxed{} = \boxed{}$$

도전1 □ 안에 들어갈 수 있는 수 구하기

1 1부터 9까지의 수 중에서 □ 안에 들어갈 수 있는 수를 모두 구해 보세요.

$$384 + 157 > \square 53$$

( )

핵심 NOTE
$384 + 157 = \bullet53$일 때 $\bullet$의 값을 구하여 □ 안에 들어갈 수 있는 수를 알아봅니다.

2 1부터 9까지의 수 중에서 □ 안에 들어갈 수 있는 수를 모두 구해 보세요.

$$248 + 373 < \square 31$$

( )

3 1부터 9까지의 수 중에서 □ 안에 들어갈 수 있는 수를 모두 구해 보세요.

$$821 - 325 < \square 76$$

( )

도전2 기호의 약속에 따라 계산하기

4 기호 ★에 대하여 □★○ = □+○+○ 라고 약속할 때 다음을 계산해 보세요.

$$546 ★ 288$$

( )

핵심 NOTE
기호의 약속에 따라 세 수의 덧셈식을 만들어 계산합니다.

5 기호 ◆에 대하여 □◆○ = □+□+○ 라고 약속할 때 다음을 계산해 보세요.

$$467 ◆ 396$$

( )

6 기호 ◉에 대하여 □◉○ = □−○−○라 고 약속할 때 다음을 계산해 보세요.

$$822 ◉ 199$$

( )

7 어떤 수에 378을 더해야 할 것을 잘못하여 뺐더니 564가 되었습니다. 바르게 계산하면 얼마일까요?

( )

핵심 NOTE
잘못 계산한 식을 이용하여 어떤 수를 먼저 구한 다음 바르게 계산합니다.

8 어떤 수에서 196을 빼야 할 것을 잘못하여 169를 뺐더니 784가 되었습니다. 바르게 계산하면 얼마일까요?

( )

9 어떤 수에 185를 더해야 할 것을 잘못하여 158을 더했더니 624가 되었습니다. 바르게 계산하면 얼마일까요?

( )

10 647에서 어떤 수를 빼야 할 것을 잘못하여 더했더니 925가 되었습니다. 바르게 계산하면 얼마일까요?

( )

11 기차에 931명이 타고 있었습니다. 다음 역에서 478명이 내리고 599명이 탔습니다. 기차에 타고 있는 사람은 몇 명일까요?

( )

핵심 NOTE
내린 사람 수는 뺄셈으로, 탄 사람 수는 덧셈으로 계산합니다.

12 도넛 가게에 도넛이 505개 있었습니다. 그중에서 377개를 팔고 다시 293개를 만들었습니다. 도넛은 몇 개 있을까요?

( )

13 양계장에 달걀이 553개 있었는데 닭들이 달걀을 187개 더 낳았습니다. 그중에서 475개를 팔았다면 남은 달걀은 몇 개일까요?

( )

14 도착지가 태국인 비행기가 215명을 태우고 공항을 출발하였습니다. 중간 경유지인 홍콩에서 몇 명이 내리고, 137명이 타서 목적지인 태국에서 내린 사람은 모두 281명이었습니다. 홍콩에서 내린 사람은 몇 명일까요?

( )

도전5 세 자리 수를 만들어 덧셈과 뺄셈하기

15 수 카드를 한 번씩만 사용하여 세 자리 수를 만들려고 합니다. 만들 수 있는 가장 큰 수와 가장 작은 수의 합을 구해 보세요.

| 4 | 9 | 6 |

( )

핵심 NOTE

가장 큰 수는 높은 자리에 큰 수부터 놓고, 가장 작은 수는 높은 자리에 작은 수부터 놓아 만듭니다.

16 수 카드를 한 번씩만 사용하여 세 자리 수를 만들려고 합니다. 만들 수 있는 가장 큰 수와 가장 작은 수의 합을 구해 보세요.

| 3 | 7 | 6 |

( )

17 수 카드를 한 번씩만 사용하여 세 자리 수를 만들려고 합니다. 만들 수 있는 가장 큰 수와 가장 작은 수의 차를 구해 보세요.

| 5 | 8 | 2 |

( )

도전6 모르는 수를 찾아 덧셈과 뺄셈하기

18 종이 2장에 각각 세 자리 수를 한 개씩 써 놓았는데 한 장이 찢어져서 백의 자리 수만 보입니다. 두 수의 합이 407일 때 두 수의 차를 구해 보세요.

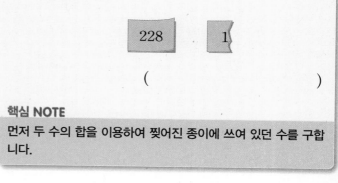

( )

핵심 NOTE

먼저 두 수의 합을 이용하여 찢어진 종이에 쓰여 있던 수를 구합니다.

19 종이 2장에 각각 세 자리 수를 한 개씩 써 놓았는데 한 장이 찢어져서 십의 자리, 일의 자리 수만 보입니다. 두 수의 합이 962일 때 두 수의 차를 구해 보세요.

( )

20 세 자리 수가 적힌 수 카드 2장 중에서 한 장을 뒤집어 놓았습니다. 두 수의 차가 189일 때 두 수의 합을 구해 보세요.

( )

도전7 어느 쪽이 얼마나 더 많은지 구하기

21 예진이네 학교 3학년, 4학년의 남학생과 여학생이 학년별로 모은 빈 병의 수입니다. 3학년과 4학년 중 어느 학년이 빈 병을 몇 개 더 많이 모았을까요?

	남학생	여학생
3학년	176개	183개
4학년	158개	186개

( ), ( )

핵심 NOTE
먼저 3학년과 4학년이 모은 빈 병의 수를 각각 구합니다.

22 보라와 언니가 어제와 오늘 밭에서 딴 방울토마토의 수입니다. 어제와 오늘 중 언제 방울토마토를 몇 개 더 많이 땄을까요?

	어제	오늘
보라	296개	308개
언니	278개	317개

( ), ( )

23 자전거 공장에서 ㉮, ㉯ 기계가 오전과 오후에 각각 만든 자전거의 수입니다. 공장에서는 오전과 오후 중 언제 자전거를 몇 대 더 많이 만들었을까요?

	오전	오후
㉮ 기계	466대	403대
㉯ 기계	472대	499대

( ), ( )

도전8 어림하여 물건 사기

24 지우가 문구점에서 800원으로 종류가 다른 학용품 2가지를 사려고 합니다. 거스름돈을 가장 적게 남기려면 어느 것을 사야 하는지 구해 보세요.

클립 280원   수첩 570원   지우개 320원

색연필 460원   풀 390원

( ), ( )

핵심 NOTE
학용품의 값을 몇백쯤으로 어림하여 800원이 되는 경우를 찾고 실제 계산하여 비교해 봅니다.

25 유하가 편의점에서 900원으로 종류가 다른 물건 2가지를 사려고 합니다. 거스름돈을 가장 적게 남기려면 어느 것을 사야 하는지 구해 보세요.

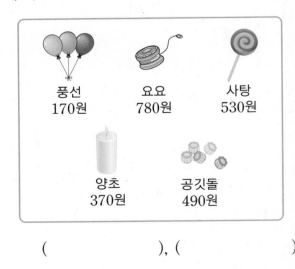

풍선 170원   요요 780원   사탕 530원

양초 370원   공깃돌 490원

( ), ( )

1. 덧셈과 뺄셈

점수

확인

1 계산해 보세요.

(1)
```
    3 7 5
 +  4 1 5
```

(2)
```
    6 2 9
 −  1 5 4
```

2 다음 계산에서 ㉠이 실제로 나타내는 값은 얼마일까요?

```
      5  ㉠ 10
      6̸ 3̸ 4
   −  2 7 6
   ─────────
      3 5 8
```

( )

3 잘못 계산한 곳을 찾아 바르게 계산해 보세요.

```
    2 8 6
 +  1 7 4      ➡
 ─────────
    3 5 0
```

4 두 수의 합과 차를 각각 구해 보세요.

| 182 | 769 |

합 ( )

차 ( )

5 □ 안에 알맞은 수를 써넣으세요.

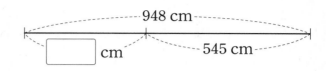

948 cm

□ cm   545 cm

6 ○ 안에 >, =, < 중 알맞은 것을 써넣으세요.

(1) 562−139 ○ 259+152

(2) 275+168 ○ 810−353

7 □ 안에 알맞은 수를 찾아 이어 보세요.

643+□=817 •   • 174

569+□=761 •   • 183

279+□=462 •   • 192

8 체험 학습장에서 지영이네 반 학생들은 딸기를 774개 땄고, 시후네 반 학생들은 딸기를 682개 땄습니다. 두 반 학생들이 딴 딸기는 모두 몇 개일까요?

( )

9 동훈이네 반에서 빈 병을 874개 모으기로 했습니다. 오늘까지 모은 빈 병이 357개라면 앞으로 몇 개를 더 모아야 할까요?

( )

10 가장 큰 수와 가장 작은 수의 차를 구해 보세요.

| 875 | 654 | 923 |

( )

11 다음 수보다 187만큼 더 큰 수를 구해 보세요.

100이 2개, 10이 13개, 1이 6개인 수

( )

12 어림하여 계산한 두 수의 합이 800보다 큰 두 수를 찾아 기호를 써 보세요.

㉠ 269   ㉡ 437   ㉢ 353   ㉣ 376

( )

13 ㉠과 ㉡에 알맞은 수의 합을 구해 보세요.

$$\begin{array}{r} 6\ 0\ ㉠ \\ -\ 2\ ㉡\ 7 \\ \hline 3\ 5\ 6 \end{array}$$

( )

14 두 수를 골라 합이 1335인 덧셈식을 만들려고 합니다. ☐ 안에 알맞은 수를 써넣으세요.

| 587 | 496 | 839 | 778 |

☐ + ☐ = 1335

15 민주네 집에서 도서관까지의 거리는 몇 m일까요?

618 m
397 m   426 m
공원   민주네 집   도서관   학교

( )

16 기호 ★에 대하여 ㉠★㉡ ＝ ㉠＋㉡＋㉠이라고 약속할 때 다음을 계산해 보세요.

> 295 ★ 392

( )

17 어떤 세 자리 수의 백의 자리 숫자와 십의 자리 숫자를 바꾸어 만든 수에 762를 더했더니 911이 되었습니다. 어떤 세 자리 수를 구해 보세요.

( )

18 0부터 9까지의 수 중에서 ☐ 안에 들어갈 수 있는 수를 모두 구해 보세요.

> 389＋52☐＞915

( )

19 싱싱 과수원에서 수확한 사과는 852개이고, 달콤 과수원에서 수확한 사과는 싱싱 과수원보다 236개 더 적습니다. 두 과수원에서 수확한 사과는 모두 몇 개인지 풀이 과정을 쓰고 답을 구해 보세요.

풀이

답

20 수 카드 4장 중 3장을 한 번씩만 사용하여 만들 수 있는 세 자리 수 중에서 가장 큰 수와 가장 작은 수의 합은 얼마인지 풀이 과정을 쓰고 답을 구해 보세요.

   [7] [9] [6] [4]

풀이

답

1 다음 계산에서 ☐ 안에 들어갈 수가 실제로 나타내는 값은 얼마일까요?

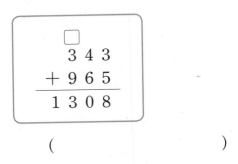

$$\begin{array}{r} \square\ 3\ 3 \\ +\ 9\ 6\ 5 \\ \hline 1\ 3\ 0\ 8 \end{array}$$

( )

2 계산해 보세요.

(1)
$$\begin{array}{r} 5\ 2\ 6 \\ +\ 3\ 4\ 7 \\ \hline \end{array}$$

(2)
$$\begin{array}{r} 7\ 1\ 4 \\ -\ 2\ 8\ 3 \\ \hline \end{array}$$

3 ☐ 안에 알맞은 수를 써넣으세요.

$466 + 589 = \boxed{}$

$466 + 689 = \boxed{}$

$466 + 789 = \boxed{}$

4 어림한 계산 결과가 500보다 큰 것을 모두 찾아 ○표 하세요.

247＋239	183＋351
( )	( )
722－298	868－274
( )	( )

5 ☐ 안에 알맞은 수를 써넣으세요.

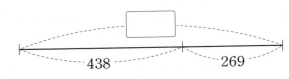

438   269

6 빈칸에 알맞은 수를 써넣으세요.

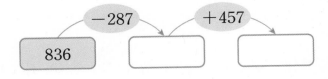

836   －287 →   ＋457 →

7 계산 결과를 비교하여 ○ 안에 ＞, ＝, ＜ 중 알맞은 것을 써넣으세요.

(1) $765 + 248$ ◯ $639 + 327$

(2) $932 - 386$ ◯ $861 - 242$

8 다음 수보다 265만큼 더 작은 수는 얼마인지 구해 보세요.

100이 9개, 10이 8개, 1이 7개인 수

( )

9 ■에 알맞은 수를 찾아 이어 보세요.

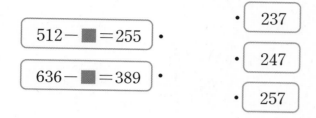

$512-■=255$ •	• 237
$636-■=389$ •	• 247
	• 257

10 몇백과 몇십몇으로 나누어 계산하려고 합니다. ☐ 안에 알맞은 수를 써넣으세요.

(1) $345+418=700+$ ☐ $=$ ☐

(2) $931-516=400+$ ☐ $=$ ☐

11 다음 수 중에서 2개를 골라 뺄셈식을 만들려고 합니다. ☐ 안에 알맞은 수를 써넣으세요.

308	614	356

☐ $-$ ☐ $=258$

12 계산 결과가 가장 큰 것을 찾아 기호를 써 보세요.

㉠ $167+376$	㉡ $258+219$
㉢ $724-188$	㉣ $805-353$

( )

13 윤선이네 집에서 은행까지의 거리와 공원까지의 거리는 다음과 같습니다. 윤선이네 집에서 은행과 공원 중 어느 곳이 몇 m 더 가까울까요?

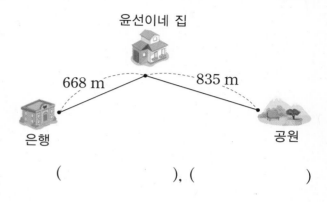

윤선이네 집

668 m   835 m

은행   공원

( ), ( )

14 ☐ 안에 알맞은 수를 써넣으세요.

(1)
```
    1 □ 4
  + 5 8 □
  -------
  □ 1 6
```

(2)
```
    8 5 4
  - 5 □ 7
  -------
  □ 9 7
```

15 1부터 9까지의 수 중에서 ☐ 안에 들어갈 수 있는 수를 모두 구해 보세요.

$954-567>$ ☐81

( )

16 수 카드를 한 번씩만 사용하여 세 자리 수를 만들려고 합니다. 만들 수 있는 가장 큰 수와 가장 작은 수의 합을 구해 보세요.

4 9 8

(   )

17 세 자리 수인 두 수의 합이 531일 때 두 수의 차를 구해 보세요.

☐   259

(   )

18 ㉮ 공장과 ㉯ 공장에서 오전과 오후에 만든 장난감의 수입니다. ㉮ 공장과 ㉯ 공장 중 어느 공장이 장난감을 몇 개 더 많이 만들었는지 구해 보세요.

	오전	오후
㉮ 공장	387개	268개
㉯ 공장	295개	334개

(   ), (   )

19 계산이 잘못된 부분을 찾아 바르게 고치고, 잘못된 까닭을 써 보세요.

```
   7 3 6
 - 2 9 4
 ─────────
   5 4 2
```
➡️ ☐

까닭

20 어떤 수에 268을 더해야 할 것을 잘못하여 뺐더니 378이 되었습니다. 바르게 계산한 결과와 잘못 계산한 결과의 차는 얼마인지 풀이 과정을 쓰고 답을 구해 보세요.

풀이

답

2 평면도형

이번 단원에서 꼭 짚어야 할 **핵심 개념**을 알아보자.

핵심 1 선분, 직선, 반직선

선분 •

직선 •

반직선 •

•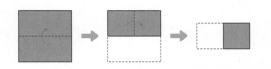

핵심 2 각

한 점에서 그은 두 반직선으로 이루어진 도형을 □(이)라고 합니다.

변

꼭짓점 변

핵심 3 직각

그림과 같이 종이를 반듯하게 두 번 접었을 때 생기는 각을 □(이)라고 합니다.

핵심 4 직각삼각형

한 각이 직각인 삼각형을 □(이)라고 합니다.

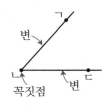

핵심 5 정사각형, 직사각형

• 네 각이 모두 직각인 사각형을 □(이)라고 합니다.

• 네 각이 모두 직각이고 네 변의 길이가 모두 같은 사각형을 □(이)라고 합니다.

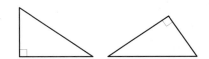 정답 1. · 2. 각 3. 직각 4. 직각삼각형 5. 직사각형, 정사각형

1. 선의 종류와 각 알아보기

● **선의 모양 알아보기**

   • 곧은 선   • 굽은 선

● **선의 종류 알아보기**

   • **선분**: 두 점을 곧게 이은 선

ㄱ——————————ㄴ   **선분 ㄱㄴ 또는 선분 ㄴㄱ**

   • **직선**: 선분을 양쪽으로 끝없이 늘인 곧은 선

ㄱ————ㄴ   **직선 ㄱㄴ 또는 직선 ㄴㄱ**

   • **반직선**: 한 점에서 시작하여 한쪽으로 끝없이 늘인 곧은 선

반직선 ㄱㄴ ㄱ에서 시작   **반직선 ㄴㄱ** ㄴ에서 시작

● **각 알아보기**

   • **각**: 한 점에서 그은 두 반직선으로 이루어진 도형

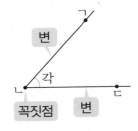

변 / 각 / 꼭짓점 / 변

각 ㄱㄴㄷ 또는 각 ㄷㄴㄱ
각을 읽을 때에는 꼭짓점이 가운데 오도록 읽습니다.

   • 각의 **꼭짓점**: 점 ㄴ
   • 각의 **변**: 반직선 ㄴㄱ과 반직선 ㄴㄷ
         변의 길이는 상관없이 두 반직선이 만나는 곳에 각이 생깁니다.

개념 다르게 **보기**

• **굽은 선으로 이루어진 도형은 각이 아니에요!**

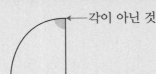

각이 아닌 것

각

● 정답과 풀이 **10쪽**

① 곧은 선에 ○표 하세요.

(   )   (   )   (   )

② 반직선 ㄱㄴ을 그어 보세요.

한 점에서 시작하여 한쪽으로 끝없이 늘인 곧은 선을 반직선이라고 해요.

ㄱ   ㄴ

③ 선분에 ○표 하세요.

(   )   (   )   (   )

④ 각이 있는 도형에 ○표 하세요.

각은 한 점에서 그은 두 반직선으로 이루어진 도형이에요.

(   )   (   )   (   )

2. 직각과 직각삼각형

● **직각 알아보기**

직각: 그림과 같이 종이를 반듯하게 두 번 접었을 때 생기는 각

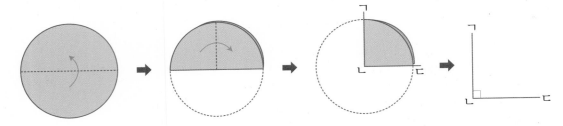

직각 ㄱㄴㄷ을 나타낼 때에는 꼭짓점 ㄴ에 ⌐ 표시를 합니다.

● **직각삼각형 알아보기**

직각삼각형: 한 각이 직각인 삼각형

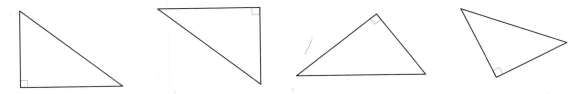

● **물건에서 직각 찾기**

개념 **자세히 보기**

● **직각삼각형에서 직각은 1개여야 해요!**

➡ 직각이 2개이면 파란색 두 변이 만나지 않으므로 삼각형이 될 수 없습니다.

● **직각삼각형을 그릴 때 삼각자의 직각 부분을 이용하면 편리해요!**

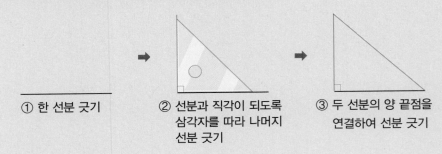

① 한 선분 긋기   ② 선분과 직각이 되도록 삼각자를 따라 나머지 선분 긋기   ③ 두 선분의 양 끝점을 연결하여 선분 긋기

➔ 정답과 풀이 10쪽

1 직각에 ○표 하세요.

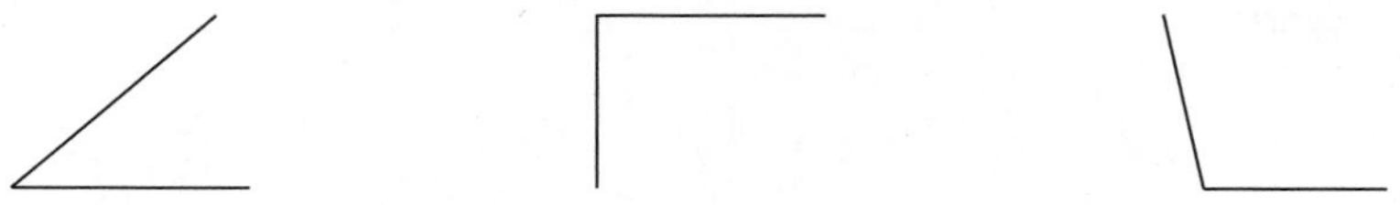

( ) ( ) ( )

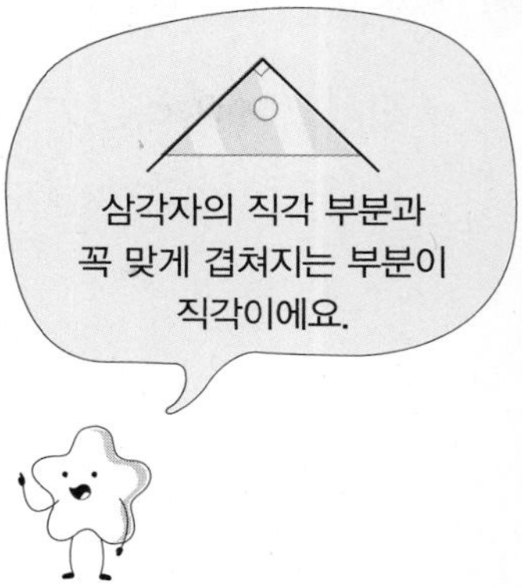
삼각자의 직각 부분과
꼭 맞게 겹쳐지는 부분이
직각이에요.

2 보기 와 같이 삼각자에서 직각을 찾아 ⌞ 로 표시해 보세요.

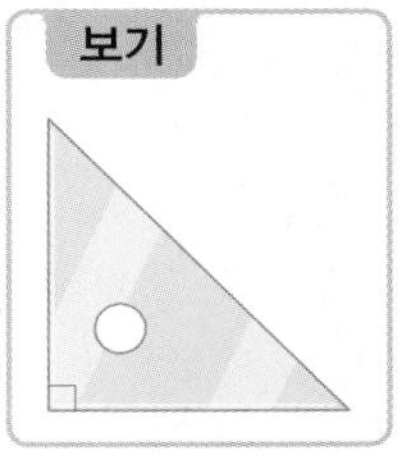
보기

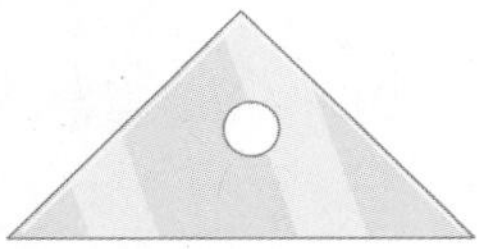

3 직각삼각형을 모두 찾아 ○표 하세요.

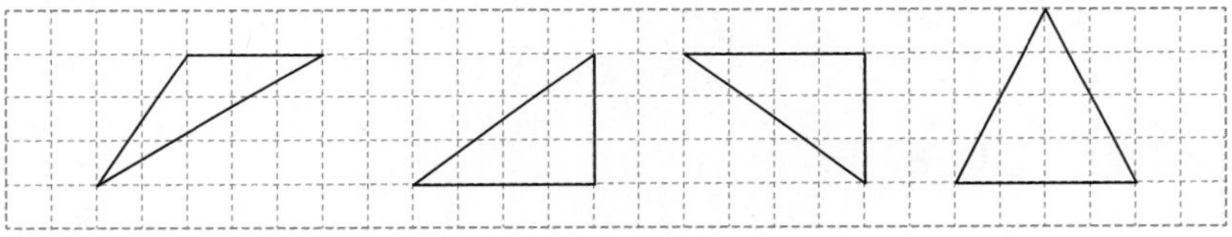

( ) ( ) ( ) ( )

배운 것 연결하기 2학년 1학기

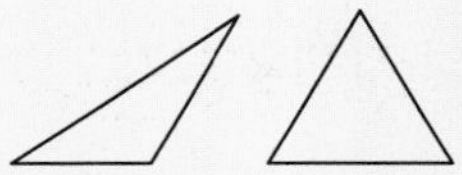

삼각형은 3개의 곧은 선으로 둘러싸여 있습니다.

4 주어진 선분을 한 변으로 하는 직각삼각형을 그리려고 합니다. 어느 점을 이어야 할까요?

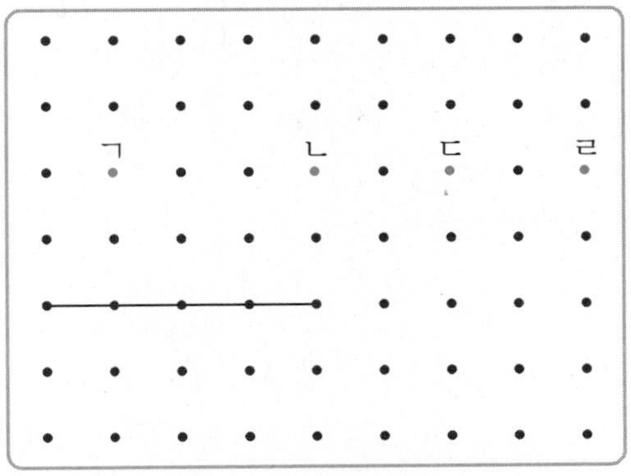
ㄱ
ㄴ
ㄷ
ㄹ

( )

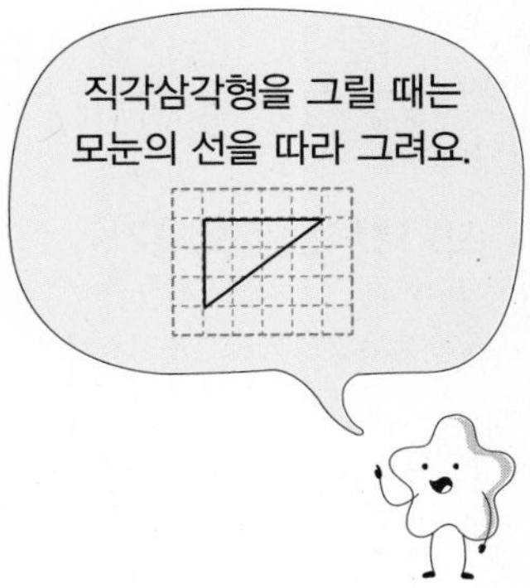
직각삼각형을 그릴 때는
모눈의 선을 따라 그려요.

3. 직사각형과 정사각형

● **직사각형 알아보기**

   직사각형: 네 각이 모두 직각인 사각형

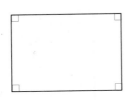  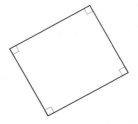

● **정사각형 알아보기**

   정사각형: 네 각이 모두 직각이고 네 변의 길이가 모두 같은 사각형

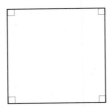 

개념 자세히 보기

● **직사각형과 정사각형의 같은 점과 다른 점을 알아보아요!**

	직사각형	정사각형
같은 점	• 각, 변, 꼭짓점이 각각 4개씩입니다. • 네 각이 모두 직각입니다. • 마주 보는 변의 길이가 서로 같습니다.	
다른 점	• 마주 보는 두 변의 길이가 같습니다.	• 네 변의 길이가 모두 같습니다.

● **직사각형과 정사각형의 관계를 알아보아요!**

• 직사각형은 정사각형이라고 할 수 없습니다.

➡ 네 변의 길이가 모두 같지 않으므로 정사각형이라고 할 수 없습니다.

• 정사각형은 직사각형이라고 할 수 있습니다.

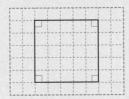

➡ 네 각이 모두 직각이므로 직사각형이라고 할 수 있습니다.

→ 정답과 풀이 10쪽

① 그림을 보고 ☐ 안에 알맞은 말을 써넣으세요.

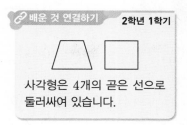
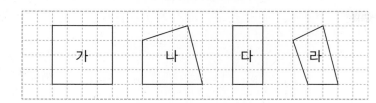

① 네 각이 모두 직각인 사각형은 ☐와 ☐입니다.

② ①과 같이 네 각이 모두 직각인 사각형을 ☐☐☐☐(이)라고 합니다.

③ ①의 사각형 중에서 네 변의 길이가 모두 같은 사각형은 ☐입니다.

④ ③과 같이 네 각이 모두 직각이고 네 변의 길이가 모두 같은 사각형을 ☐☐☐☐(이)라고 합니다.

② 주어진 선분을 두 변으로 하는 직사각형을 그려 보세요.

① 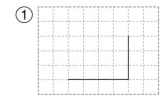   ②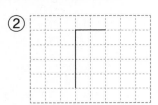

③ 정사각형을 모두 찾아 ○표 하세요.

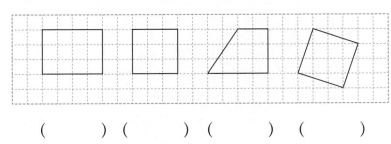

(   ) (   ) (   ) (   )

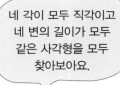

네 각이 모두 직각이고 네 변의 길이가 모두 같은 사각형을 모두 찾아보아요.

④ 주어진 선분을 한 변으로 하는 정사각형을 그려 보세요.

①    ②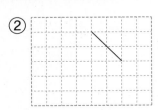

1 선분, 직선, 반직선

1 선분을 찾아 ○표 하세요.

(   )   (   )   (   )

2 그림을 보고 물음에 답하세요.

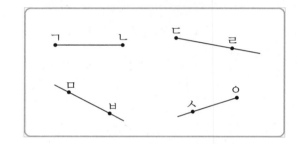

(1) 선분을 찾아 이름을 써 보세요.

(   )

(2) 직선을 찾아 이름을 써 보세요.

(   )

(3) 반직선을 모두 찾아 이름을 써 보세요.

(   )

3 반직선 ㄱㄴ과 반직선 ㄴㄱ을 그어 보세요.

| 반직선 ㄱㄴ | ㄱ   ㄴ |
| 반직선 ㄴㄱ | ㄱ   ㄴ |

4 바르게 설명한 것에 ○표, 잘못 설명한 것에 ✕표 하세요.

(1) 선분은 직선의 일부입니다.   (   )

(2) 반직선은 시작점이 없습니다.   (   )

(3) 직선은 시작점이 없습니다.   (   )

☺ 내가 만드는 문제

5 직선과 반직선을 각각 1개씩 긋고, 이름을 써 보세요.

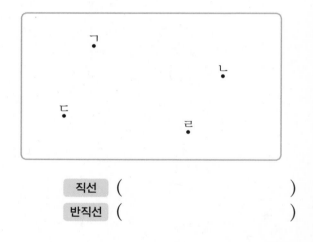

직선 (   )

반직선 (   )

6 보기 와 같이 구슬이 각 칸에 1개씩만 들어가도록 선분 3개를 그어 보세요.

보기

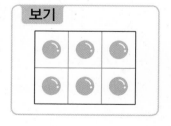 

◐ 정답과 풀이 **10**쪽

 각

7 각이 있는 도형을 모두 찾아 기호를 써 보세요.

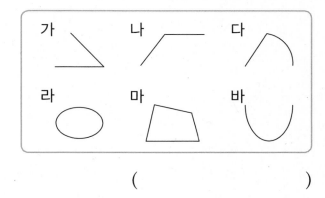

( )

8 그림을 보고 각의 이름과 변을 써 보세요.

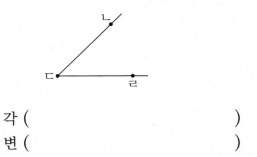

각 ( )
변 ( )

☺ 내가 만드는 문제
9 점 종이에 각을 1개 그려 보세요.

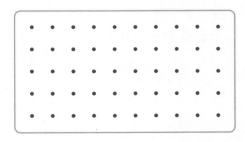

10 도형에서 찾을 수 있는 각은 모두 몇 개일까요?

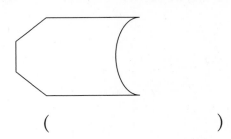

( )

11 세 점을 이용하여 서로 다른 각을 그리고, 각의 이름을 써 보세요.

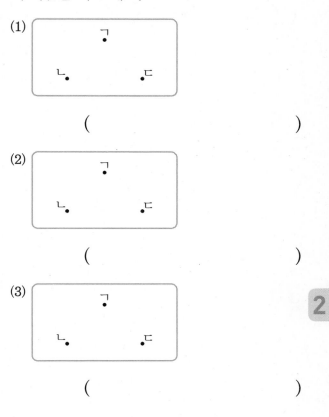

(1)

( )

(2)

( )

(3)

( )

12 각의 수가 가장 많은 도형을 찾아 ○표 하세요.

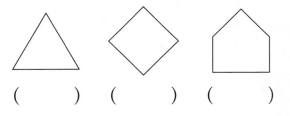

( ) ( ) ( )

서술형
13 다음 도형이 각이 아닌 까닭을 써 보세요.

까닭 ....

14 도형에서 직각을 모두 찾아 └┘로 나타내 보세요.

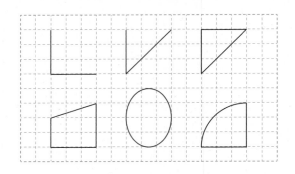

15 보기 와 같이 직각이 2개 있는 모양을 그려 보세요.

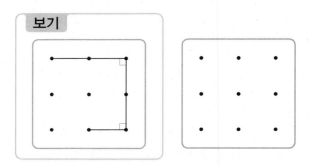

16 글자에서 찾을 수 있는 직각은 모두 몇 개일까요?

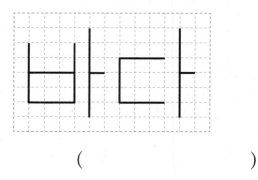

( )

17 직각을 모두 찾아 읽어 보세요.

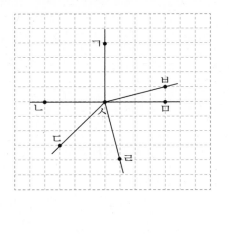

( )

18 시계의 긴바늘과 짧은바늘이 이루는 작은 쪽의 각이 직각인 시각을 찾아 ○표 하세요.

( ) ( ) ( )

19 주어진 도형에서 찾을 수 있는 직각은 모두 몇 개인지 풀이 과정을 쓰고 답을 구해 보세요.

풀이 _____

_____

_____

답 _____

4 직각삼각형

20 오른쪽 직각삼각형을 보고 빈칸에 알맞은 수를 써넣으세요.

변의 수(개)	각의 수(개)	직각의 수(개)

21 직각삼각형을 모두 찾아 기호를 써 보세요.

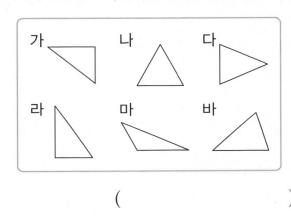

( )

22 종이를 점선을 따라 잘랐을 때 만들어지는 도형 중에서 직각삼각형은 모두 몇 개일까요?

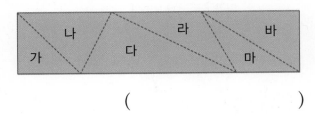

( )

23 점 종이에 주어진 선분을 한 변으로 하는 직각삼각형을 그려 보세요.

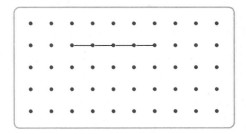

직각삼각형은 삼각형의 특징을 모두 가지고 있어.

준비 삼각형에 대한 설명으로 옳은 것을 찾아 기호를 써 보세요.

> ㉠ 4개의 선분으로 둘러싸여 있습니다.
> ㉡ 꼭짓점이 3개입니다.
> ㉢ 모양이 모두 같습니다.

( )

24 직각삼각형에 대한 설명으로 옳은 것을 모두 찾아 기호를 써 보세요.

> ㉠ 한 각이 직각입니다.
> ㉡ 꼭짓점이 4개입니다.
> ㉢ 세 변의 길이가 모두 같습니다.
> ㉣ 3개의 선분으로 둘러싸여 있습니다.

( )

😊 내가 만드는 문제

25 모눈종이에 모양과 크기가 다른 직각삼각형을 2개 그려 보세요.

5 직사각형

곧은 선 4개가 어떻게 만나는지 살펴보자.

준비 사각형을 찾아 ○표 하세요.

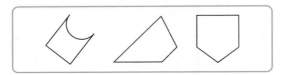

26 직사각형은 모두 몇 개인지 써 보세요.

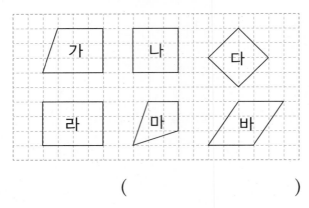

( )

27 주어진 선분을 두 변으로 하는 직사각형을 그려 보세요.

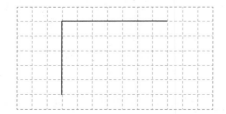

28 직사각형입니다. ☐ 안에 알맞은 수를 써넣으세요.

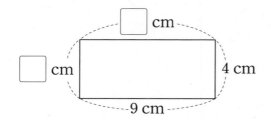

29 종이를 점선을 따라 잘랐을 때 만들어지는 도형 중에서 직사각형을 모두 찾아 기호를 써 보세요.

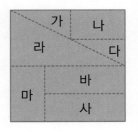

( )

30 점 종이에 그려진 사각형의 꼭짓점을 한 개만 옮겨 직사각형이 되도록 그려 보세요.

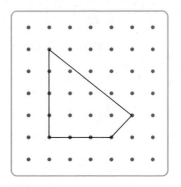

31 나무가 한 그루씩 들어가도록 땅을 네 부분으로 나누려고 합니다. 모양과 크기가 같은 직사각형 모양으로 나누어지도록 점선을 따라 땅을 나누는 선을 그어 보세요.

6 정사각형

32 다음과 같이 직사각형 모양의 종이를 접고 자른 다음 ㉠ 부분을 펼쳤을 때 생기는 도형의 이름을 써 보세요.

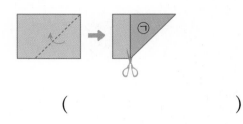

(   )

ⓒ 내가 만드는 문제

33 모눈종이에 크기가 다른 정사각형을 2개 그려 보세요.

34 오른쪽 정사각형에 선분 2개를 그어 작은 정사각형 을 4개 만들어 보세요.

35 칠교판으로 만든 모양에서 찾을 수 있는 크고 작은 정사각형은 모두 몇 개인지 구해 보세요.

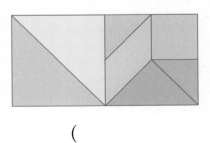

(   )

36 빨간색 점을 옮겨 정사각형이 되도록 하려고 합니다. 어느 점으로 옮겨야 할까요?

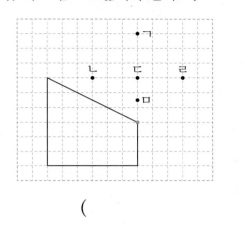

(   )

서술형
37 두 사각형의 공통점을 2가지 써 보세요.

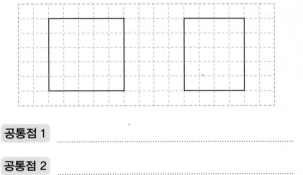

공통점 1 _____

공통점 2 _____

38 큰 직사각형을 작은 정사각형 3개로 나누었습니다. ☐ 안에 알맞은 수를 써넣으세요.

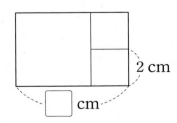

⚡ 곧은 선이 한쪽으로 늘어나는지, 양쪽으로 늘어나는지, 늘어나지 않는지 구분해 보자!

1 색깔별로 하나의 선입니다. 도형에서 선분은 모두 몇 개일까요?

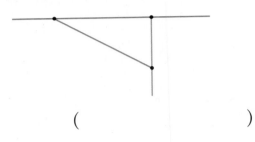

(   )

2 색깔별로 하나의 선입니다. 도형에서 직선은 모두 몇 개일까요?

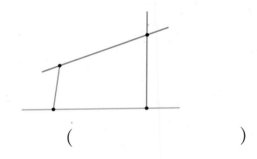

(   )

3 색깔별로 하나의 선입니다. 도형에서 반직선은 모두 몇 개일까요?

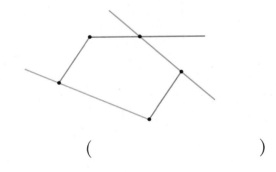

(   )

⚡ 변, 꼭짓점, 직각의 수에 따라 설명하는 도형을 찾아보자!

4 다음은 어떤 도형을 설명한 것인지 써 보세요.

> • 변이 4개입니다.
> • 직각이 4개입니다.

(   )

5 다음은 어떤 도형을 설명한 것인지 써 보세요.

> • 삼각형입니다.
> • 한 각이 직각입니다.

(   )

6 다음은 어떤 도형을 설명한 것인지 써 보세요.

> • 변이 4개, 꼭짓점이 4개입니다.
> • 네 각이 모두 직각입니다.
> • 네 변의 길이가 모두 같습니다.

(   )

⚡ **사각형, 직사각형, 정사각형을 비교해서 도형의 이름을 찾아보자!**

7 도형의 이름이 될 수 있는 것을 모두 찾아 기호를 써 보세요.

⊙ 삼각형   ⓛ 사각형
ⓒ 직사각형   ⓡ 정사각형

(   )

⚡ **직각 모양을 생각하며 점을 연결하여 도형을 그려 보자!**

10 주어진 점을 모두 이용하여 직각삼각형을 2개 그려 보세요.

8 도형의 이름이 될 수 있는 것을 모두 찾아 ○ 표 하세요.

직각삼각형   사각형   삼각형
직사각형   원   정사각형

11 주어진 점을 모두 이용하여 직사각형을 2개 그려 보세요.

9 도형에서 찾을 수 있는 도형의 이름을 2가지 써 보세요.

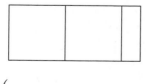

(   )

12 주어진 점을 모두 이용하여 정사각형을 2개 그려 보세요.

⚡ 삼각자의 직각인 부분을 대어 보았을 때 꼭 맞게 겹쳐지는 각을 모두 찾아보자!

13 도형에서 찾을 수 있는 직각은 모두 몇 개일까요?

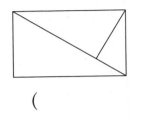

( )

14 도형에서 찾을 수 있는 직각은 모두 몇 개일까요?

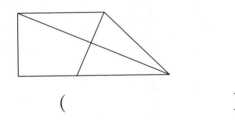

( )

15 직각이 가장 많은 도형을 찾아 기호를 써 보세요.

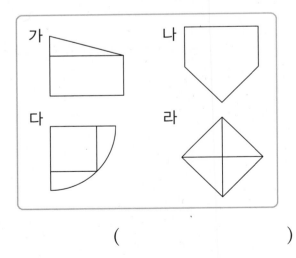

( )

⚡ 직사각형은 마주 보는 두 변의 길이가 같음을 이용하자!

16 직사각형의 네 변의 길이의 합은 몇 cm일까요?

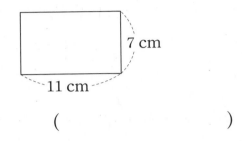

( )

17 직사각형의 네 변의 길이의 합은 몇 cm일까요?

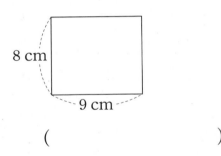

( )

18 직사각형의 네 변의 길이의 합은 28 cm입니다. ☐ 안에 알맞은 수를 써넣으세요.

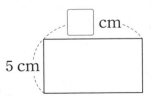

상위권 도전 유형

도전1 **조건에 맞는 도형 그리기**

1 도형 안에 ★ 모양이 들어가도록 직각삼각형을 1개 그려 보세요.

핵심 NOTE
주어진 모양이 들어가도록 조건에 알맞은 도형을 자유롭게 그려 봅니다.

2 도형 안에 ♣ 모양이 모두 들어가도록 직사각형을 1개 그려 보세요.

3 도형 안에 ♥ 모양이 모두 들어가도록 정사각형을 1개 그려 보세요.

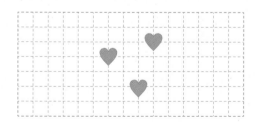

도전2 **크고 작은 각의 수 구하기**

4 색칠한 부분에서 찾을 수 있는 크고 작은 각은 모두 몇 개일까요?

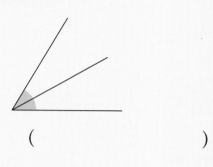

(   )

핵심 NOTE
작은 각 1개짜리, 2개짜리, ...로 이루어진 각의 수를 각각 세어 봅니다.

5 색칠한 부분에서 찾을 수 있는 크고 작은 각은 모두 몇 개일까요?

(   )

6 색칠한 부분에서 찾을 수 있는 크고 작은 각은 모두 몇 개일까요?

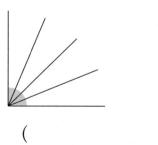

(   )

7 주어진 4개의 점 중에서 2개의 점을 이어 그을 수 있는 선분은 모두 몇 개일까요?

ㄱ•   •ㄹ

ㄴ•   •ㄷ

(   )

핵심 NOTE
각 점에서 그릴 수 있는 선분을 알아보고 겹치는 부분을 뺍니다.

8 주어진 4개의 점 중에서 2개의 점을 이어 그을 수 있는 직선은 모두 몇 개일까요?

ㄱ•   •ㄹ

ㄴ•   •ㄷ

(   )

9 주어진 3개의 점 중에서 2개의 점을 이어 그을 수 있는 반직선은 모두 몇 개일까요?

ㄱ•

ㄴ•   •ㄷ

(   )

10 작은 직각삼각형이 3개 만들어지도록 도형 안에 선분 2개를 그어 보세요.

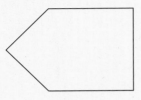

핵심 NOTE
선분을 그어 조건에 알맞은 도형을 여러 가지 방법으로 만들어 봅니다.

11 작은 직사각형이 6개 만들어지도록 도형 안에 선분 3개를 그어 보세요.

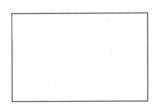

12 작은 직각삼각형이 5개 만들어지도록 도형 안에 선분 3개를 그어 보세요.

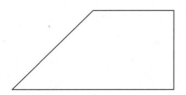

도전5 **크고 작은 도형의 수 구하기**

13 도형에서 찾을 수 있는 크고 작은 직사각형은 모두 몇 개일까요?

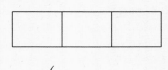

(   )

핵심 NOTE
도형 1개짜리, 2개짜리, ...로 이루어진 도형의 수를 각각 세어 봅니다.

14 도형에서 찾을 수 있는 크고 작은 직각삼각형은 모두 몇 개일까요?

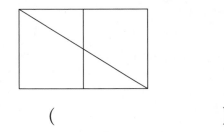

(   )

15 크기가 같은 정사각형 9개로 만든 도형입니다. 도형에서 찾을 수 있는 크고 작은 정사각형은 모두 몇 개일까요?

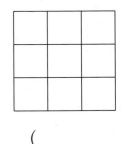

(   )

도전6 **정사각형의 네 변의 길이의 합**

16 크기가 같은 직사각형 모양의 종이 2장을 겹치지 않게 이어 붙여서 정사각형을 만들었습니다. 이 정사각형의 네 변의 길이의 합은 몇 cm일까요?

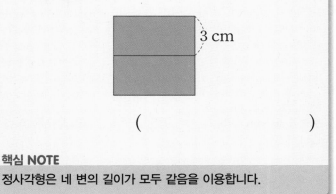

(   )

핵심 NOTE
정사각형은 네 변의 길이가 모두 같음을 이용합니다.

17 크기가 같은 직사각형 모양의 종이 3장을 겹치지 않게 이어 붙여서 정사각형을 만들었습니다. 이 정사각형의 네 변의 길이의 합은 몇 cm일까요?

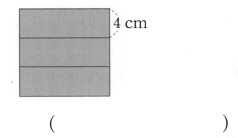

(   )

18 크기가 같은 직사각형 모양의 종이 4장을 겹치지 않게 이어 붙여서 정사각형을 만들었습니다. 이 정사각형의 네 변의 길이의 합은 몇 cm일까요?

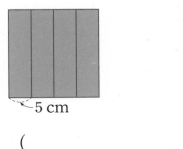

(   )

도전**7** **굵은 선의 길이 구하기**

19 두 변의 길이가 4 cm, 2 cm인 직사각형 2개를 겹치지 않게 이어 붙인 도형입니다. 굵은 선의 길이는 몇 cm일까요?

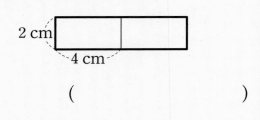

(   )

핵심 NOTE
도형을 둘러싸고 있는 길이가 같은 변이 몇 개씩 있는지 찾아봅니다.

20 두 변의 길이가 5 cm, 3 cm인 직사각형 3개를 겹치지 않게 이어 붙인 도형입니다. 굵은 선의 길이는 몇 cm일까요?

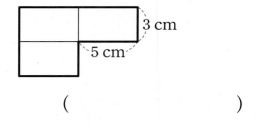

(   )

21 한 변의 길이가 2 cm인 정사각형 3개를 겹치지 않게 이어 붙인 도형입니다. 굵은 선의 길이는 몇 cm일까요?

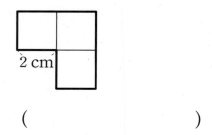

(   )

도전**8** **정사각형의 한 변의 길이 구하기**

22 다음 직사각형과 정사각형은 네 변의 길이의 합이 같습니다. 정사각형의 한 변의 길이는 몇 cm일까요?

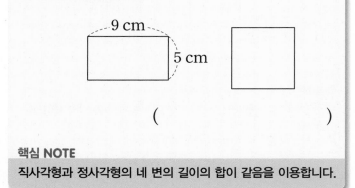

(   )

핵심 NOTE
직사각형과 정사각형의 네 변의 길이의 합이 같음을 이용합니다.

23 다음 직사각형과 정사각형은 네 변의 길이의 합이 같습니다. 정사각형의 한 변의 길이는 몇 cm일까요?

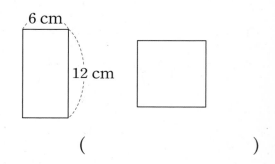

(   )

24 철사를 겹치지 않게 사용하여 두 변의 길이가 6 cm, 10 cm인 직사각형을 만들었습니다. 같은 길이의 철사로 만들 수 있는 가장 큰 정사각형의 한 변의 길이는 몇 cm일까요?

(   )

1 관계있는 것끼리 이어 보세요.

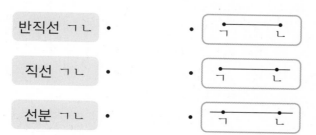

반직선 ㄱㄴ •

직선 ㄱㄴ •

선분 ㄱㄴ •

2 반직선 ㄷㄴ을 그어 보세요.

3 각이 없는 것을 모두 고르세요. (   )

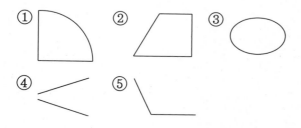

4 각 ㄴㄱㄷ을 그려 보세요.

5 두 도형에서 찾을 수 있는 직각은 모두 몇 개일까요?

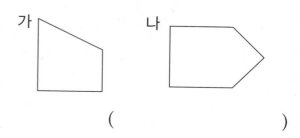

(   )

6 빨간색 꼭짓점을 옮겨 직사각형이 되도록 하려고 합니다. 어느 점으로 옮겨야 할까요?

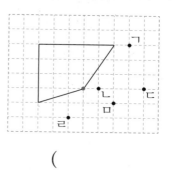

(   )

7 한 변의 길이가 5 cm인 정사각형의 네 변의 길이의 합은 몇 cm일까요?

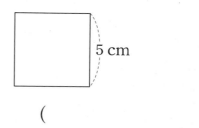

(   )

8 직각을 모두 찾아 이름을 써 보세요.

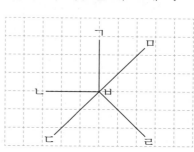

(   )

9 종이를 점선을 따라 잘랐을 때 만들어지는 도형 중에서 직각삼각형을 모두 찾아 기호를 써 보세요.

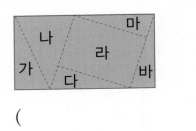

(   )

10 오른쪽 도형의 이름이 될 수 있는 것을 모두 고르세요. (   )

① 삼각형   ② 사각형   ③ 원
④ 정사각형   ⑤ 직사각형

11 삼각형 안쪽에 선분을 1개 그어서 직각삼각형을 2개 만들어 보세요.

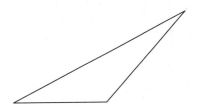

12 시계의 긴바늘과 짧은바늘이 이루는 작은 쪽의 각이 직각인 시각을 모두 고르세요.

(   )

① 3시   ② 5시   ③ 8시
④ 9시   ⑤ 11시

13 주어진 4개의 점 중에서 2개의 점을 이어서 그을 수 있는 선분은 모두 몇 개일까요?

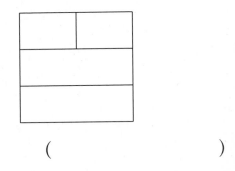

(   )

14 그림에서 찾을 수 있는 크고 작은 직사각형은 모두 몇 개일까요?

(   )

15 직사각형의 네 변의 길이의 합은 26 cm일 때 □ 안에 알맞은 수를 써넣으세요.

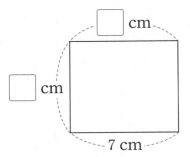

16 직사각형과 정사각형의 네 변의 길이의 합이 같습니다. □ 안에 알맞은 수를 써넣으세요.

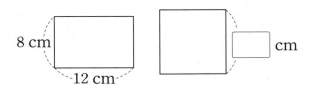

17 길이가 30 cm인 철사가 있습니다. 이 철사로 한 변의 길이가 3 cm인 정사각형을 이어 붙이지 않고 몇 개까지 만들 수 있을까요?

(　　　　　　　　)

18 정사각형 2개를 겹치지 않게 이어 붙여 만든 도형입니다. 도형을 둘러싼 굵은 선의 길이는 몇 cm일까요?

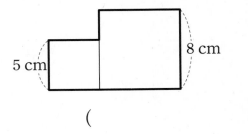

(　　　　　　　　).

19 직사각형이 아닌 도형을 찾아 기호를 쓰고 그 까닭을 써 보세요.

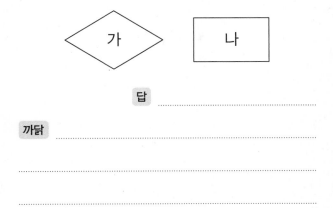

답 _____

까닭 _____

_____

_____

20 사각형 ㄱㅁㅂㅅ과 사각형 ㅅㅇㄷㄹ은 정사각형입니다. 선분 ㅂㅇ의 길이는 몇 cm인지 풀이 과정을 쓰고 답을 구해 보세요.

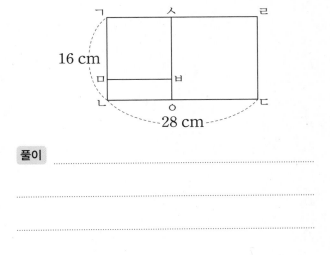

풀이 _____

_____

_____

_____

답 _____

1 도형의 이름을 써 보세요.

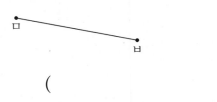

(   )

2 직선 ㅇㅈ을 그어 보세요.

3 각이 있으면 ○표, 없으면 ×표 하세요.

(   ) (   ) (   )

4 각 ㄴㄷㄱ을 그려 보세요.

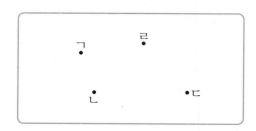

5 점 ㄴ과 한 점을 이어 직각을 그리려고 합니다. 어느 점을 이어야 할까요? (   )

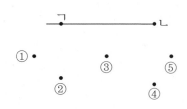

6 오른쪽 정사각형을 보고 □ 안에 알맞은 수를 써넣으세요.

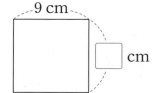

[7~8] 그림을 보고 물음에 답하세요.

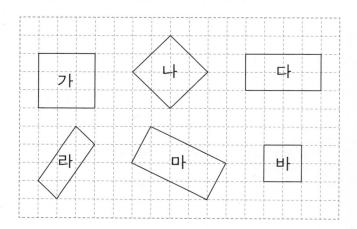

7 직사각형을 모두 찾아 기호를 써 보세요.

(   )

8 정사각형을 모두 찾아 기호를 써 보세요.

(   )

9 주어진 도형을 직각삼각형으로 만들려고 합니다. 꼭짓점을 한 개만 옮겨 직각삼각형이 되도록 그려 보세요.

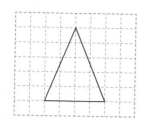

10 다음과 같이 정사각형 모양의 색종이를 두 번 접었다가 펼친 다음 접은 선을 따라 가위로 잘랐습니다. 어떤 도형이 몇 개 생길까요?

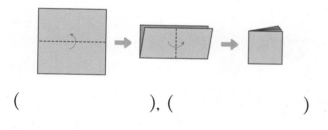

(   ), (   )

11 직각을 모두 찾아 이름을 써 보세요.

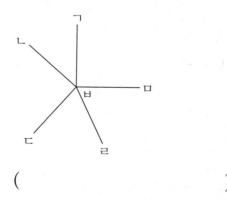

(   )

12 종이를 점선을 따라 잘랐을 때 만들어지는 도형 중에서 직각삼각형을 모두 찾아 기호를 써 보세요.

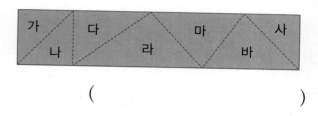

(   )

13 선분, 반직선, 직선에 대한 설명으로 옳은 것은 어느 것일까요? (   )

① 직선은 시작점이 있습니다.
② 직선은 반직선의 일부입니다.
③ 선분은 끝이 있습니다.
④ 반직선은 양쪽 방향으로 늘어납니다.
⑤ 반직선은 시작점이 없습니다.

14 오른쪽 도형에 대하여 잘못 설명한 것을 찾아 기호를 써 보세요.

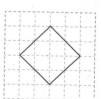

> ㉠ 네 각이 모두 직각입니다.
> ㉡ 네 변의 길이가 모두 같습니다.
> ㉢ 직사각형이 아닙니다.

(   )

15 네 변의 길이의 합이 20 cm인 정사각형이 있습니다. 이 정사각형의 한 변의 길이는 몇 cm일까요?

(   )

16 도형에서 찾을 수 있는 직각은 모두 몇 개일까요?

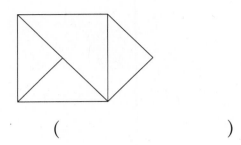

(　　　　　)

17 직사각형 모양의 종이를 잘라서 가장 큰 정사각형을 만들려고 합니다. 가장 큰 정사각형의 한 변의 길이를 몇 cm로 해야 할까요?

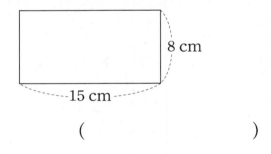

8 cm
15 cm

(　　　　　)

18 주어진 5개의 점 중에서 2개의 점을 이어 그을 수 있는 선분은 모두 몇 개일까요?

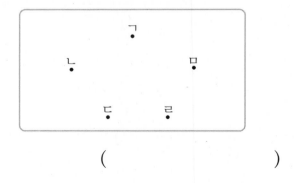

(　　　　　)

19 다음 도형이 직사각형이 아닌 까닭을 써 보세요.

까닭 ....
....
....
....

20 한 변의 길이가 3 cm인 정사각형 3개를 겹치지 않게 이어 붙여서 직사각형을 만들었습니다. 굵은 선의 길이는 몇 cm인지 풀이 과정을 쓰고 답을 구해 보세요.

3 cm

풀이 ....
....
....
....

답 ....

3 나눗셈

이번 단원에서
꼭 짚어야 할
핵심 개념을 알아보자.

핵심 1 똑같이 나누기(1)

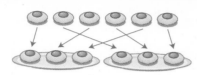

$$6 \div 2 = \boxed{}$$

핵심 2 똑같이 나누기(2)

$$8 - \boxed{} - \boxed{} - \boxed{} - \boxed{} = 0$$

$$8 \div 2 = \boxed{}$$

핵심 3 곱셈과 나눗셈의 관계

$$3 \times 5 = 15 \begin{cases} 15 \div 3 = \boxed{} \\ 15 \div 5 = \boxed{} \end{cases}$$

핵심 4 나눗셈의 몫을 곱셈식으로 구하기(1)

$$24 \div 4 = \boxed{}$$
$$\downarrow$$
$$4 \times \boxed{} = 24$$

핵심 5 나눗셈의 몫을 곱셈식으로 구하기(2)

×	1	2	3	4	5	6	7	8	9
6	6	12	18	24	30	36	42	48	54

$$42 \div 6 = \boxed{}$$ ◀ 6단 곱셈구구 이용

1. 똑같이 나누기

● 귤 12개를 접시 3개에 똑같이 나누기

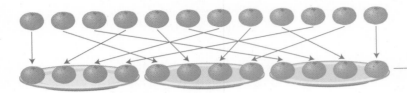

→ 귤을 접시 3개에 한 개씩 번갈아 놓으면 귤은 한 접시에 4개씩 놓입니다.

→ 12를 3으로 나누는 것과 같은 계산을 **나눗셈**이라 하고, 12÷3이라고 씁니다.

12를 3으로 나누면 4가 됩니다.

나눗셈식 **12 ÷ 3 = 4**

나누어지는 수   나누는 수   몫

읽기 **12 나누기 3은 4와 같습니다.**

● 귤 12개를 3개씩 덜어 내면서 나누기

뺄셈식 **12 − 3 − 3 − 3 − 3 = 0**
4번

→ 3개씩 4번 덜어 내면 0이므로 귤을 담으려면 4개의 접시가 필요합니다.

나눗셈식 **12 ÷ 3 = 4**

개념 자세히 보기

● **상황에 따라 알맞은 식으로 나타낼 수 있어요!**

덧셈	뺄셈	곱셈	나눗셈

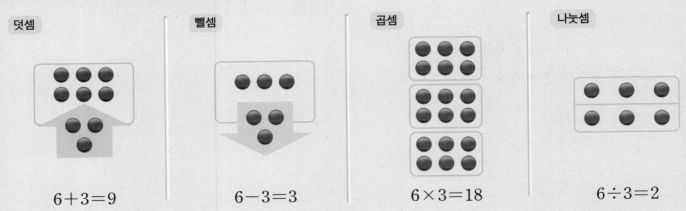

6+3=9   6−3=3   6×3=18   6÷3=2

① 나눗셈식을 보고 ☐ 안에 알맞은 수나 말을 써넣으세요.

$$16 \div 8 = 2$$

① 16 나누기 ☐ 은/는 ☐ 와/과 같습니다.

② 나누어지는 수는 ☐ 이고 나누는 수는 ☐ 입니다.

③ 2는 16을 8로 나눈 ☐ 입니다.

16을 8로 나누면 2가 돼요.

② 빵 12개를 접시 2개에 똑같이 나누어 담았습니다. 물음에 답하세요.

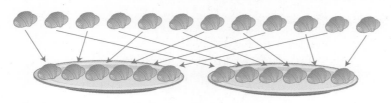

① 한 접시에 빵을 몇 개씩 놓았을까요?

(   )

② 나눗셈식으로 나타내 보세요.

$$12 \div 2 = \boxed{}$$

③ 딸기 27개를 한 명에게 9개씩 나누어 주려고 합니다. 물음에 답하세요.

① 몇 번 덜어 내면 0이 되는지 뺄셈식으로 나타내 보세요.

$$27 - \boxed{} - \boxed{} - \boxed{} = 0$$

② 몇 명에게 나누어 줄 수 있을까요?

(   )

③ 나눗셈식으로 나타내 보세요.

$$27 \div \boxed{} = \boxed{}$$

딸기를 9개씩 묶으면 몇 묶음이 되는지 알아보아요.

2. 곱셈과 나눗셈의 관계 알아보기

● **곱셈과 나눗셈의 관계** → 곱셈으로 나눗셈의 몫을 구할 수 있습니다.

20개를 5개씩 묶으면 4묶음입니다.

$$20 \div 5 = 4$$

20개를 4개씩 묶으면 5묶음입니다.

$$20 \div 4 = 5$$

$$5 \times 4 = 20$$

● **곱셈식을 나눗셈식으로, 나눗셈식을 곱셈식으로 나타내기**

• 곱셈식을 나눗셈식으로 나타내기

$$3 \times 8 = 24 \quad\begin{array}{l} 24 \div 3 = 8 \\ 24 \div 8 = 3 \end{array}$$

• 나눗셈식을 곱셈식으로 나타내기

$$24 \div 3 = 8 \quad\begin{array}{l} 3 \times 8 = 24 \\ 8 \times 3 = 24 \end{array}$$

개념 자세히 보기

● **그림에 알맞은 곱셈식과 나눗셈식을 나타낼 수 있어요!**

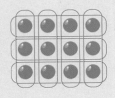

| **곱셈식** 4씩 3묶음 ➡ $4 \times 3 = 12$ | **나눗셈식** 12를 4씩 나누기 ➡ $12 \div 4 = 3$ |
| **곱셈식** 3씩 4묶음 ➡ $3 \times 4 = 12$ | **나눗셈식** 12를 3씩 나누기 ➡ $12 \div 3 = 4$ |

1 그림을 보고 물음에 답하세요.

① 붕어빵이 8개씩 3줄로 놓여 있습니다. 붕어빵은 모두 몇 개일까요?

곱셈식　$8 \times 3 =$ ☐　　답 ....

② 붕어빵 24개를 접시 8개에 똑같이 나누어 담으려고 합니다. 한 접시에 몇 개씩 담아야 할까요?

나눗셈식　$24 \div 8 =$ ☐　　답 ....

③ 붕어빵 24개를 한 접시에 3개씩 나누어 담으려면 접시가 몇 개 필요할까요?

나눗셈식　$24 \div 3 =$ ☐　　답 ....

2 곱셈식을 보고 나눗셈식 2개를 만들어 보세요.

$$9 \times 4 = 36 \quad\begin{array}{l} \boxed{} \div 9 = \boxed{} \\ \boxed{} \div 4 = \boxed{} \end{array}$$

하나의 곱셈식으로 2개의 나눗셈식을 만들 수 있어요.

3 그림을 보고 곱셈식과 나눗셈식을 각각 2개씩 써 보세요.

곱셈식　$7 \times$ ☐ $=$ ☐ , $3 \times$ ☐ $=$ ☐

나눗셈식　☐ $\div$ ☐ $=$ ☐ , ☐ $\div$ ☐ $=$ ☐

몇 개씩 몇 묶음인지 곱셈식으로 나타낸 다음 곱셈식을 보고 나눗셈식으로 나타내 보세요.

3. 나눗셈의 몫 구하기

● **16÷2의 몫을 곱셈식으로 구하기** → 나눗셈 16÷2의 몫은 곱셈식 2×8＝16을 이용하여 구할 수 있습니다.

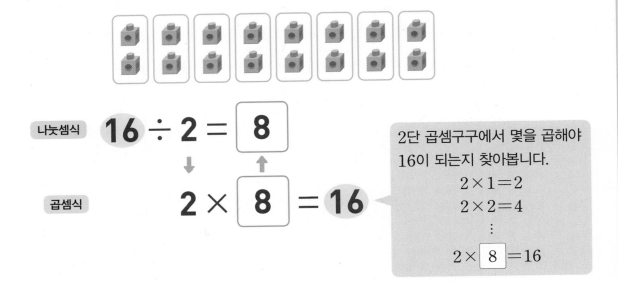

나눗셈식 $16 \div 2 = \boxed{8}$

곱셈식 $2 \times \boxed{8} = 16$

2단 곱셈구구에서 몇을 곱해야 16이 되는지 찾아봅니다.
$2 \times 1 = 2$
$2 \times 2 = 4$
⋮
$2 \times \boxed{8} = 16$

● **곱셈표를 보고 27÷3의 몫 구하기**

×	1	2	② 3	4	5	6	7	8	몫 ⑨
1	1	2	3	4	5	6	7	8	9
2	2	4	6	8	10	12	14	16	18
① 3	3	6	9	12	15	18	21	24	27
4	4	8	12	16	20	24	28	32	36
5	5	10	15	20	25	30	35	40	45
6	6	12	18	24	30	36	42	48	54
7	7	14	21	28	35	42	49	56	63
8	8	16	24	32	40	48	56	64	72
몫 ⑨	9	18	27	36	45	54	63	72	81

• 곱셈표의 ①에서
$3 \times 9 = 27$이므로
27÷3의 몫은 9입니다.

곱셈표의 ②에서 $3 \times 9 = 27$이므로 •
27÷3의 몫은 9입니다.

나눗셈식 $27 \div 3 = \boxed{9}$

곱셈식 $3 \times \boxed{9} = 27$

1 ☐ 안에 알맞은 수를 써넣으세요.

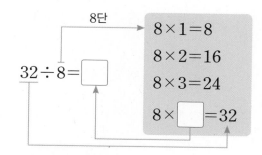

8단

$$32 \div 8 = \boxed{}$$

$8 \times 1 = 8$

$8 \times 2 = 16$

$8 \times 3 = 24$

$8 \times \boxed{} = 32$

2 곱셈표를 보고 물음에 답하세요.

×	1	2	3	4	5	6	7	8	9
1	1	2	3	4	5	6	7	8	9
2	2	4	6	8	10	12	14	16	18
3	3	6	9	12	15	18	21	24	27
4	4	8	12	16	20	24	28	32	36
5	5	10	15	20	25	30	35	40	45
6	6	12	18	24	30	36	42	48	54
7	7	14	21	28	35	42	49	56	63
8	8	16	24	32	40	48	56	64	72
9	9	18	27	36	45	54	63	72	81

배운 것 연결하기 **2학년 2학기**

곱셈표 만들기

×	1	2	3	4
1	1	2	3	4
2	2	4	6	8
3	3	6	9	12
4	4	8	12	16

4×3과 곱이 같은 곱셈구구는 3×4입니다.

3

① $36 \div 9$의 몫을 구하려면 몇 단 곱셈구구를 이용해야 할까요?

(   )

② 9단 곱셈구구에서 곱이 36인 곱셈식을 찾아 써 보세요.

곱셈식 $9 \times \boxed{} = 36$

③ $36 \div 9$의 몫은 얼마일까요?

(   )

곱셈표에서 36이 되는 곱셈식을 찾은 후 곱셈식을 나눗셈식으로 바꿔 몫을 구해 보아요.

3 ☐ 안에 알맞은 수를 써넣으세요.

① $48 \div 6 = \boxed{}$

$6 \times \boxed{} = 48$

② $28 \div 4 = \boxed{}$

$4 \times \boxed{} = 28$

1 **똑같이 나누기**(1)

1 공깃돌 21개를 7묶음으로 똑같이 나누어 묶고 한 묶음에 공깃돌이 몇 개인지 나눗셈식으로 나타내 보세요.

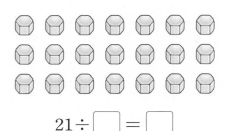

$$21 \div \boxed{} = \boxed{}$$

2 귤 15개를 봉지 3개에 똑같이 나누어 담았습니다. 나눗셈식으로 나타내고 읽어 보세요.

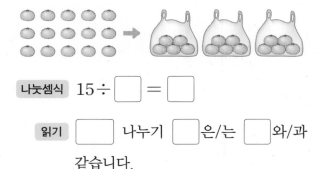

나눗셈식 $15 \div \boxed{} = \boxed{}$

읽기 $\boxed{}$ 나누기 $\boxed{}$ 은/는 $\boxed{}$ 와/과 같습니다.

3 $16 \div 8 = 2$에 대한 설명으로 틀린 것을 찾아 기호를 써 보세요.

> ㉠ 16 나누기 8은 2와 같습니다라고 읽습니다.
> ㉡ 8은 16을 2로 나눈 몫입니다.
> ㉢ 나누어지는 수는 16, 나누는 수는 8입니다.

( )

4 달걀 16개를 바구니에 똑같이 나누어 담으려고 합니다. 어느 바구니에 담아야 하는지 ○표 하세요.

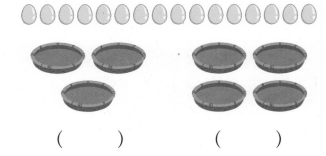

( )　　　　( )

😊 내가 만드는 문제

5 사탕 12개, 과자 6개를 각각 접시에 똑같이 나누어 담으려고 합니다. 접시의 수를 정하고 한 접시에 사탕과 과자를 각각 몇 개씩 담을 수 있는지 나눗셈식으로 나타내 보세요. (단, 접시는 한 개보다 많게 정합니다.)

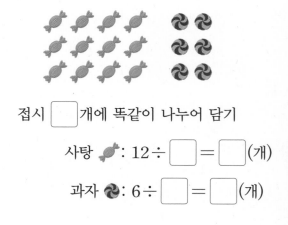

접시 $\boxed{}$ 개에 똑같이 나누어 담기

사탕 🍬: $12 \div \boxed{} = \boxed{}$ (개)

과자 🍥: $6 \div \boxed{} = \boxed{}$ (개)

6 두름은 생선을 한 줄에 10마리씩 2줄로 엮은 것입니다. 생선 한 두름을 4상자에 똑같이 나누어 담으면 한 상자에 생선을 몇 마리씩 담아야 할까요?

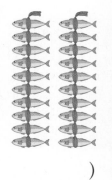

( )

◑ 정답과 풀이 **19**쪽

2 **똑같이 나누기**(2)

7 수직선을 보고 뺄셈식을 나눗셈식으로 나타내
보세요.

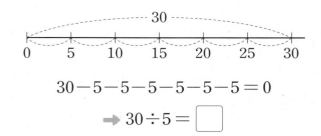

$$30-5-5-5-5-5-5=0$$

➡ $30 \div 5 = \boxed{}$

8 밤 12개를 한 명에게 4개씩 나누어 주려고 합
니다. 몇 명에게 나누어 줄 수 있는지 구해 보
세요.

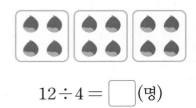

$$12 \div 4 = \boxed{} \text{(명)}$$

곱셈과 나눗셈은 짝꿍이야.

준비 그림을 보고 ☐ 안에 알맞은 수를 써넣으세요.

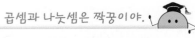

$$6 \times \boxed{} = 24$$

9 ☐ 안에 알맞은 수를 써넣으세요.

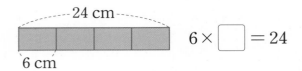

$$48 \div 8 = \boxed{}$$

10 연필 20자루를 한 명에게 4자루씩 나누어 주
면 몇 명에게 나누어 줄 수 있는지 구하려고 합
니다. 바르게 설명한 것의 기호를 써 보세요.

⊙ $20-4-4-4-4-4=0$이므로 4명
에게 나누어 줄 수 있습니다.
ⓒ 나눗셈식으로 나타내면 $20 \div 4 = 5$이고
5명에게 나누어 줄 수 있습니다.

(   )

11 나눗셈식으로 나타냈을 때 몫이 더 큰 것을 찾
아 기호를 써 보세요.

⊙ $24-6-6-6-6=0$
ⓒ $24-8-8-8=0$

(   )

서술형
12 공책 28권을 한 명에게 7권씩 나누어 주려고
합니다. 몇 명에게 나누어 줄 수 있는지 두 가지
방법으로 풀이 과정을 쓰고 답을 구해 보세요.

방법 1 ....

....

방법 2 ....

....

답 ....

3 나눗셈식으로 나타내기

13 바둑돌 18개를 똑같이 나누려고 합니다. 물음에 답하세요.

● ● ● ● ● ●
● ● ● ● ● ●
● ● ● ● ● ●

(1) 똑같이 2묶음으로 나누면 한 묶음에 바둑돌이 몇 개가 될까요?

(   )

(2) 6개씩 묶으면 몇 묶음이 될까요?

(   )

14 공을 똑같이 나누어 ☐로 묶고, ☐ 안에 알맞은 수를 써넣으세요.

(1)

⚽ ⚽ ⚽ ⚽ ⚽ ⚽
⚽ ⚽ ⚽ ⚽ ⚽ ⚽

축구공 12개를 2묶음으로 똑같이 나누면 한 묶음에 축구공이 ☐개씩입니다.

$12 \div 2 = $ ☐

(2)

⚾ ⚾ ⚾ ⚾ ⚾ ⚾ ⚾ ⚾
⚾ ⚾ ⚾ ⚾ ⚾ ⚾ ⚾ ⚾

야구공 16개를 한 묶음에 2개씩 묶으면 ☐묶음이 됩니다.

$16 \div 2 = $ ☐

15 나눗셈식 $30 \div 6 = 5$를 나타내는 문장입니다. ☐ 안에 알맞은 수를 써넣으세요.

(1) 딸기 30개를 접시 ☐개에 똑같이 나누어 담으면 한 접시에 ☐개씩 담을 수 있습니다.

(2) 키위 30개를 한 명에게 ☐개씩 나누어 주면 ☐명에게 나누어 줄 수 있습니다.

16 수직선을 보고 나눗셈식으로 나타내 보세요.

(1)

```
        14
0        7        14
```

$14 \div 2 = $ ☐

(2)

```
              14
0   2   4   6   8   10   12   14
```

$14 \div 2 = $ ☐

서술형

17 모자 8개를 똑같이 나누었습니다. ㉠과 ㉡에서 구한 몫은 어떤 점이 다른지 설명해 보세요.

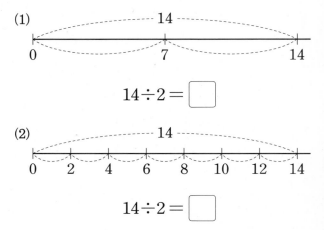

㉠ 2묶음으로 나누기 ➡ $8 \div 2 = 4$

㉡ 2개씩 묶기 ➡ $8 \div 2 = 4$

설명

_____

_____

④ 곱셈과 나눗셈의 관계

18 그림을 보고 곱셈식과 나눗셈식으로 나타내 보세요.

(1)

$3 \times \boxed{} = 15$

$15 \div 3 = \boxed{}$

(2)

$5 \times \boxed{} = 15$

$15 \div 5 = \boxed{}$

19 수직선을 보고 곱셈식으로 나타낸 다음 나눗셈식으로 나타내 보세요.

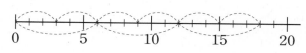

(1) $3 \times 6 = \boxed{}$

$18 \div 3 = \boxed{}$

$18 \div 6 = \boxed{}$

(2) $6 \times 3 = \boxed{}$

$18 \div 6 = \boxed{}$

$18 \div 3 = \boxed{}$

20 나눗셈식을 보고 곱셈식을 만들어 보세요.

$$32 \div 4 = 8$$

➡ $4 \times \boxed{} = \boxed{}$

$8 \times \boxed{} = \boxed{}$

21 그림을 보고 곱셈식과 나눗셈식으로 나타내 보세요.

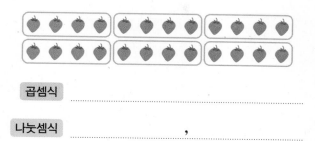

곱셈식 ....

나눗셈식 .... , ...

22 문장에 알맞은 곱셈식을 만들고, 만든 곱셈식을 나눗셈식으로 나타내 보세요.

주차장에 자동차가 9대씩 3줄로 주차되어 있습니다.

곱셈식 ....

나눗셈식 .... , ...

23 수 카드 5장 중에서 3장을 골라 한 번씩만 사용하여 곱셈식을 만들고, 만든 곱셈식을 보고 나눗셈식 2개를 만들어 보세요.

| 5 | 9 | 35 | 7 | 63 |

곱셈식 $\boxed{} \times \boxed{} = \boxed{}$

나눗셈식 $\boxed{} \div \boxed{} = \boxed{}$

 $\boxed{} \div \boxed{} = \boxed{}$

3

5 나눗셈의 몫을 곱셈식으로 구하기

24 24÷6의 몫을 구하는 곱셈식을 찾아 ○표 하세요.

3×8=24	6×4=24
( )	( )

25 ☐ 안에 알맞은 수를 써넣으세요.

$$30 \div 5 = \boxed{}$$

$$5 \times \boxed{} = 30$$

26 그림을 보고 ☐ 안에 알맞은 수를 써넣으세요.

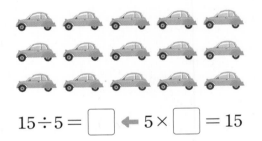

$$15 \div 5 = \boxed{} \leftarrow 5 \times \boxed{} = 15$$

27 관계있는 것끼리 이어 보세요.

나눗셈식	32÷8=☐	63÷7=☐
	•	•
곱셈식	7×☐=63	8×☐=32
	•	•
몫	9	4

28 준호는 마카롱 6상자를 샀습니다. 준호가 산 마카롱이 모두 54개일 때 한 상자에 마카롱이 몇 개씩 들어 있는지 나눗셈식으로 나타내고 곱셈식으로 바꿔 구해 보세요.

$$54 \div \boxed{} = \boxed{} \leftarrow \boxed{} \times \boxed{} = 54$$

( )

29 어느 농구 선수가 경기에서 3점 슛으로만 21점을 얻었습니다. 이 선수가 경기 중에 성공시킨 3점 슛은 몇 개일까요?

나눗셈식 $21 \div \boxed{} = \boxed{}$

곱셈식 $3 \times \boxed{} = \boxed{}$

답 _____

서술형
30 ☐ 안에 알맞은 수는 얼마인지 풀이 과정을 쓰고 답을 구해 보세요.

$$48 \div \boxed{} = 8$$

풀이 _____

_____

_____

답 _____

6 나눗셈의 몫을 곱셈구구로 구하기

31 곱셈표를 이용하여 나눗셈의 몫을 구해 보세요.

×	1	2	3	4	5	6	7	8	9
1	1	2	3	4	5	6	7	8	9
2	2	4	6	8	10	12	14	16	18
3	3	6	9	12	15	18	21	24	27
4	4	8	12	16	20	24	28	32	36
5	5	10	15	20	25	30	35	40	45
6	6	12	18	24	30	36	42	48	54
7	7	14	21	28	35	42	49	56	63
8	8	16	24	32	40	48	56	64	72
9	9	18	27	36	45	54	63	72	81

(1) $28 \div 4 = \boxed{}$ (2) $42 \div 7 = \boxed{}$

곱셈구구를 외워 봐!

준비 곱셈을 해 보세요.

$$5 \times 4 = \boxed{}$$

$$9 \times 3 = \boxed{}$$

32 나눗셈을 해 보세요.

(1) $36 \div 9$ (2) $40 \div 5$

   $45 \div 9$ $35 \div 5$

   $54 \div 9$ $30 \div 5$

[33~34] 문제를 풀고 다른 문제를 만들어 해결하려고 합니다. 물음에 답하세요.

환경을 위한 고체 치약 나눔 행사

33 환경을 보호하기 위해 고체 치약 24개를 한 명에게 3개씩 나누어 주려고 합니다. 몇 명에게 나누어 줄 수 있나요?

식 _____

답 _____

34 $24 \div 6$을 이용하여 풀 수 있는 문제를 만들고 답을 구해 보세요.

문제 _____

_____

답 _____

35 저울에 무게가 같은 구슬이 올려져 있습니다. ☐ 안에 구슬의 무게를 써 보세요.

27 g	☐ g

└► 그램(g)은 무게를 재는 단위입니다.

☺ 내가 만드는 문제

36 ☐ 안에 들어갈 수 있는 수를 자유롭게 써넣어 나눗셈식을 완성해 보세요.

(1) $12 \div \boxed{} = \boxed{}$

(2) $\boxed{} \div \boxed{} = 8$

3 실수하기 쉬운 유형

⚡ ●를 ■번 빼서 0이 되면 ●는 나누는 수, ■는 몫임에 주의하자!

1 나눗셈식 $20 \div 4 = 5$를 뺄셈식으로 바르게 나타낸 것의 기호를 써 보세요.

> ㉠ $20-5-5-5-5=0$
> ㉡ $20-4-4-4-4-4=0$

(   )

2 뺄셈식을 나눗셈식으로 나타내 보세요.

> $30-6-6-6-6-6=0$

식 ....

3 다음을 뺄셈식과 나눗셈식으로 각각 나타내 보세요.

> 40에서 8씩 5번 빼면 0이 됩니다.

뺄셈식 ....

나눗셈식 ....

⚡ 곱셈과 나눗셈의 관계를 이용하여 몫을 구하는 곱셈식을 찾아보자!

4 $32 \div 4$의 몫을 구할 때 필요한 곱셈식에 ○표 하세요.

> $4 \times 3 = 12$ $2 \times 4 = 8$
>
> $7 \times 6 = 42$ $4 \times 8 = 32$

5 $24 \div 3$의 몫을 구할 때 필요한 곱셈식을 찾아 기호를 써 보세요.

> ㉠ $7 \times 3 = 21$ ㉡ $4 \times 6 = 24$
> ㉢ $3 \times 8 = 24$ ㉣ $3 \times 2 = 6$

(   )

6 □ 안에 알맞은 수를 써넣으세요.

(1) $18 \div 2 = \square$

$\square \times \square = \square$

(2) $72 \div 9 = \square$

$\square \times \square = \square$

⚡ 곱셈과 나눗셈의 관계를 이용하여 모르는 수를 구해 보자!

7 빈칸에 알맞은 수를 써넣으세요.

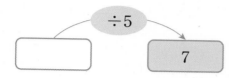

⚡ 나누는 수가 같을 때는 나누어지는 수의 크기를 비교해 보자!

10 몫의 크기를 비교하여 ◯ 안에 >, =, < 중 알맞은 것을 써넣으세요.

$$72 \div 8 \bigcirc 48 \div 8$$

8 ☐ 안에 알맞은 수를 써넣으세요.

(1) ☐ $\div 9 = 4$

(2) $24 \div$ ☐ $= 6$

11 몫의 크기를 비교하여 ◯ 안에 >, =, < 중 알맞은 것을 써넣으세요.

(1) $20 \div 5 \bigcirc 30 \div 5$

(2) $36 \div 6 \bigcirc 36 \div 4$

9 ☐ 안에 알맞은 수가 다른 하나를 찾아 기호를 써 보세요.

㉠ $15 \div$ ☐ $= 3$ ㉡ $20 \div$ ☐ $= 5$
㉢ $35 \div$ ☐ $= 7$ ㉣ $45 \div$ ☐ $= 9$

( )

12 나눗셈의 몫이 가장 큰 것에 ◯표 하세요.

| $24 \div 3$ | $24 \div 4$ | $24 \div 6$ |

( ) ( ) ( )

몫이 크려면 나누는 수는 작게, 몫이 작아지려면 나누는 수는 크게 하자!

13 보기 의 수 중에서 하나의 수를 ☐ 안에 써넣어 나눗셈식을 만들려고 합니다. 몫이 가장 큰 나눗셈식을 만들고, 몫을 구해 보세요.

> **보기**
> 2   3   4

$$12 \div \boxed{} = \underline{\hspace{2cm}}$$

14 보기 의 수 중에서 하나의 수를 ☐ 안에 써넣어 나눗셈식을 만들려고 합니다. 몫이 가장 큰 나눗셈식을 만들고, 몫을 구해 보세요.

> **보기**
> 3   4   6

$$24 \div \boxed{} = \underline{\hspace{2cm}}$$

15 보기 의 수 중에서 하나의 수를 ☐ 안에 써넣어 나눗셈식을 만들려고 합니다. 몫이 가장 작은 나눗셈식을 만들고, 몫을 구해 보세요.

> **보기**
> 4   6   9

$$36 \div \boxed{} = \underline{\hspace{2cm}}$$

똑같은 간격으로 잘랐을 때, 도막의 수와 자른 횟수를 생각해 보자!

16 길이가 42 cm인 나무 막대를 6 cm씩 자르려고 합니다. 몇 번 잘라야 할까요?

(   )

17 길이가 54 cm인 나무 막대를 9 cm씩 자르려고 합니다. 몇 번 잘라야 할까요?

(   )

18 길이가 63 cm인 색 테이프를 똑같은 길이로 6번 자르려고 합니다. 한 도막의 길이는 몇 cm로 해야 할까요? (단, 색 테이프를 겹쳐서 자르지 않습니다.)

(   )

상위권 도전 유형

☐ 안에 알맞은 수 구하기

1 ☐ 안에 알맞은 수를 써넣으세요.

$$12 \div 4 = \boxed{} \div 8$$

핵심 NOTE
나눗셈을 먼저 계산한 후 몫이 같은 나눗셈을 찾아봅니다.

2 ☐ 안에 알맞은 수를 써넣으세요.

$$10 \div \boxed{} = 14 \div 7$$

3 ☐ 안에 알맞은 수를 써넣으세요.

$$36 \div 6 = \boxed{} \div 3 = \boxed{} \div 2$$

4 ☐ 안에 알맞은 수를 써넣으세요.

$$\boxed{} \div 4 = 45 \div 9 = 35 \div \boxed{}$$

바르게 계산한 몫 구하기

5 어떤 수를 6으로 나누어야 할 것을 잘못하여 4로 나누었더니 몫이 9가 되었습니다. 바르게 계산하면 몫은 얼마일까요?

( )

핵심 NOTE
잘못 계산한 식을 이용하여 어떤 수를 먼저 구한 다음 바르게 계산합니다.

6 어떤 수를 8로 나누어야 할 것을 잘못하여 6으로 나누었더니 몫이 4가 되었습니다. 바르게 계산하면 몫은 얼마일까요?

( )

7 어떤 수를 2로 나누어야 할 것을 잘못하여 3으로 나누었더니 몫이 6이 되었습니다. 바르게 계산하면 몫은 얼마일까요?

( )

8 어떤 수를 4로 나누어야 할 것을 잘못하여 8로 나누었더니 몫이 2가 되었습니다. 바르게 계산하면 몫은 얼마일까요?

( )

3

9 같은 모양은 같은 수를 나타냅니다. ★과 ■에 알맞은 수를 각각 구해 보세요.

$$72 \div ★ = 8$$
$$★ \div 3 = ■$$

★ (   ), ■ (   )

핵심 NOTE
곱셈과 나눗셈의 관계를 이용하여 각 기호에 알맞은 수를 구합니다.

10 같은 모양은 같은 수를 나타냅니다. ◆와 ●에 알맞은 수를 각각 구해 보세요.

$$◆ \times ● = 32$$
$$◆ \div ● = 2$$

◆ (   ), ● (   )

11 같은 모양은 같은 수를 나타냅니다. ▲와 ♥에 알맞은 수를 각각 구해 보세요.

$$16 - ▲ - ▲ - ▲ - ▲ = 0$$
$$♥ \div 9 = ▲$$

▲ (   ), ♥ (   )

12 4□는 두 자리 수이고 8로 나누어집니다. 다음 나눗셈의 몫이 가장 크게 될 때, □ 안에 알맞은 수를 구해 보세요.

$$4□ \div 8$$

(   )

핵심 NOTE
① 8로 나누어지므로 4□는 8단 곱셈구구의 곱입니다.
② 8단 곱셈구구에서 십의 자리 숫자가 4인 곱 중 가장 큰 수를 찾아봅니다.

13 3□는 두 자리 수이고 5로 나누어집니다. 다음 나눗셈의 몫이 가장 작게 될 때, □ 안에 알맞은 수를 구해 보세요.

$$3□ \div 5$$

(   )

14 □2는 두 자리 수이고 6으로 나누어집니다. 다음 나눗셈의 몫이 가장 작게 될 때, □ 안에 알맞은 수를 구해 보세요. (단, □2는 50보다 작습니다.)

$$□2 \div 6$$

(   )

도전5 **일정한 빠르기로 하는 일의 양과 시간**

15 어느 제과점에서는 일정한 빠르기로 3시간 동안 18개의 식빵을 만든다고 합니다. 1시간 동안 만들 수 있는 식빵은 몇 개일까요?

( )

핵심 NOTE
조건에 알맞은 나눗셈식을 만들어 문제를 해결합니다.

16 어느 장난감 공장에서 일정한 빠르기로 5분 동안 40개의 장난감을 만든다고 합니다. 같은 빠르기로 장난감 64개를 만드는 데 몇 분이 걸릴까요?

( )

17 어느 공장에서 1분 동안 만드는 열쇠고리의 수가 ㉠ 기계는 3개, ㉡ 기계는 5개라고 합니다. ㉠와 ㉡ 기계가 쉬지 않고 열쇠고리를 모두 72개 만들려면 몇 분이 걸릴까요? (단, ㉠와 ㉡ 기계가 열쇠고리를 만드는 빠르기는 각각 일정합니다.)

( )

도전6 **만들 수 있는 정사각형의 수 구하기**

18 그림과 같은 직사각형 모양의 종이를 잘라서 한 변의 길이가 6 cm인 정사각형을 만들려고 합니다. 정사각형을 몇 개까지 만들 수 있을까요?

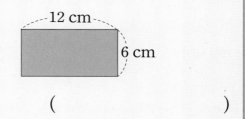

( )

핵심 NOTE
정사각형은 네 변의 길이가 모두 같으므로 가로, 세로에 각각 몇 개의 정사각형을 만들 수 있는지 구합니다.

19 그림과 같은 정사각형 모양의 종이를 남는 부분없이 잘라서 크기가 같은 정사각형 4개를 만들었습니다. 만든 정사각형의 한 변의 길이는 몇 cm일까요?

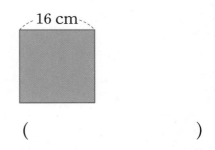

( )

20 그림과 같은 직사각형 모양의 종이를 잘라서 한 변의 길이가 9 cm인 정사각형을 만들려고 합니다. 정사각형을 몇 개까지 만들 수 있을까요?

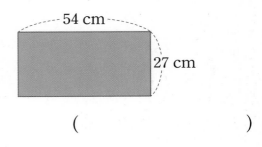

( )

도전7 **똑같은 간격으로 놓인 물건의 수 구하기**

21 길이가 42 m인 도로 한쪽에 처음부터 끝까지 7 m 간격으로 가로등을 세우려고 합니다. 필요한 가로등은 몇 개일까요? (단, 가로등의 두께는 생각하지 않습니다.)

( )

핵심 NOTE
① (간격의 수) = (전체 길이)÷(간격의 길이)
② (필요한 가로등의 수) = (간격의 수)+1

22 길이가 35 m인 도로 한쪽에 처음부터 끝까지 5 m 간격으로 나무를 심으려고 합니다. 필요한 나무는 몇 그루일까요? (단, 나무의 두께는 생각하지 않습니다.)

( )

23 길이가 32 m인 도로 양쪽에 처음부터 끝까지 4 m 간격으로 화분을 놓으려고 합니다. 필요한 화분은 몇 개일까요? (단, 화분의 두께는 생각하지 않습니다.)

( )

도전8 **수 카드로 나누어지는 수 구하기**

24 수 카드 3장 중에서 2장을 골라 한 번씩만 사용하여 만들 수 있는 두 자리 수 중에서 4로 나누어지는 수를 모두 써 보세요.

3 2 0

( )

핵심 NOTE
●로 나누어지는 수는 ●단 곱셈구구의 곱입니다.

25 수 카드 3장 중에서 2장을 골라 한 번씩만 사용하여 만들 수 있는 두 자리 수 중에서 8로 나누어지는 수를 모두 써 보세요.

1 6 4

( )

26 수 카드 4장 중에서 2장을 골라 한 번씩만 사용하여 만들 수 있는 두 자리 수 중에서 9로 나누어지는 수는 모두 몇 개일까요?

3 4 5 6

( )

1 다음을 나눗셈식으로 나타내 보세요.

15 나누기 3은 5와 같습니다.

식 ‧‧

2 그림을 보고 ☐ 안에 알맞은 수를 써넣으세요.

$12 \div 2 =$ ☐

3 나눗셈식을 뺄셈식으로 나타내 보세요.

$21 \div 7 = 3$

뺄셈식 $21 -$ ☐ $-$ ☐ $-$ ☐ $=$ ☐

4 관계있는 것끼리 이어 보세요.

나눗셈식	곱셈식	몫
$18 \div 3 = \square$ ‧	‧ $4 \times \square = 20$ ‧	‧ 4
$24 \div 6 = \square$ ‧	‧ $3 \times \square = 18$ ‧	‧ 5
$20 \div 4 = \square$ ‧	‧ $6 \times \square = 24$ ‧	‧ 6

5 그림을 보고 곱셈식과 나눗셈식으로 나타내 보세요.

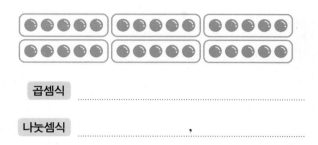

곱셈식 ‧‧‧‧‧‧‧‧‧‧‧‧‧‧‧‧‧‧‧‧‧‧‧‧‧‧‧‧‧‧‧‧‧‧

나눗셈식 ‧‧‧‧‧‧‧‧‧‧‧‧‧‧‧‧ , ‧‧‧‧‧‧‧‧‧‧‧‧

6 나눗셈식 $42 \div 6 = 7$을 뺄셈식으로 바르게 나타낸 것을 찾아 기호를 써 보세요.

㉠ $42 - 6 - 6 - 6 - 6 - 6 - 6 - 6 = 0$
㉡ $42 - 7 - 7 - 7 - 7 - 7 - 7 = 0$

(   )

3

7 빨간색 공 20개, 노란색 공 10개, 파란색 공 35개를 각각 상자 5개에 똑같이 나누어 담으려고 합니다. 상자 한 개에 공을 몇 개씩 담을 수 있는지 나눗셈식으로 나타내 보세요.

빨간색 공: ☐ $\div$ ☐ $=$ ☐ (개)

노란색 공: ☐ $\div$ ☐ $=$ ☐ (개)

파란색 공: ☐ $\div$ ☐ $=$ ☐ (개)

8 8로 나누어지는 수를 모두 찾아 써 보세요.

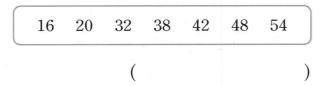

( )

9 빈칸에 알맞은 수를 써넣으세요.

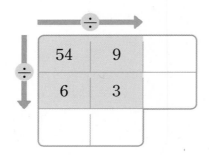

10 윤하는 나눔 장터에서 연필 48자루를 팔기 위해 한 상자에 6자루씩 담으려고 합니다. 상자는 몇 개 필요할까요?

식 _____

답 _____

11 나눗셈의 몫의 크기를 비교하여 ○ 안에 >, =, < 중 알맞은 것을 써넣으세요.

(1) 36÷9 ◯ 18÷3

(2) 35÷5 ◯ 40÷8

12 빈칸에 알맞은 수를 써넣으세요.

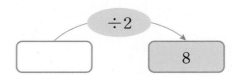

13 1부터 9까지의 수 중에서 ☐ 안에 들어갈 수 있는 수를 모두 구해 보세요.

30÷5< ☐

( )

14 ☐ 안에 알맞은 수가 다른 하나를 찾아 기호를 써 보세요.

㉠ 14÷☐=2   ㉡ 28÷☐=4
㉢ 63÷☐=9   ㉣ 36÷☐=6

( )

15 어떤 수를 4로 나누어야 할 것을 잘못하여 6으로 나누었더니 몫이 2가 되었습니다. 바르게 계산하면 몫은 얼마일까요?

( )

16 길이가 70 cm인 색 테이프 중에서 6 cm를 사용하고 남은 색 테이프를 똑같이 8도막으로 잘랐습니다. 한 도막의 길이는 몇 cm일까요?

(　　　　　　　　　　)

17 자전거 가게에 두발자전거와 세발자전거가 있습니다. 바퀴의 수를 세어 보니 모두 43개였습니다. 두발자전거가 8대라면 세발자전거는 몇 대일까요?

(　　　　　　　　　　)

18 1▢는 두 자리 수이고 3으로 나누어집니다. ●가 가장 클 때 ▢ 안에 알맞은 수를 구해 보세요.

$$1\boxed{} \div 3 = ●$$

(　　　　　　　　　　)

19 수호는 자전거를 타고 일정한 빠르기로 공원을 7바퀴 도는 데 42분이 걸렸습니다. 같은 빠르기로 공원을 9바퀴 도는 데 걸리는 시간은 몇 분인지 풀이 과정을 쓰고 답을 구해 보세요.

풀이

답

20 수 카드 4장 중에서 2장을 골라 한 번씩만 사용하여 만들 수 있는 두 자리 수 중에서 5로 나누어지는 수는 모두 몇 개인지 풀이 과정을 쓰고 답을 구해 보세요.

$$\boxed{0}\ \boxed{2}\ \boxed{3}\ \boxed{4}$$

풀이

답

3. 나눗셈 **85**

1 ☐ 안에 알맞은 수를 써넣으세요.

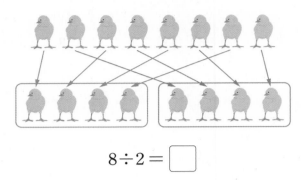

$$8 \div 2 = \boxed{}$$

2 나눗셈식을 뺄셈식으로 나타내 보세요.

$$40 \div 8 = 5$$

식 ....

3 곱셈식을 보고 나눗셈식으로 나타내 보세요.

$7 \times 5 = 35$ ⟨ $35 \div 7 = \boxed{}$
$35 \div \boxed{} = \boxed{}$

4 $30 \div 6$의 몫을 구하기 위해 필요한 곱셈식을 쓰고 몫을 구해 보세요.

$$6 \times \boxed{} = 30 \ \Rightarrow \ 30 \div 6 = \boxed{}$$

5 8단 곱셈구구를 이용하여 몫을 구할 수 있는 나눗셈식을 찾아 기호를 써 보세요.

㉠ $18 \div 3$ ㉡ $16 \div 8$ ㉢ $14 \div 2$

(   )

6 나눗셈을 해 보세요.

(1) $49 \div 7$ (2) $21 \div 3$

     $42 \div 7$ $24 \div 3$

     $35 \div 7$ $27 \div 3$

7 ☐ 안에 알맞은 수를 구해 보세요.

$$54 \div \boxed{} = 9$$

(   )

8 그림을 보고 곱셈식과 나눗셈식으로 나타내 보세요.

곱셈식 ....

나눗셈식 .... , ...

9 대화를 읽고 두 사람 중 구슬을 더 많이 가지고 있는 사람의 이름을 써 보세요.

> 지현: 우리 모둠은 구슬 15개를 3명이 똑같이 나누어 가졌어.
>
> 승희: 우리 모둠은 구슬 24개를 6명이 똑같이 나누어 가졌어.

( )

10 24 cm의 줄에 크기가 같은 메뚜기가 겹치지 않게 빈틈없이 한 줄로 서 있습니다. 줄에 서 있는 메뚜기는 모두 몇 마리일까요?

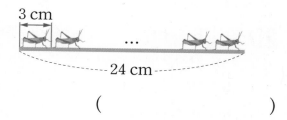

3 cm

24 cm

( )

11 몫이 큰 것부터 차례로 ◯ 안에 1, 2, 3을 써넣으세요.

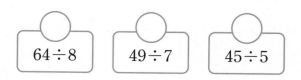

64÷8   49÷7   45÷5

12 ☐ 안에 알맞은 수를 써넣으세요.

(1) $36 \div 4 = \boxed{} \div 3$

(2) $42 \div 6 = 63 \div \boxed{}$

13 1부터 9까지의 수 중에서 ☐ 안에 들어갈 수 있는 가장 큰 수를 구해 보세요.

$$36 \div 6 > \boxed{}$$

( )

14 바늘 24개를 바늘 한 쌈이라고 합니다. 바늘 한 쌈을 상자 6개에 똑같이 나누어 담으려면 한 상자에 몇 개씩 담으면 될까요?

( )

15 ☐ 안에 알맞은 수가 다른 하나를 찾아 기호를 써 보세요.

> ㉠ $72 \div 9 = \boxed{}$ ㉡ $24 \div \boxed{} = 3$
>
> ㉢ $32 \div \boxed{} = 4$ ㉣ $45 \div 5 = \boxed{}$

( )

16 4□는 두 자리 수이고 6과 8로 나누어진다고 합니다. □ 안에 알맞은 수를 구해 보세요.

(단, 4□는 같은 수입니다.)

$$4\square \div 6 \qquad 4\square \div 8$$

( )

17 어떤 수를 3으로 나누어야 할 것을 잘못하여 4로 나누었더니 몫이 6이 되었습니다. 바르게 계산하면 몫은 얼마일까요?

( )

18 수 카드 3장 중에서 2장을 골라 한 번씩만 사용하여 만들 수 있는 두 자리 수 중에서 8로 나누어지는 수를 모두 써 보세요.

5   6   4

( )

19 지훈이는 가지고 있던 장난감 자동차 32개를 나눔 장터에서 팔려고 합니다. 장난감 자동차를 한 줄에 8개씩 정리할 때 몇 줄로 놓을 수 있는지 풀이 과정을 쓰고 답을 구해 보세요.

풀이

답

20 길이가 28 m인 도로 양쪽에 처음부터 끝까지 4 m 간격으로 나무를 심으려고 합니다. 필요한 나무는 몇 그루인지 풀이 과정을 쓰고 답을 구해 보세요. (단, 나무의 두께는 생각하지 않습니다.)

풀이

답

4 곱셈

이번 단원에서
꼭 짚어야 할
핵심 개념을 알아보자.

핵심 1 **(몇십) × (몇)**

$$20 \times 3 = \boxed{} \; 0$$

핵심 2 **(몇십몇) × (몇) (1)**

$$
\begin{array}{r}
1\ 4 \\
\times \quad 2 \\
\hline
8 \\
2\ 0 \\
\hline
2\ 8
\end{array}
\quad \rightarrow \quad
\begin{array}{r}
1\ 4 \\
\times \quad 2 \\
\hline
\boxed{}
\end{array}
$$

핵심 3 **(몇십몇) × (몇) (2)**

$$
\begin{array}{r}
3\ 2 \\
\times \quad 4 \\
\hline
8 \\
1\ 2\ 0 \\
\hline
1\ 2\ 8
\end{array}
\quad \rightarrow \quad
\begin{array}{r}
3\ 2 \\
\times \quad 4 \\
\hline
\boxed{}
\end{array}
$$

핵심 4 **(몇십몇) × (몇) (3)**

$$
\begin{array}{r}
1\ 3 \\
\times \quad 5 \\
\hline
1\ 5 \\
5\ 0 \\
\hline
6\ 5
\end{array}
\quad \rightarrow \quad
\begin{array}{r}
1 \\
1\ 3 \\
\times \quad 5 \\
\hline
\boxed{}
\end{array}
$$

핵심 5 **(몇십몇) × (몇) (4)**

$$
\begin{array}{r}
4\ 3 \\
\times \quad 4 \\
\hline
1\ 2 \\
1\ 6\ 0 \\
\hline
1\ 7\ 2
\end{array}
\quad \rightarrow \quad
\begin{array}{r}
1 \\
4\ 3 \\
\times \quad 4 \\
\hline
\boxed{}
\end{array}
$$

1. (몇십)×(몇), (몇십몇)×(몇)(1)

● **(몇십)×(몇)**

20×4의 이해

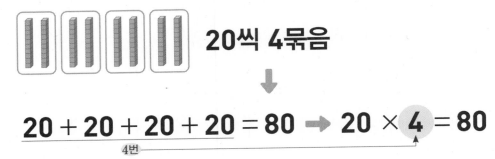

20씩 4묶음

⬇

$20+20+20+20=80$ ➡ $20×④=80$

────4번────

● **올림이 없는 (몇십몇)×(몇)**

(1) 11×5의 이해

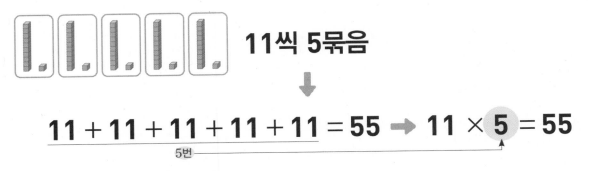

11씩 5묶음

⬇

$11+11+11+11+11=55$ ➡ $11×⑤=55$

────5번────

(2) 11×5의 계산

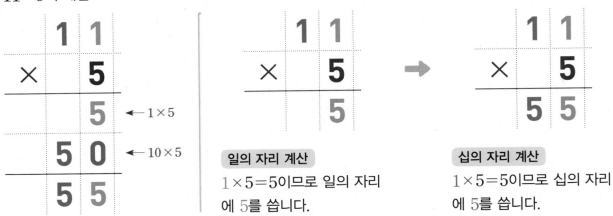

	일의 자리 계산	십의 자리 계산
	$1×5=5$이므로 일의 자리에 5를 씁니다.	$1×5=5$이므로 십의 자리에 5를 씁니다.

개념 자세히 보기

● **32×3을 어림하여 구할 수 있어요!**

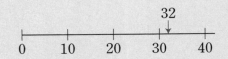

① 32를 어림하면 30쯤입니다.

② 32×3을 어림하여 구하면 약 30×3=90입니다.

→ 정답과 풀이 26쪽

① 수 모형을 보고 ☐ 안에 알맞은 수를 써넣으세요.

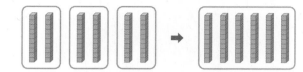

- 십 모형의 수를 곱셈식으로 나타내면 ☐ ×3= ☐ (개)입니다.

- 십 모형 ☐ 개는 일 모형 ☐ 개와 같습니다.

- 20×3= ☐ 입니다.

② ☐ 안에 알맞은 수를 써넣으세요.

① 10 × 4 = ☐ 0

1×4= ☐

② 30 × 4 = ☐ 0

3×4= ☐

③ 수 모형을 보고 ☐ 안에 알맞은 수를 써넣으세요.

21+21+21+21= ☐ ➡ 21× ☐ = ☐

④ ☐ 안에 알맞은 수를 써넣으세요.

①
```
      2  4
   ×     2
   ─────────
         ☐
```
➡
```
      2  4
   ×     2
   ─────────
      ☐  ☐
```

②
```
      1  2
   ×     3
   ─────────
         ☐
```
➡
```
      1  2
   ×     3
   ─────────
      ☐  ☐
```

일의 자리 숫자와의 곱은
일의 자리에 쓰고,
십의 자리 숫자와의 곱은
십의 자리에 써요.

2. (몇십몇) × (몇)(2)

● **십의 자리에서 올림이 있는 (몇십몇) × (몇)**

(1) 41×4의 이해

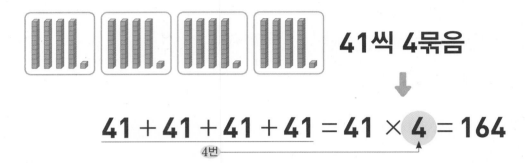

41씩 4묶음

⬇

$$41 + 41 + 41 + 41 = 41 \times 4 = 164$$
4번

(2) 41×4의 계산

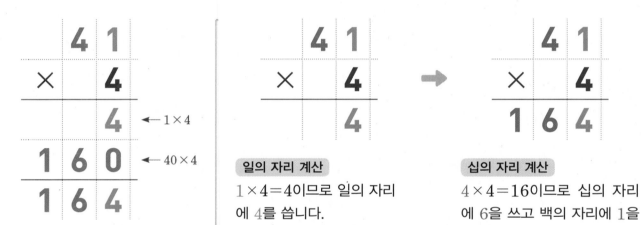

$$
\begin{array}{r}
4\,1 \\
\times \quad 4 \\
\hline
4 \quad \leftarrow 1 \times 4 \\
1\,6\,0 \quad \leftarrow 40 \times 4 \\
\hline
1\,6\,4
\end{array}
$$

일의 자리 계산
$1 \times 4 = 4$이므로 일의 자리에 4를 씁니다.

십의 자리 계산
$4 \times 4 = 16$이므로 십의 자리에 6을 쓰고 백의 자리에 1을 씁니다.

개념 자세히 보기

● **31×6을 여러 가지 방법으로 계산할 수 있어요!**

① 세로로 계산하기

십의 자리부터 계산
$$
\begin{array}{r}
3\,1 \\
\times \quad 6 \\
\hline
1\,8\,0 \\
6 \\
\hline
1\,8\,6
\end{array}
$$

일의 자리부터 계산
$$
\begin{array}{r}
3\,1 \\
\times \quad 6 \\
\hline
6 \\
1\,8\,0 \\
\hline
1\,8\,6
\end{array}
$$

② 수를 가르기하여 계산하기

$$
\begin{array}{r}
1 \times 6 = 6 \\
30 \times 6 = 180 \\
\hline
31 \times 6 = 186
\end{array}
$$

$$
\begin{array}{r}
31 \times 3 = 93 \\
31 \times 3 = 93 \\
\hline
31 \times 6 = 186
\end{array}
$$

● 정답과 풀이 26쪽

① 53×2의 계산 과정을 수 모형으로 나타낸 그림입니다. ☐ 안에 알맞은 수를 써넣으세요.

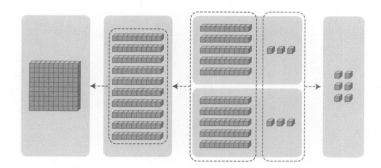

• 일 모형의 수를 곱셈식으로 나타내면 ☐×2=☐(개)입니다.

• 십 모형의 수를 곱셈식으로 나타내면 ☐×2=☐(개)입니다.

• 십 모형이 ☐개, 일 모형이 ☐개이므로 53×2=☐입니다.

② 계산해 보세요.

①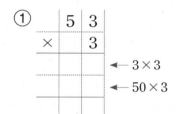
```
    5 3
  ×   3
```
←─ 3×3
←─ 50×3

②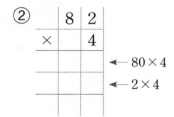
```
    8 2
  ×   4
```
←─ 80×4
←─ 2×4

세로셈은 계산할 때 일의 자리부터 계산할 수도 있고 십의 자리부터 계산할 수도 있어요.

③ ☐ 안에 알맞은 수를 써넣으세요.

```
    7  4
  ×    2
      ☐
```
➡
```
    7  4
  ×    2
  ☐ ☐ ☐
```

④ ☐ 안에 알맞은 수를 써넣으세요.

① 20×7=☐
   1×7=☐
─────────
  21×7=☐

② 60×4=☐
   2×4=☐
─────────
  62×4=☐

21=20+1이므로 21×7은 20×7과 1×7의 합으로 구할 수 있어요.

3. (몇십몇)×(몇)(3)

● 일의 자리에서 올림이 있는 (몇십몇)×(몇)

(1) 16×6의 이해

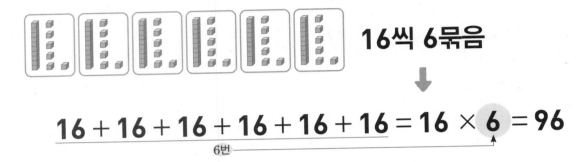

16씩 6묶음

$$16+16+16+16+16+16 = 16 \times 6 = 96$$

6번

(2) 16×6의 계산

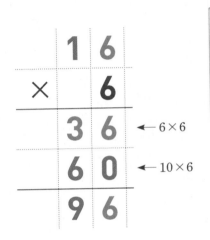

$\begin{array}{r} 3 \\ 1\ 6 \\ \times\ \ \ 6 \\ \hline 6 \end{array}$ → $\begin{array}{r} 3 \\ 1\ 6 \\ \times\ \ \ 6 \\ \hline 9\ 6 \end{array}$

일의 자리 계산

6×6=36이므로 십의 자리 위에 3을 작게 쓰고 일의 자리에 6을 씁니다.

십의 자리 계산

1×6=6이고, 일의 자리에서 올림한 3을 더하여 3+6=9 를 십의 자리에 씁니다.

개념 자세히 보기

● 17×4를 여러 가지 방법으로 계산할 수 있어요!

① 세로로 계산하기

십의 자리부터 계산
$\begin{array}{r} 1\ 7 \\ \times\ \ \ 4 \\ \hline 4\ 0 \\ 2\ 8 \\ \hline 6\ 8 \end{array}$

일의 자리부터 계산
$\begin{array}{r} 1\ 7 \\ \times\ \ \ 4 \\ \hline 2\ 8 \\ 4\ 0 \\ \hline 6\ 8 \end{array}$

② 수를 가르기하여 계산하기

$\begin{array}{r} 7 \times 4 = 28 \\ 10 \times 4 = 40 \\ \hline 17 \times 4 = 68 \end{array}$

$\begin{array}{r} 17 \times 2 = 34 \\ 17 \times 2 = 34 \\ \hline 17 \times 4 = 68 \end{array}$

◐ 정답과 풀이 27쪽

① 26×3의 계산 과정을 수 모형으로 나타낸 그림입니다. ☐ 안에 알맞은 수를 써넣으세요.

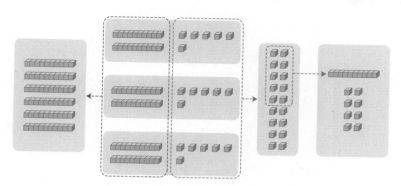

- 일 모형의 수를 곱셈식으로 나타내면 ☐$\times 3=$☐(개)입니다.

- 십 모형의 수를 곱셈식으로 나타내면 ☐$\times 3=$☐(개)입니다.

- 십 모형이 ☐개, 일 모형이 ☐개이므로 $26 \times 3=$☐입니다.

② 계산해 보세요.

①
```
    1 5
×     6
```
← 5×6
← 10×6

②
```
    2 8
×     3
```
← 20×3
← 8×3

③ ☐ 안에 알맞은 수를 써넣으세요.

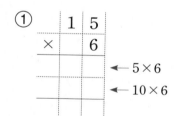

일의 자리에서 올림한 수를 십의 자리 위에 작게 쓰면 계산 과정에서의 실수를 줄일 수 있어요.

④ ☐ 안에 알맞은 수를 써넣으세요.

① $30 \times 2=$☐
　$8 \times 2=$☐
　$38 \times 2=$☐

② $20 \times 3=$☐
　$7 \times 3=$☐
　$27 \times 3=$☐

$38=30+8$이므로 38×2는 30×2와 8×2의 합으로 구할 수 있어요.

4. (몇십몇) × (몇) (4)

● **십의 자리와 일의 자리에서 올림이 있는 (몇십몇) × (몇)**

(1) 34 × 5의 이해

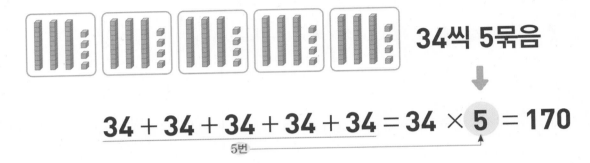

34씩 5묶음

$$34 + 34 + 34 + 34 + 34 = 34 \times 5 = 170$$

5번

(2) 34 × 5의 계산

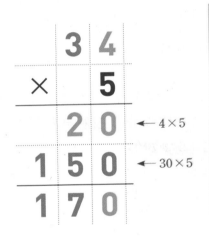

$$\begin{array}{r} 3\ 4 \\ \times \quad 5 \\ \hline 2\ 0 \end{array}$$ ← 4×5

$$1\ 5\ 0$$ ← 30×5

$$1\ 7\ 0$$

일의 자리 계산

4×5=20이므로 십의 자리 위에 2를 작게 쓰고 일의 자리에 0을 씁니다.

십의 자리 계산

3×5=15이므로 백의 자리에 1을 쓰고, 십의 자리에는 일의 자리에서 올림한 2를 더하여 5+2=7을 씁니다.

개념 자세히 보기

● **74×4를 여러 가지 방법으로 계산할 수 있어요!**

① 세로로 계산하기

십의 자리부터 계산
$$\begin{array}{r} 7\ 4 \\ \times \quad 4 \\ \hline 2\ 8\ 0 \\ 1\ 6 \\ \hline 2\ 9\ 6 \end{array}$$

일의 자리부터 계산
$$\begin{array}{r} 7\ 4 \\ \times \quad 4 \\ \hline 1\ 6 \\ 2\ 8\ 0 \\ \hline 2\ 9\ 6 \end{array}$$

② 수를 가르기하여 계산하기

$$\begin{array}{r} 4 \times 4 = 16 \\ 70 \times 4 = 280 \\ \hline 74 \times 4 = 296 \end{array}$$

$$\begin{array}{r} 74 \times 2 = 148 \\ 74 \times 2 = 148 \\ \hline 74 \times 4 = 296 \end{array}$$

○ 정답과 풀이 27쪽

① 37×4의 계산 과정을 수 모형으로 나타낸 그림입니다. □ 안에 알맞은 수를 써넣으세요.

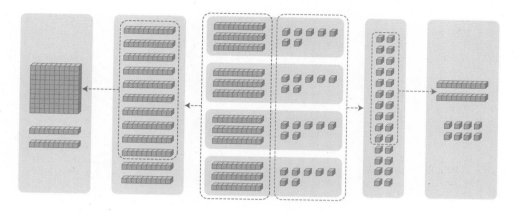

- 일 모형의 수를 곱셈식으로 나타내면 □×4=□(개)입니다.

- 십 모형의 수를 곱셈식으로 나타내면 □×4=□(개)입니다.

- 십 모형이 □개, 일 모형이 □개이므로 37×4=□입니다.

② 계산해 보세요.

①
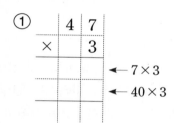
← 7×3
← 40×3

②

← 80×4
← 3×4

> 일의 자리부터 계산하거나 십의 자리부터 계산해요.

③ □ 안에 알맞은 수를 써넣으세요.

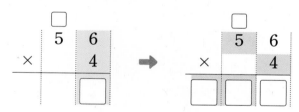

④ □ 안에 알맞은 수를 써넣으세요.

① 20×7=□
   5×7=□
   25×7=□

② 60×4=□
   3×4=□
   63×4=□

> 25=20+5이므로 25×7은 20×7과 5×7의 합으로 구할 수 있어요.

1 (몇십) × (몇)

1 계산해 보세요.

(1)
$$\begin{array}{r} 8\,0 \\ \times\quad 4 \\ \hline \end{array}$$

(2)
$$\begin{array}{r} 5\,0 \\ \times\quad 7 \\ \hline \end{array}$$

(3) 20×4

(4) 60×5

2 수직선을 보고 ☐ 안에 알맞은 수를 써넣으세요.

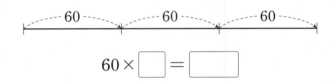

$$60 \times \boxed{} = \boxed{}$$

3 ☐ 안에 알맞은 수를 써넣으세요.

(1) $70 \times 2 = \boxed{}$

(2) $50 \times 3 = \boxed{}$

$70 \times 4 = \boxed{}$

$50 \times 6 = \boxed{}$

$70 \times 8 = \boxed{}$

$50 \times 9 = \boxed{}$

4 ☐ 안에 알맞은 수를 써넣으세요.

$$120 = 20 \times \boxed{}$$

$$120 = 30 \times \boxed{}$$

$$120 = \boxed{} \times 2$$

곱셈을 나타내는 방법은 여러 가지야.

준비 ☐ 안에 알맞은 수를 써넣으세요.

2씩 4묶음

➡ $2+2+2+2 = \boxed{}$

➡ $2 \times 4 = \boxed{}$

➡ 2의 $\boxed{}$ 배 $= \boxed{}$

5 나타내는 수가 다른 하나를 찾아 기호를 써 보세요.

㉠ 90씩 2묶음	㉡ 30의 6배
㉢ $60+60+60$	㉣ 40과 4의 곱

( )

6 쌀 기부 운동에 참여하기 위해 영재네 반은 돈을 모아 20 kg짜리 쌀 8포를 어려운 이웃에게 기부하였습니다. 기부한 쌀은 모두 몇 kg일까요?

식

답

7 과녁 맞히기 놀이에서 아영이가 맞힌 과녁입니다. 아영이가 얻은 점수는 몇 점일까요?

( )

2 올림이 없는 (몇십몇) × (몇)

8 계산해 보세요.

(1)
```
    4 3
  ×   2
```

(2)
```
    1 1
  ×   5
```

(3) 14×2

(4) 32×3

9 ☐ 안에 알맞은 수를 써넣으세요.

(1)
```
    2 1
  ×   4
  ─────
    ☐
  8 0
  ─────
    ☐
```

(2)
```
    3 4
  ×   2
  ─────
      8
  ☐ 0
  ─────
    ☐
```

10 ☐ 안에 알맞은 수를 써넣으세요.

$23 + 23 + 23 = 23 \times \boxed{} = \boxed{}$

11 ☐ 안에 알맞은 수를 써넣으세요.

(1) $1 \times 7 = \boxed{}$
$10 \times 7 = \boxed{}$
$11 \times 7 = \boxed{}$

(2) $3 \times 3 = \boxed{}$
$30 \times 3 = \boxed{}$
$33 \times 3 = \boxed{}$

12 계산 결과가 가장 작은 것을 찾아 ○표 하세요.

| 21×2 | 12×3 | 13×2 |

(   )   (   )   (   )

13 계산 결과가 같은 것끼리 이어 보세요.

12×4 •   • 33×2

11×6 •   • 24×2

22×4 •   • 44×2

14 선우는 11살이고, 선우 할머니의 나이는 선우 나이의 8배입니다. 선우 할머니는 몇 살일까요?

식 _____

답 _____

15 빈칸에 알맞은 수를 써넣으세요.

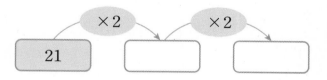

21 → ×2 → ☐ → ×2 → ☐

3 십의 자리에서 올림이 있는 (몇십몇)×(몇)

16 계산해 보세요.

(1)
```
    6 1
×     8
```

(2)
```
    9 2
×     3
```

(3) 52×4

(4) 83×2

17 빈칸에 알맞은 수를 써넣으세요.

×	3	4	5
41			

18 보기 와 같은 방법으로 계산해 보세요.

보기
$$62 \times 4 \begin{cases} 60 \times 4 = 240 \\ 2 \times 4 = 8 \end{cases} 248$$

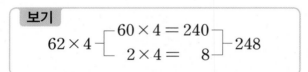

74×2

19 ☐ 안에 알맞은 수를 써넣으세요.

(1) $31 \times 6 = \boxed{}$

$\times 3 \downarrow \qquad \uparrow \times 3$

$93 \times 2 = \boxed{}$

(2) $21 \times 8 = \boxed{}$

$\times 2 \downarrow \qquad \uparrow \times 2$

$42 \times 4 = \boxed{}$

준비 ☐ 안에 알맞은 수를 써넣으세요.

$7+7+7+7+7$

$= 7 \times \boxed{}$

$= 7 \times \boxed{} + 7$

$= 7 \times \boxed{} + 7 + 7$

$= 7 \times \boxed{} + 7 + 7 + 7$

20 ☐ 안에 알맞은 수를 써넣으세요.

(1) $62 \times 4 = 62 \times 3 + \boxed{}$

(2) $31 \times 9 = 31 \times 10 - \boxed{}$

😊 내가 만드는 문제

21 무게를 잴 때 단위는 g(그램)을 사용합니다. 구슬 한 개의 무게는 51 g(그램)입니다. 구슬의 수를 정하여 그 수만큼 색칠하고, ☐ 안에 구슬의 무게를 써넣으세요.

22 작은 사각형의 수를 구해 보세요.

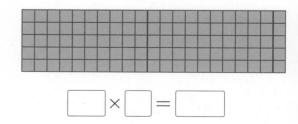

$\boxed{} \times \boxed{} = \boxed{}$

4 일의 자리에서 올림이 있는 (몇십몇)×(몇)

23 계산해 보세요.

(1)
```
   4 8
 ×   2
```

(2)
```
   2 5
 ×   3
```

(3) 39×2

(4) 15×4

24 ☐ 안에 알맞은 수를 써넣으세요.

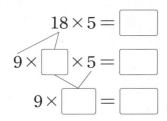

$18 \times 5 =$ ☐

$9 \times$ ☐ $\times 5 =$ ☐

$9 \times$ ☐ $=$ ☐

25 ☐ 안에 알맞은 수를 써넣으세요.

(1) $12 \times 2 =$ ☐

$12 \times 5 =$ ☐

$12 \times 7 =$ ☐

(2) $13 \times 3 =$ ☐

$13 \times 4 =$ ☐

$13 \times 7 =$ ☐

26 곱의 크기를 비교하여 ◯ 안에 >, =, < 중 알맞은 것을 써넣으세요.

(1) 26×2 ◯ 19×3

(2) 14×7 ◯ 17×5

☺ 내가 만드는 문제

27 두 자리 수를 정하여 시작에 넣고 끝에 나오는 값을 구해 보세요.

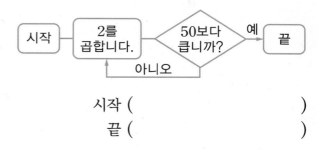

시작 (   )

끝 (   )

28 양쪽이 같게 되도록 ☐ 안에 알맞은 수를 써넣으세요.

(1) $24 \times 4 = 80 +$ ☐

(2) $18 \times 5 = 50 +$ ☐

서술형

29 아주 느리게 움직이는 동물로 알려진 나무늘보는 하루에 18시간씩 잠을 잔다고 합니다. 나무늘보가 4일 동안 잠을 자는 시간은 모두 몇 시간인지 풀이 과정을 쓰고 답을 구해 보세요.

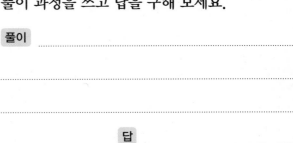

풀이 ....

....

....

답 ....

5 십의 자리와 일의 자리에서 올림이 있는 (몇십몇)×(몇)

30 계산해 보세요.

(1)
```
    3 7
  ×   7
```

(2)
```
    4 5
  ×   5
```

(3) 53 × 6

(4) 73 × 4

31 ☐ 안에 알맞은 수를 써넣으세요.

(1) $83 \times 6 = \boxed{80 \times 6} + \boxed{} \times 6$

$= \boxed{} + \boxed{} = \boxed{}$

(2) $83 \times 6 = \boxed{83 \times 3} + \boxed{83 \times} \boxed{}$

$= \boxed{} + \boxed{} = \boxed{}$

32 빈칸에 알맞은 수를 써넣으세요.

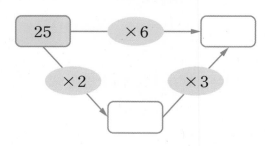

33 ☐ 안에 알맞은 수를 써넣으세요.

(1) $38 \times 4 = \boxed{} = 4 \times \boxed{}$

(2) $44 \times 6 = \boxed{} = 6 \times \boxed{}$

34 곱셈을 하여 선을 따라 만나는 곳에 계산 결과를 써넣으세요.

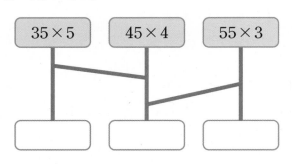

😀 내가 만드는 문제

35 수 카드 5장 중에서 2장을 골라 ☐ 안에 써넣고 계산해 보세요.

3 8 4

7 5

```
      2 ☐
  ×     ☐
  ───────
```

서술형
36 공기 정화 식물은 공기 속에 있는 오염물질을 없애 실내 환경을 쾌적하게 하는 식물입니다. 문화 센터에서 공기 정화 식물을 150개 준비했습니다. 한 강의실에 12개씩 9개의 강의실에 두었다면 남은 공기 정화 식물은 몇 개인지 풀이 과정을 쓰고 답을 구해 보세요.

풀이

답

⚡ 곱하는 수를 가르기하여 받아올림이 없는 곱셈으로 바꾸어 계산해 보자!

1 ☐ 안에 알맞은 수를 써넣으세요.

$22 \times 3 = \boxed{}$

$22 \times 4 = \boxed{}$

$22 \times 7 = \boxed{}$

2 ☐ 안에 알맞은 수를 써넣으세요.

$33 \times 3 = \boxed{}$

$33 \times 3 = \boxed{}$

$33 \times \boxed{} = \boxed{}$

3 ☐ 안에 알맞은 수를 써넣으세요.

$23 \times 5 = 23 \times 3 + 23 \times 2$

$= \boxed{} + \boxed{}$

$= \boxed{}$

⚡ 곱셈식으로 먼저 나타내고 크기를 비교해 보자!

4 계산 결과가 더 큰 것의 기호를 써 보세요.

┌─────────────────┐
│ ㉠ 23씩 7묶음   │
│ ㉡ 32×5   │
└─────────────────┘

(   )

5 계산 결과가 더 큰 것의 기호를 써 보세요.

┌──────────────────────┐
│ ㉠ 34의 6배   │
│ ㉡ 38+38+38+38   │
└──────────────────────┘

(   )

6 계산 결과가 가장 큰 것을 찾아 기호를 써 보세요.

┌─────────────────┐
│ ㉠ 31씩 5묶음   │
│ ㉡ 45의 3배   │
│ ㉢ 80과 2의 곱   │
└─────────────────┘

(   )

7 계산에서 잘못된 곳을 찾아 바르게 계산해 보세요.

$$
\begin{array}{r}
3\,6 \\
\times \quad 3 \\
\hline
9\,8
\end{array}
$$
➡

10 ☐ 안에 알맞은 수를 써넣으세요.

$$12 \times 2 = 4 \times \boxed{}$$

8 계산에서 잘못된 곳을 찾아 바르게 계산해 보세요.

$$
\begin{array}{r}
4\,7 \\
\times \quad 4 \\
\hline
1\,6\,8
\end{array}
$$
➡

11 ☐ 안에 알맞은 수를 써넣으세요.

$$27 \times 3 = 9 \times \boxed{}$$

12 ☐ 안에 알맞은 수를 써넣으세요.

$$18 \times 4 = 9 \times \boxed{}$$
$$= 6 \times \boxed{}$$

9 계산에서 잘못된 곳을 찾아 바르게 계산해 보세요.

$$
\begin{array}{r}
5\,7 \\
\times \quad 9 \\
\hline
4\,5\,6\,3
\end{array}
$$
➡

⚡ **십의 자리끼리 계산하여 곱을 어림해 보자!**

13 곱이 200보다 큰 것을 어림하여 찾아 ○표 하세요.

$$51 \times 3 \qquad 52 \times 4 \qquad 30 \times 6$$

14 곱이 180보다 큰 것을 어림하여 찾아 ○표 하세요.

$$41 \times 4 \qquad 53 \times 3 \qquad 62 \times 3$$

15 곱이 600보다 큰 것을 어림하여 모두 찾아 ○표 하세요.

$$72 \times 9 \quad 55 \times 8 \quad 93 \times 7 \quad 61 \times 9$$

⚡ **주어진 나이로 곱셈식을 세워 순서대로 나이를 구해 보자!**

16 수진이는 8살이고, 어머니의 나이는 수진이 나이의 5배, 할머니의 나이는 어머니 나이의 2배입니다. 할머니는 몇 살인지 구해 보세요.

( )

17 윤아는 7살이고, 아버지의 나이는 윤아 나이의 6배, 할아버지의 나이는 아버지 나이의 2배입니다. 할아버지는 몇 살인지 구해 보세요.

( )

18 수연이는 10살입니다. 수연이 언니는 수연이보다 5살 더 많고, 고모의 나이는 수연이 언니 나이의 3배입니다. 고모는 몇 살인지 구해 보세요.

( )

⚡ **그림에서 가운데 수와 양쪽 수의 규칙을 찾아보자!**

19 규칙을 찾아 빈칸에 알맞은 수를 써넣으세요.

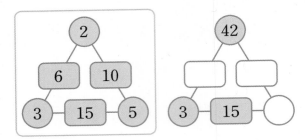

20 규칙을 찾아 빈칸에 알맞은 수를 써넣으세요.

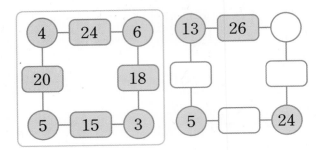

21 규칙을 찾아 빈칸에 알맞은 수를 써넣으세요.

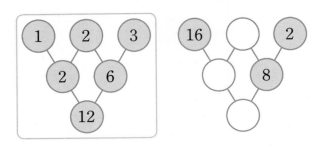

⚡ **일의 자리 계산부터 생각해서 모르는 수를 구해 보자!**

22 ☐ 안에 알맞은 수를 써넣으세요.

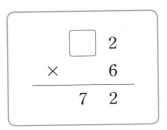

23 ☐ 안에 알맞은 수를 써넣으세요.

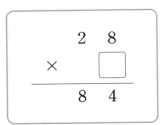

24 ☐ 안에 알맞은 수를 써넣으세요.

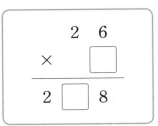

도전1 굵은 선의 길이 구하기

1 세 변의 길이가 모두 20 cm인 삼각형 4개를 겹치지 않게 이어 붙여서 만든 도형입니다. 굵은 선의 길이는 몇 cm일까요?

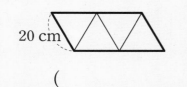
20 cm

( )

핵심 NOTE
굵은 선의 길이는 도형의 한 변의 길이의 몇 배인지 구합니다.

2 한 변의 길이가 16 cm인 정사각형 3개를 겹치지 않게 이어 붙여서 만든 도형입니다. 굵은 선의 길이는 몇 cm일까요?

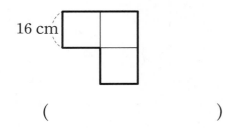
16 cm

( )

3 한 변의 길이가 9 cm인 정사각형 4개를 겹치지 않게 이어 붙여서 만든 도형입니다. 굵은 선의 길이는 몇 cm일까요?

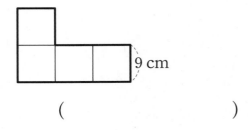
9 cm

( )

도전2 □ 안에 들어갈 수 있는 수 구하기

4 1부터 9까지의 수 중에서 □ 안에 들어갈 수 있는 수를 모두 구해 보세요.

$$12 \times \square < 60$$

( )

핵심 NOTE
<를 =로 생각하여 계산한 후 □ 안에 들어갈 수 있는 수를 모두 구합니다.

5 1부터 9까지의 수 중에서 □ 안에 들어갈 수 있는 수를 모두 구해 보세요.

$$36 \times 4 < 24 \times \square$$

( )

6 1부터 9까지의 수 중에서 □ 안에 들어갈 수 있는 수를 모두 구해 보세요.

$$200 < 64 \times \square < 400$$

( )

7 어떤 수에 3을 곱해야 할 것을 잘못하여 3을 더하였더니 29가 되었습니다. 바르게 계산한 값을 구해 보세요.

(   )

핵심 NOTE
어떤 수를 □라 하여 잘못된 계산식에서 □를 구합니다.

8 어떤 수에 7을 곱해야 할 것을 잘못하여 7을 뺐더니 44가 되었습니다. 바르게 계산한 값을 구해 보세요.

(   )

9 어떤 수에 5를 곱해야 할 것을 잘못하여 5를 더했더니 32가 되었습니다. 바르게 계산한 값을 구해 보세요.

(   )

10 어떤 수에 4를 곱해야 할 것을 잘못하여 4로 나누었더니 7이 되었습니다. 바르게 계산한 값을 구해 보세요.

(   )

11 수 카드 3장을 한 번씩만 사용하여 곱이 가장 큰 (몇십몇) × (몇)의 곱셈식을 만들어 계산해 보세요.

$\boxed{5}$ $\boxed{2}$ $\boxed{7}$

$\boxed{}\boxed{} \times \boxed{} = \boxed{}$

핵심 NOTE
곱이 크게 되려면 곱해지는 수의 십의 자리 수와 곱하는 수가 커야 합니다.

12 수 카드 3장을 한 번씩만 사용하여 곱이 가장 작은 (몇십몇) × (몇)의 곱셈식을 만들어 계산해 보세요.

$\boxed{3}$ $\boxed{8}$ $\boxed{4}$

$\boxed{}\boxed{} \times \boxed{} = \boxed{}$

13 수 카드 4장 중에서 3장을 골라 (몇십몇) × (몇)의 곱셈을 만들려고 합니다. 곱이 가장 큰 곱셈식과 가장 작은 곱셈식을 각각 만들어 계산해 보세요.

$\boxed{6}$ $\boxed{2}$ $\boxed{9}$ $\boxed{5}$

곱이 가장 큰 식: $\boxed{}\boxed{} \times \boxed{} = \boxed{}$

곱이 가장 작은 식: $\boxed{}\boxed{} \times \boxed{} = \boxed{}$

도전5 이어 붙인 색 테이프의 길이 구하기

14 길이가 20 cm인 색 테이프 3장을 5 cm씩 겹쳐서 이어 붙였습니다. 이어 붙인 색 테이프의 전체 길이는 몇 cm일까요?

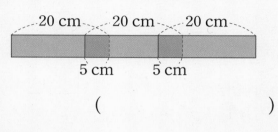

(   )

핵심 NOTE
이어 붙인 색 테이프의 전체 길이는 색 테이프 3장의 길이의 합에서 겹쳐진 부분의 길이의 합을 뺍니다.

15 길이가 22 cm인 색 테이프 7장을 4 cm씩 겹쳐서 이어 붙였습니다. 이어 붙인 색 테이프의 전체 길이는 몇 cm일까요?

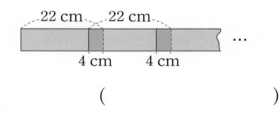

(   )

16 길이가 35 cm인 색 테이프 6장을 7 cm씩 겹쳐서 이어 붙였습니다. 이어 붙인 색 테이프의 전체 길이는 몇 cm일까요?

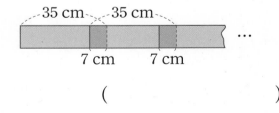

(   )

도전6 도로의 길이 구하기

17 도로의 한쪽에 나무 9그루를 13 m 간격으로 심었습니다. 도로의 처음과 끝에도 나무를 심었다면 도로의 길이는 몇 m일까요? (단, 나무의 두께는 생각하지 않습니다.)

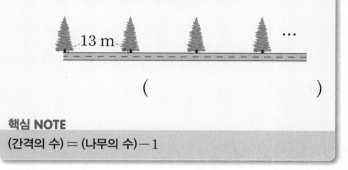

(   )

핵심 NOTE
(간격의 수) = (나무의 수) − 1

18 도로의 한쪽에 나무 8그루를 25 m 간격으로 심었습니다. 도로의 처음과 끝에도 나무를 심었다면 도로의 길이는 몇 m일까요? (단, 나무의 두께는 생각하지 않습니다.)

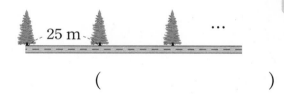

(   )

19 호수 둘레에 나무 5그루를 23 m 간격으로 심었습니다. 호수의 둘레는 몇 m일까요? (단, 나무의 두께는 생각하지 않습니다.)

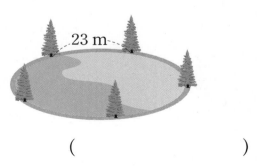

(   )

도전7 설명하는 수 구하기

20 조건을 모두 만족시키는 두 자리 수를 구해 보세요.

> • 십의 자리 수는 5입니다.
> • 4를 곱하면 224입니다.

( )

핵심 NOTE
먼저 일의 자리 수를 □라 하여 곱셈식으로 나타냅니다.

21 조건을 모두 만족시키는 두 자리 수를 구해 보세요.

> • 십의 자리 수는 7입니다.
> • 5를 곱하면 365입니다.

( )

22 다음에서 설명하는 두 자리 수를 모두 구해 보세요.

> • 십의 자리 수와 일의 자리 수의 합은 9입니다.
> • 십의 자리 수가 일의 자리 수보다 더 큽니다.
> • 이 수의 6배는 400보다 큽니다.

( )

도전8 □ 안에 알맞은 수 구하기

23 곱셈식에서 □ 안의 수는 모두 같습니다. □ 안에 알맞은 수를 구해 보세요.

$$\boxed{□□} \times \boxed{□} = 396$$

( )

핵심 NOTE
곱의 일의 자리 수를 보고 곱해진 같은 수를 구합니다.

24 곱셈식에서 □ 안의 수는 모두 같습니다. □ 안에 알맞은 수를 구해 보세요.

$$\boxed{□□} \times \boxed{□} = 704$$

( )

25 곱셈식에서 □ 안의 수는 모두 같습니다. □ 안에 알맞은 수를 구해 보세요.

$$\boxed{□□} \times 5 = 27\boxed{□}$$

( )

1 다음을 곱셈식으로 나타내 보세요.

$$30+30+30+30+30$$

$$\boxed{} \times \boxed{} = \boxed{}$$

2 ☐ 안에 알맞은 수를 써넣으세요.

$$20 \times 3 = \boxed{}$$

$$3 \times 3 = \boxed{}$$

$$23 \times 3 = \boxed{}$$

3 계산해 보세요.

(1)
$$\begin{array}{r} 4\,1 \\ \times \quad 5 \\ \hline \end{array}$$

(2)
$$\begin{array}{r} 2\,7 \\ \times \quad 3 \\ \hline \end{array}$$

4 빈칸에 알맞은 수를 써넣으세요.

×	52	53	54
2			

5 계산이 잘못된 부분을 찾아 바르게 계산해 보세요.

$$\begin{array}{r} 9\,2 \\ \times \quad 6 \\ \hline 5\,4\,2 \end{array}$$

6 계산 결과를 찾아 이어 보세요.

65×4 •   • 148

90×4 •   • 260

74×2 •   • 360

7 눈금 한 칸의 길이가 모두 같을 때 ☐ 안에 알맞은 수를 써넣으세요.

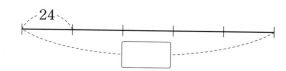

8 곱의 크기를 비교하여 ○ 안에 >, =, < 중 알맞은 것을 써넣으세요.

(1) 12×4 ◯ 14×3

(2) 35×7 ◯ 42×6

9 가장 큰 수와 가장 작은 수의 곱을 구해 보세요.

| 8 | 17 | 9 | 31 |

(   )

10 계산 결과가 큰 것부터 차례로 기호를 써 보세요.

⊙ 16×6 ⓒ 31×5
ⓒ 22×4 ⓔ 40×2

(   )

11 ⊙과 ⓒ의 합을 구해 보세요.

⊙ 80×5
ⓒ 63의 7배

(   )

12 두 수 사이에 있는 세 자리 수를 구해 보세요.

18×7 32×4

(   )

13 미술 시간에 색종이를 윤성이는 20장씩 3묶음을 사용하였고 지용이는 18장의 4배를 사용하였습니다. 색종이를 누가 몇 장 더 많이 사용하였을까요?

(   ), (   )

14 ☐ 안에 알맞은 수를 써넣으세요.

$$\begin{array}{r} \boxed{}\,9 \\ \times \boxed{} \\ \hline 1\ 5\ 6 \end{array}$$

15 보기 의 수 중에서 두 수를 골라 곱이 84가 되도록 (몇십몇) × (몇)의 곱셈식을 2개 만들어 보세요.

보기			
2	7	12	42

$\boxed{} \times \boxed{} = 84$

$\boxed{} \times \boxed{} = 84$

16 1부터 9까지의 수 중에서 ☐ 안에 들어갈 수 있는 가장 큰 수를 구해 보세요.

$$19 \times \square < 26 \times 5$$

(   )

17 어떤 수에 9를 곱해야 할 것을 잘못하여 9로 나누었더니 11이 되었습니다. 바르게 계산한 값을 구해 보세요.

(   )

18 조건을 만족시키는 두 자리 수를 모두 구해 보세요.

- 일의 자리 수와 십의 자리 수의 합은 7입니다.
- 일의 자리 수가 십의 자리 수보다 작습니다.
- 이 수의 5배는 300보다 큽니다.

(   )

19 도로의 한쪽에 63 m 간격으로 가로등 4개를 세웠습니다. 처음과 마지막에 세운 가로등 사이의 거리는 몇 m인지 풀이 과정을 쓰고 답을 구해 보세요. (단, 가로등의 두께는 생각하지 않습니다.)

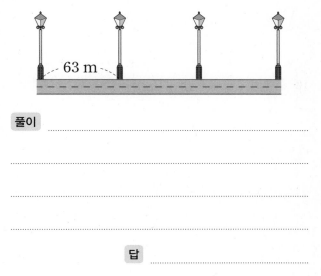

풀이

답

20 수 카드를 한 번씩만 사용하여 만들 수 있는 (몇십몇) × (몇) 중에서 곱이 가장 큰 경우와 가장 작은 경우의 곱은 각각 얼마인지 풀이 과정을 쓰고 답을 구해 보세요.

  2

풀이

답 곱이 가장 큰 경우:

곱이 가장 작은 경우:

1 수 모형을 보고 □ 안에 알맞은 수를 써넣으세요.

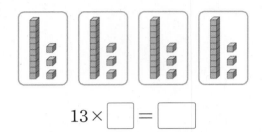

$$13 \times \boxed{} = \boxed{}$$

2 계산해 보세요.

$$\begin{array}{r} 4\ 2 \\ +\ 4\ 2 \\ \hline \boxed{} \end{array} \quad \Rightarrow \quad \begin{array}{r} 4\ 2 \\ \times \quad 2 \\ \hline \boxed{} \end{array}$$

3 □ 안에 알맞은 수를 써넣으세요.

$$30 \times 2 = \boxed{}$$
$$7 \times 2 = \boxed{}$$
$$\overline{37 \times 2 = \boxed{}}$$

4 □ 안에 알맞은 수를 써넣으세요.

$$18 \times 6 = \boxed{}$$

$$\times 2 \downarrow \qquad \uparrow \times 2$$

$$36 \times 3 = \boxed{}$$

5 계산 결과가 다른 하나를 찾아 기호를 써 보세요.

㉠ 33+33	㉡ 33×3
㉢ 33의 2배	㉣ 30+30+3+3

(   )

6 보기 와 같은 방법으로 계산해 보세요.

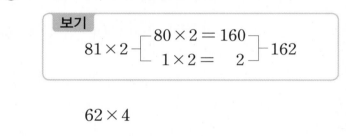

$$62 \times 4$$

7 어림하여 구하기 위한 식을 찾아 ○표 하세요.

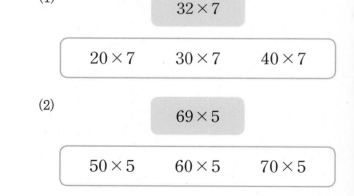

(1)

32×7

20×7	30×7	40×7

(2)

69×5

50×5	60×5	70×5

8 계산 결과가 큰 것부터 차례로 기호를 써 보세요.

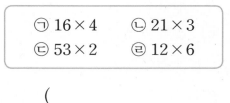

> ㉠ 16×4 ㉡ 21×3
> ㉢ 53×2 ㉣ 12×6

(   )

9 곱셈식에서 잘못된 곳을 찾아 바르게 계산해 보세요.

$$\begin{array}{r} {}^{1} \\ 6\,7 \\ \times\ \ 4 \\ \hline 2\,5\,8 \end{array}$$

10 곱셈을 이용하여 풀 수 있는 문제의 기호를 쓰고, 계산해 보세요.

> ㉠ 사과가 16개 있고, 귤이 사과보다 5개 더 많이 있습니다. 귤은 몇 개일까요?
> ㉡ 상자 안에 쿠키가 14개씩 4줄로 들어 있습니다. 쿠키는 모두 몇 개일까요?

문제 (   ), 계산 결과 (   )

11 두 곱 사이에 있는 두 자리 수를 모두 구해 보세요.

29×3   18×5

(   )

12 수하네 집에서 문구점까지의 거리는 95 m입니다. 수하가 집에서 문구점까지 걸어서 갔다 왔다면 수하가 걸은 거리는 모두 몇 m일까요?

(   )

13 곱이 100에 가장 가까운 것을 찾아 기호를 써 보세요.

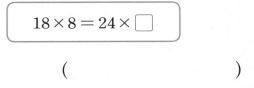

> ㉠ 20×4 ㉡ 15×6
> ㉢ 17×8 ㉣ 12×9

(   )

14 □ 안에 알맞은 수를 구해 보세요.

18×8 = 24×□

(   )

15 빈칸에 알맞은 수를 써넣으세요.

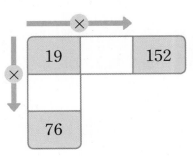

16 ㉠, ㉡에 알맞은 수를 각각 구해 보세요.

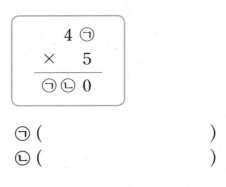

$$
\begin{array}{r}
4\ ㉠ \\
\times\ \ \ 5 \\
\hline
㉠\ ㉡\ 0
\end{array}
$$

㉠ (   )

㉡ (   )

17 세 변의 길이가 모두 14 cm인 삼각형 9개를 겹치지 않게 이어 붙여서 만든 도형입니다. 굵은 선의 길이는 몇 cm일까요?

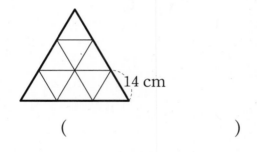

14 cm

(   )

18 어떤 두 자리 수의 십의 자리 수와 일의 자리 수를 바꾼 후 6을 곱했더니 162가 되었습니다. 어떤 수를 구해 보세요.

(   )

19 한 상자에 32개씩 포장된 사과 5상자와 42개씩 포장된 배 4상자가 있습니다. 사과와 배 중 어느 것이 더 많이 있는지 풀이 과정을 쓰고 답을 구해 보세요.

풀이 _____

_____

_____

_____

답 _____

20 수 카드 3장 중에서 2장을 골라 만들 수 있는 둘째로 작은 두 자리 수와 나머지 수 카드의 수의 곱을 구하려고 합니다. 풀이 과정을 쓰고 답을 구해 보세요.

| 7 | 3 | 6 |

풀이 _____

_____

_____

_____

답 _____

5 길이와 시간

이번 단원에서
꼭 짚어야 할
핵심 개념을 알아보자.

핵심 1 **1 cm보다 작은 단위 알아보기**

1 cm를 10칸으로 똑같이 나누었을 때 작은 눈금 한 칸의 길이를 1 mm라 쓰고 1 밀리미터라고 읽습니다.

$$1 \text{ cm} = \boxed{} \text{ mm}$$

핵심 2 **1 m보다 큰 단위 알아보기**

1000 m를 1 km라 쓰고 1 킬로미터라고 읽습니다.

$$1000 \text{ m} = \boxed{} \text{ km}$$

핵심 3 **1분보다 작은 단위 알아보기**

• 1초: 초침이 작은 눈금 한 칸을 가는 데 걸리는 시간
• 60초: 초침이 작은 눈금 60칸을 가는 데 걸리는 시간

$$1분 = \boxed{} 초$$

핵심 4 **시간의 덧셈**

	3 시	15 분	20 초
+	1 시간	40 분	30 초
	□ 시	□ 분	□ 초

핵심 5 **시간의 뺄셈**

	5 시	48 분	45 초
−	2 시간	30 분	30 초
	□ 시	□ 분	□ 초

1. 1 cm보다 작은 단위, 1 m보다 큰 단위

● **1 cm보다 작은 단위**

· 1 mm: 1 cm를 10칸으로 똑같이 나누었을 때 작은 눈금 한 칸의 길이

쓰기 **1 mm**

읽기 **1 밀리미터**

1 cm = 10 mm

· 2 cm보다 5 mm 더 긴 것

쓰기 **2 cm 5 mm**

읽기 **2 센티미터 5 밀리미터**

2 cm 5 mm = 25 mm

● **1 m보다 큰 단위**

· 1 km: 1000 m인 길이

쓰기 **1 km**

읽기 **1 킬로미터**

1 km = 1000 m

· 2 km보다 300 m 더 긴 것

쓰기 **2 km 300 m**

읽기 **2 킬로미터 300 미터**

2 km 300 m = 2300 m

개념 자세히 보기

· ■ cm ★ mm를 ▲ mm로 나타낼 수 있어요!

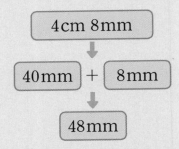

1 cm=10 mm이므로 4 cm=40 mm입니다.
4 cm 8 mm=4 cm+8 mm
$\qquad$ =40 mm+8 mm=48 mm

· ■ km ★ m를 ▲ m로 나타낼 수 있어요!

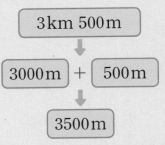

1 km=1000 m이므로 3 km=3000 m입니다.
3 km 500 m=3 km+500 m
$\qquad$ =3000 m+500 m=3500 m

⊙ 정답과 풀이 **34**쪽

1 ☐ 안에 알맞은 수를 써넣으세요.

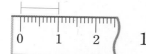 $1cm = $ ☐ mm

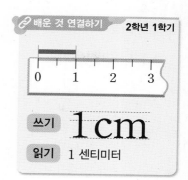

2 길이를 읽어 보세요.

① 2cm 6mm ➡ (   )

② 8km 750m ➡ (   )

3 물건의 길이를 써 보세요.

①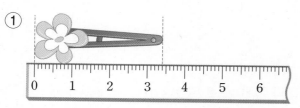

☐ cm ☐ mm = ☐ mm

②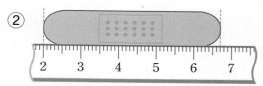

☐ cm ☐ mm = ☐ mm

1cm는 1mm인 작은 눈금 10칸으로 이루어져 있어요.

4 ☐ 안에 알맞은 수를 써넣으세요.

① 30mm = 10mm + 10mm + 10mm = ☐ cm

② 5000m = 1000m + 1000m + 1000m + 1000m + 1000m

       = ☐ km

1cm = 10mm,
1km = 1000m임을
이용하여 단위를 바꿀
수 있어요.

2. 길이와 거리를 어림하고 재어 보기

● **길이 어림하기**

어림한 길이를 말할 때에는 '**약**'을 붙여서 나타냅니다.

색 테이프의 길이는 엄지손톱 6개보다 조금 더 길므로 약 6 cm입니다.

└● 엄지손톱의 길이는 약 1 cm입니다.

● **길이 어림하고 자로 재기**

물건	어림한 길이	잰 길이
색연필	약 7 cm	6 cm 8 mm

● **거리 어림하기**

집에서 학교까지의 거리는 집에서부터 문구점까지 거리의 약 2배이므로 약 1 km로 어림합니다.

● **알맞은 단위 선택하기**

mm, cm, m, km 중에서 주어진 상황에 알맞은 단위를 사용합니다.

⑩ • 100원짜리 동전의 두께는 약 1 mm입니다.
 • 공책의 짧은 쪽의 길이는 약 18 cm입니다.
 • 교실 문의 높이는 약 2 m입니다.
 • 등산로의 길이는 약 3 km입니다.

개념 자세히 보기

● **단위를 선택하는 기준을 알아보아요!**

mm	아주 짧은 길이를 나타낼 때 사용합니다.	⑩ 빨대의 두께, 공책의 두께
cm	손으로 잴 수 있는 길이를 나타낼 때 사용합니다.	⑩ 연필의 길이, 막대사탕의 길이
m	손으로 재기에는 길고 눈으로 봐서 어림할 수 있을 때 사용합니다.	⑩ 가로등의 높이, 소방차의 길이
km	너무 길어서 눈으로 볼 수 없는 길이를 나타낼 때 사용합니다.	⑩ 백두산의 높이, 서울에서 부산까지의 거리

정답과 풀이 **34**쪽

① 길이를 어림하여 ☐ 안에 알맞은 수를 써넣으세요.

내 손 한 뼘의 길이가 약 10 cm 이니까 이 색 테이프의 길이는 약 ☐ cm일 거야.

🔗 배운 것 연결하기　　**2학년 1학기**

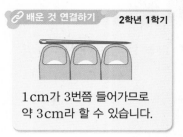
1 cm가 3번쯤 들어가므로 약 3 cm라 할 수 있습니다.

② 검은 바둑돌의 길이가 15 mm일 때 초콜릿의 길이를 어림하고 자로 재어 확인해 보세요.

어림한 길이 ⋯⋯⋯⋯⋯⋯⋯⋯⋯⋯⋯⋯⋯⋯⋯⋯⋯⋯⋯

잰 길이 ⋯⋯⋯⋯⋯⋯⋯⋯⋯⋯⋯⋯⋯⋯⋯⋯⋯⋯⋯

어림한 길이를 말할 때에는 '약'을 붙여 말해요.

③ 알맞은 단위에 ◯표 하세요.

①

동생의 발 길이

➡ 200 (cm , mm)

②

장우산의 길이

➡ 100 (cm , mm)

5

③

북한산 둘레길의 전체 길이

➡ 72 (m , km)

④

N서울 타워의 높이

➡ 200 (m , km)

④ 경찰서에서 소방서까지의 거리를 어림해 보세요.

경찰서　　학교　　공원　　문구점　　소방서

약 1 km

(　　　　　　　　　)

경찰서와 학교 사이의 거리를 이용하여 경찰서에서 소방서까지의 거리를 구해요.

3. 1분보다 작은 단위

● **1분보다 작은 단위**

・**1초**: 초침이 작은 눈금 한 칸을 가는 데 걸리는 시간

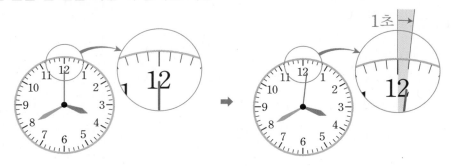

작은 눈금 한 칸 = 1초

・**1분**: 초침이 작은 눈금 60칸을 가는 데 걸리는 시간 → 초침이 시계를 한 바퀴 돌면 분침은 작은 눈금 한 칸을 움직입니다.

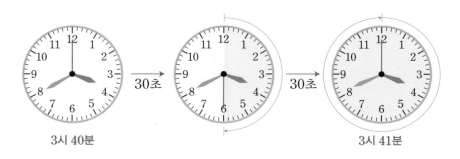

3시 40분   3시 41분

1분 = 60초

● **시간을 분과 초로 나타내기**

1분=60초이므로 1분 30초는 90초로 나타낼 수 있습니다.

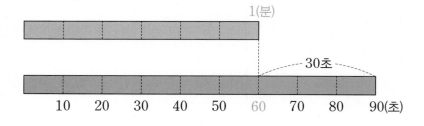

1분 30초 = 90초

개념 **자세히 보기**

● **시침, 분침, 초침을 알아보아요!**

분침

시침

초침

・**시침**: 시계의 짧은바늘
시침이 가리키는 숫자 한 칸은 1시간을 나타냅니다.

・**분침**: 시계의 긴바늘
분침이 가리키는 작은 눈금 한 칸은 1분을 나타냅니다.

・**초침**: 시계에서 가늘고 가장 빨리 움직이는 바늘
초침이 가리키는 작은 눈금 한 칸은 1초를 나타냅니다.

⊙ 정답과 풀이 35쪽

① ☐ 안에 알맞게 써넣으세요.

①  ➡

초침이 작은 눈금 한 칸을
가는 데 걸리는 시간

➡ ☐

②  ➡

초침이 시계를 한 바퀴 도는 데
걸리는 시간

➡ ☐초 = ☐분

② 시각을 읽어 보세요.

①

`03:15:38`

3시 15분 ☐초

②

3시 50분 ☐초

시계의 초 단위는
(초침이 가리키는 숫자)×5(초)
라고 읽어요.

③ 시계에 초침을 그려 넣으세요.

① 8시 50분 5초

② 3시 10분 30초

④ ☐ 안에 알맞은 수를 써넣으세요.

① 2분 = 1분 + 1분 = ☐초 + ☐초 = ☐초

② 1분 20초 = ☐초 + 20초 = ☐초

③ 100초 = ☐초 + 40초 = ☐분 40초

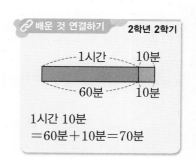

🔗 배운 것 연결하기   **2학년 2학기**

1시간 10분
= 60분 + 10분 = 70분

5

4. 시간의 덧셈과 뺄셈

● **시간의 덧셈과 뺄셈** → 시는 시끼리, 분은 분끼리, 초는 초끼리 계산합니다.

• 4시 20분 40초＋5분 15초

$$
\begin{array}{r}
\text{4시} \quad \text{20분} \quad \text{40초} \\
+ \quad\quad\quad \text{5분} \quad \text{15초} \\
\hline
\text{4시} \quad \text{25분} \quad \text{55초}
\end{array}
$$

• 4시 20분 40초－5분 15초

$$
\begin{array}{r}
\text{4시} \quad \text{20분} \quad \text{40초} \\
- \quad\quad\quad \text{5분} \quad \text{15초} \\
\hline
\text{4시} \quad \text{15분} \quad \text{25초}
\end{array}
$$

● **받아올림이 있는 시간의 덧셈** → 같은 단위끼리의 합이 60이거나 60보다 크면 받아올림합니다.

• 3시 40분＋30분

$$
\begin{array}{r}
\text{3시} \quad \text{40분} \\
+ \quad\quad \text{30분} \\
\hline
\text{3시} \quad \text{70분} \\
+1\,\text{시간} \leftarrow - 60\,\text{분} \\
\hline
\text{4시} \quad \text{10분}
\end{array}
$$

60분을 1시간으로 받아올림합니다.

• 5시 20분 50초＋3분 20초

$$
\begin{array}{r}
\text{5시} \quad \text{20분} \quad \text{50초} \\
+ \quad\quad\quad \text{3분} \quad \text{20초} \\
\hline
\text{5시} \quad \text{23분} \quad \text{70초} \\
+1\,\text{분} \leftarrow - 60\,\text{초} \\
\hline
\text{5시} \quad \text{24분} \quad \text{10초}
\end{array}
$$

60초를 1분으로 받아올림합니다.

● **받아내림이 있는 시간의 뺄셈** → 같은 단위끼리 뺄 수 없을 때에는 60을 받아내림합니다.

• 10시 15분－8시 45분

1시간을 60분으로 받아내림합니다.

$$
\begin{array}{r}
\overset{9}{\cancel{10}}\text{시} \quad \overset{60}{}\text{15분} \\
- \quad \text{8시} \quad \text{45분} \\
\hline
\text{1시간} \quad \text{30분}
\end{array}
$$

• 7시 10분 40초－3분 50초

1분을 60초로 받아내림합니다.

$$
\begin{array}{r}
\text{7시} \quad \overset{9}{\cancel{10}}\text{분} \quad \overset{60}{}\text{40초} \\
- \quad\quad\quad \text{3분} \quad \text{50초} \\
\hline
\text{7시} \quad \text{6분} \quad \text{50초}
\end{array}
$$

개념 자세히 보기

● **시각과 시간을 알아보아요!**

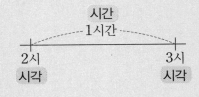

• **시각**: 어느 한 시점
• **시간**: 시각과 시각 사이

● 정답과 풀이 35쪽

1 ☐ 안에 알맞은 수를 써넣으세요.

①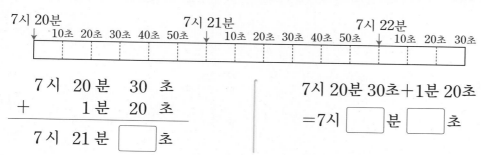

②

2 7시 20분 30초에서 1분 20초 후의 시각을 시간 띠에 나타내 구해 보세요.

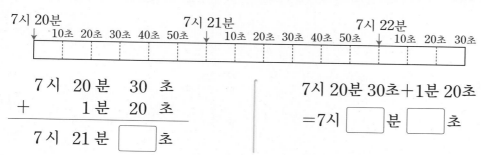

```
  7시  20 분   30 초
+       1 분   20 초
─────────────────
  7시  21 분  ☐ 초
```

7시 20분 30초+1분 20초
=7시 ☐ 분 ☐ 초

3 6시 40분에서 1분 40초 전의 시각을 시간 띠에 나타내 구해 보세요.

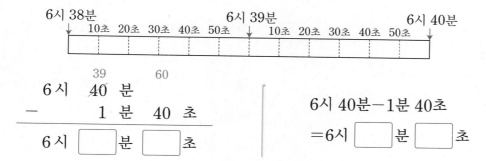

```
        39      60
  6시   40 분
-       1 분   40 초
─────────────────
  6시  ☐ 분  ☐ 초
```

6시 40분-1분 40초
=6시 ☐ 분 ☐ 초

4 시간의 덧셈을 해 보세요.

①
```
  11 시   47 분
+        25 분
─────────────
  11 시  ☐ 분
  +1 시간←─60 분
─────────────
  ☐ 시  ☐ 분
```

②
```
   3 시   31 분   58 초
+1 시간   22 분   35 초
──────────────────
   4 시   53 분  ☐ 초
          +1 분←─60 초
──────────────────
   4 시  ☐ 분  ☐ 초
```

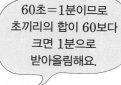
60초=1분이므로 초끼리의 합이 60보다 크면 1분으로 받아올림해요.

5 시간의 뺄셈을 해 보세요.

①
```
     7    ☐
   8 시  38 분
-        52 분
──────────────
  ☐ 시 ☐ 분
```

②
```
           56    ☐
   5 시   57 분   19 초
-2 시간   39 분   43 초
──────────────────
   3 시  ☐ 분  ☐ 초
```

같은 단위끼리 뺄 수 없으면 1시간을 60분, 1분을 60초로 받아내림해요.

꼭 나오는 유형

 **1 cm보다 작은 단위**

1 길이를 읽어 보세요.

(1) 63 mm

읽기 ....

(2) 8 cm 4 mm

읽기 ....

2 ☐ 안에 알맞은 수를 써넣으세요.

(1) 6 cm = ☐ mm

(2) 9 cm 1 mm = ☐ mm

(3) 70 mm = ☐ cm

(4) 83 mm = ☐ cm ☐ mm

왼쪽 끝을 눈금 0에 맞추고 오른쪽 끝이 가리키는 눈금을 봐.

준비 색 테이프의 길이를 자로 재어 ☐ 안에 알맞은 수를 써넣으세요.

 ☐ cm

3 연필의 길이를 자로 재어 ☐ 안에 알맞은 수를 써넣으세요.

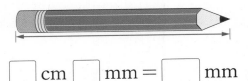

☐ cm ☐ mm = ☐ mm

4 물건의 왼쪽 끝을 눈금 0에 맞추어 길이를 재었습니다. ☐ 안에 알맞은 수를 써넣으세요.

(1)

☐ cm ☐ mm = ☐ mm

(2)
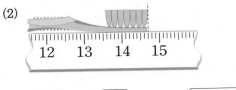

☐ cm ☐ mm = ☐ mm

서술형
5 빨대의 길이를 자로 재었더니 18 cm보다 6 mm 더 길었습니다. 빨대의 길이는 몇 mm 인지 풀이 과정을 쓰고 답을 구해 보세요.

풀이 ....

....

....

답 ....

6 다음과 같은 길이의 색 테이프를 겹치지 않게 이어 붙였습니다. 이어 붙인 색 테이프의 전체 길이는 몇 cm 몇 mm인지 구해 보세요.

▬ 2 cm   ▪ 3 mm

▬▬▬▬▬▬▬▬▬▬▬▬▬▬▬

( )

② 1 m보다 큰 단위

7 길이를 읽어 보세요.

$$4 \text{ km } 700 \text{ m}$$

읽기 _____

8 ☐ 안에 알맞은 수를 써넣으세요.

(1) 7000 m = ☐ km

(2) 4200 m = ☐ km ☐ m

(3) 8 km = ☐ m

(4) 3 km 900 m = ☐ m

9 수직선에서 주어진 길이를 찾아 이어 보세요.

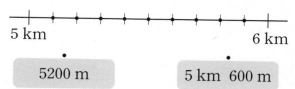

5 km   6 km

5200 m   5 km 600 m

10 빈칸에 알맞은 수를 써넣으세요.

(1)

1836 m	
1 km	m

(2)

m	
1 km	5 m

11 어느 자전거 길 코스입니다. 길이가 더 긴 코스는 어느 코스일까요?

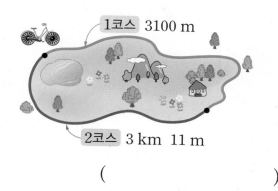

1코스 3100 m

2코스 3 km 11 m

(   )

☺ 내가 만드는 문제

12 4600 m보다 긴 길이와 짧은 길이를 자유롭게 써 보세요.

긴 길이   ☐ km ☐ m

짧은 길이   ☐ km ☐ m

13 액체의 종류에 따라 소리가 1초 동안 움직인 거리를 나타낸 표입니다. 다음 중 잘못 쓴 문장을 찾아 바르게 고쳐 보세요.

액체	소리가 1초 동안 움직인 거리
물	1 km 481 m
디젤	1 km 250 m
수은	1 km 451 m

- 물에서 소리는 1초 동안 1481 m를 이동합니다.
- 디젤에서 소리는 1초 동안 1 km보다 250 m 더 간 거리를 이동합니다.
- 수은에서 소리는 1초 동안 10451 m를 이동합니다.

바르게 고치기 _____

14 바르게 어림한 길이를 찾아 ○표 하세요.

(1)

약 4 cm   약 15 cm
약 1 m   약 25 cm

(2)

약 2 m   약 70 cm
약 15 m   약 30 cm

15 [보기] 에서 알맞은 단위를 골라 ☐ 안에 써넣으세요.

보기

km   m   cm   mm

(1) 학교에서 병원까지의 거리는 약 4 ☐ 입니다.

(2) 운동화 한 짝의 긴 쪽의 길이는 약 210 ☐ 입니다.

16 다음 중 알맞은 길이를 골라 문장을 완성해 보세요.

4200 m   420 km   4 cm 2 mm

서울에서 부산까지 고속도로의 길이는 약 ☐ 입니다.

엄지손톱의 길이가 약 1 cm이고 12분 정도 걸으면 약 1 km야.

준비 길이가 1 cm보다 짧은 것을 모두 찾아 기호를 써 보세요.

㉠ 좁쌀의 길이   ㉡ 볼펜의 길이
㉢ 바늘의 두께   ㉣ 소방차의 길이

(   )

17 길이가 1 km보다 긴 것을 찾아 기호를 써 보세요.

㉠ 교실 긴 쪽의 길이   ㉡ 삼촌의 키
㉢ 2층 건물의 높이   ㉣ 백두산의 높이

(   )

[18~19] 여러 장소 사이의 거리를 어림하려고 합니다. 물음에 답하세요.

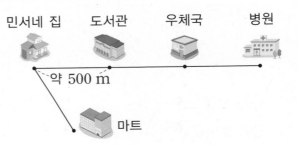

18 도서관에서 병원까지의 거리는 약 몇 km일까요?

(   )

19 민서네 집에서 약 1 km 500 m 떨어진 곳은 어디일까요?

(   )

4 1분보다 작은 단위

20 ☐ 안에 알맞은 수를 써넣으세요.

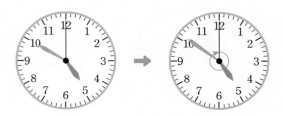

초침이 시계를 한 바퀴 도는 데 걸리는 시간은

☐ 분 = ☐ 초입니다.

21 ☐ 안에 알맞은 수를 써넣으세요.

(1) 1분 50초 = ☐ 초 + 50초 = ☐ 초

(2) 140초 = 60초 + 60초 + ☐ 초

= ☐ 분 ☐ 초

(3) 4분 10초 = ☐ 초

(4) 230초 = ☐ 분 ☐ 초

22 화가 루벤스는 거울에 비친 모습이 반대 방향임을 보여주는 작품 '거울 앞의 비너스'를 그렸습니다. 만약 작품 속 거울에 비친 시계가 다음과 같다면 작품 속 시계의 시각은 몇 시 몇 분 몇 초일까요?

( )

23 단위를 잘못 사용한 문장을 찾아 기호를 쓰고 바르게 고쳐 보세요.

> ⊙ 우유 한 컵을 마시는 데 걸리는 시간은 20초입니다.
> ⊙ 양치질을 하는 데 걸리는 시간은 180초입니다.
> ⓒ 친구들과 축구를 하는 데 걸리는 시간은 30초입니다.

( )

바르게 고치기

_____

24 오래매달리기 시합에서 서린이는 1분 45초 동안, 수영이는 98초 동안 매달렸습니다. 두 사람 중 더 오래 매달린 사람은 누구일까요?

( )

25 1분이 되려면 몇 초가 더 지나야 하는지 ☐ 안에 알맞은 수를 써넣으세요.

10초　20초　30초　40초　50초　60초

20초 + ☐ 초 = 1분

26 ☐ 안에 적당한 시간을 써넣고 알맞은 단위를 골라 ○표 하세요.

> 박수를 3번 빠르게 치는 시간

➜ ☐ (시 , 분 , 초)

5

27 계산해 보세요.

(1)　　 5 분 40 초
　　 + 2 분 10 초

(2)　　 17 분 36 초
　　 − 4 분 12 초

(3) 5시 40분 18초 + 10분 5초

(4) 4시 35분 25초 − 2시 20분 10초

28 주어진 시각을 시간 띠에 나타내 구해 보세요.

9시 38분 10초에서 1분 20초 후

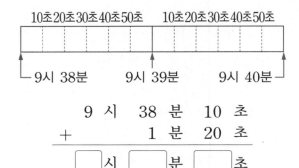

10초	20초	30초	40초	50초		10초	20초	30초	40초	50초

9시 38분　　　　9시 39분　　　　9시 40분

　　　 9 시　 38 분　 10 초
　 +　　　　 1 분　 20 초
　　 □ 시　 □ 분　 □ 초

서술형
29 계산에서 잘못된 곳을 찾아 까닭을 쓰고 바르게 계산해 보세요.

　　 4 시 20 분
　 + 5 분 17 초 →
　　 9 시 37 분

까닭

30 오른쪽 디지털시계에 알맞은 시각을 써넣으세요.

3시간 20분 5초 후

1:35:20

시침은 시, 분침은 분, 초침은 초를 나타내.

준비 시각을 읽어 보세요.

(　　　　　)

31 주어진 시각에서 2시간 10분 31초 후의 시각을 구해 보세요.

(　　　　　)

32 재윤이가 어제와 오늘 걷기를 한 기록입니다. 어제와 오늘의 기록의 합과 차는 각각 몇 분 몇 초일까요?

어제	12분 35초
오늘	10분 16초

합 (　　　　　)

차 (　　　　　)

6 시간의 덧셈과 뺄셈(2)

33 계산해 보세요.

(1)　　7 시　　26 분
　　＋ 3 시간　59 분

(2)　　4 시　　38 분
　　－ 1 시　　46 분

(3) 3시 50분 27초＋22분 15초

(4) 11시 2분 43초－8시간 45분 21초

36 은경이와 민희가 이틀 동안 마라톤을 달린 시간을 기록했습니다. 은경이와 민희 중 기록이 더 많이 좋아진 친구는 누구일까요?

이름	첫째 날	둘째 날
은경	42분 9초	41분 18초
민희	43분 6초	42분 19초

(　　　　　　　　　　)

34 주어진 시각을 시간 띠에 나타내 구해 보세요.

┌─────────────────────────┐
│ 7시 22분에서 1분 40초 전 │
└─────────────────────────┘

10초 20초 30초 40초 50초　　10초 20초 30초 40초 50초

┗7시 20분　　　7시 21분　　　7시 22분┛

　　7 시　　22 분
－　　　　　1 분　　40 초
　　□시　□분　□초

37 오후 8시 10분에 시작하는 축구 경기가 있었습니다. 어느 선수가 후반전 시작 후 10분 21초에 골을 넣었을 때의 시각을 구해 보세요. (단, 축구는 전반전 45분, 쉬는 시간 15분, 후반전 45분으로 진행됩니다.)

(　　　　　　　　　　)

😊 내가 만드는 문제

38 오늘 아침에 일어난 시각을 시계에 그리고, 58분 47초 후의 시각을 계산하여 시계에 그려 보세요.

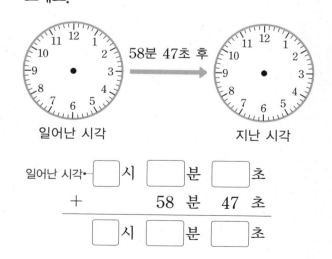

일어난 시각　　　　　　　　지난 시각

일어난 시각 → □시 □분 □초
＋　　　　58 분 47 초
　　□시 □분 □초

35 그림을 보고 □ 안에 알맞은 수를 써넣으세요.

(1)
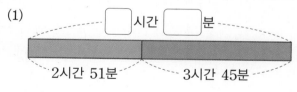
□시간 □분
2시간 51분　　3시간 45분

(2)
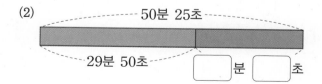
50분 25초
29분 50초　　□분 □초

실수하기 쉬운 유형

⚡ 무조건 ■ km ▲ m를 ■▲ m로 나타내지 않도록 주의하자!

1 □ 안에 알맞은 수를 써넣으세요.

(1) 8670 m = □ km □ m

(2) 8067 m = □ km □ m

(3) 8006 m = □ km □ m

2 □ 안에 알맞은 수를 써넣으세요.

(1) 4 km 135 m = □ m

(2) 4 km 35 m = □ m

(3) 4 km 3 m = □ m

3 같은 것끼리 이어 보세요.

5089 m	•	•	5 km 8 m
5080 m	•	•	5 km 89 m
5008 m	•	•	5 km 80 m

⚡ 단위를 같게 한 다음 길이를 비교해 보자!

4 길이를 비교하여 ○ 안에 >, =, < 중 알맞은 것을 써넣으세요.

(1) 176 mm ○ 17 cm 9 mm

(2) 2 km 50 m ○ 2027 m

5 길이가 가장 긴 것을 찾아 기호를 써 보세요.

┌─────────────────────────────┐
│ ㉠ 130 mm   ㉡ 13 cm 2 mm │
│ ㉢ 12 cm 8 mm   ㉣ 134 mm   │
└─────────────────────────────┘

(   )

6 길이가 짧은 것부터 차례로 기호를 써 보세요.

┌─────────────────────────────┐
│ ㉠ 4 km 700 m   ㉡ 4007 m   │
│ ㉢ 4070 m   ㉣ 4 km   │
└─────────────────────────────┘

(   )

⚡ '빠른 시간'은 시간이 더 적게 걸린 것임을 주의하자!

7 진희와 경민이의 500 m 달리기 기록입니다. 더 **빨리** 달린 사람은 누구일까요?

진희	134초
경민	2분 7초

(   )

8 수현이와 지수가 동시에 출발하여 등교하는 데 걸린 시간입니다. 학교에 더 **빨리** 도착한 사람은 누구일까요?

수현	9분 33초
지수	695초

(   )

9 피자 한 조각을 먹는 데 걸린 시간입니다. 가장 **빨리** 먹은 사람은 누구일까요?

동준	5분 26초
은정	352초
지민	6분 4초

(   )

⚡ 수직선에서 눈금 한 칸의 크기를 먼저 구해 보자!

10 수직선에서 ↓로 표시된 곳의 길이를 써 보세요.

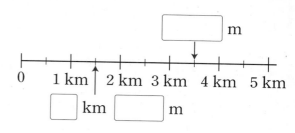

11 수직선에서 ↓로 표시된 곳의 길이를 써 보세요.

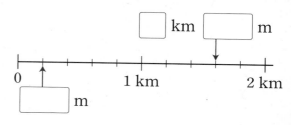

12 수직선에서 ↓로 표시된 곳의 길이를 써 보세요.

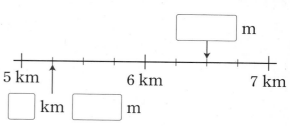

⚡ 하루는 24시간이므로 오후 ▲시는 (12+▲)시로 나타내 보자!

13 선희는 오전 11시 20분부터 오후 2시 30분까지 컴퓨터를 했습니다. 선희가 컴퓨터를 한 시간은 몇 시간 몇 분일까요?

(   )

14 민지는 오전 9시 50분부터 오후 1시 12분까지 영화를 봤습니다. 민지가 영화를 본 시간은 몇 시간 몇 분일까요?

(   )

15 수호는 오전 10시 30분부터 오후 3시 7분까지 미술관에 있었습니다. 수호가 미술관에 있었던 시간은 몇 시간 몇 분일까요?

(   )

⚡ □분 후를 시간의 덧셈으로 나타낸 후, 시간의 뺄셈으로 바꾸어 보자!

16 □ 안에 알맞은 수를 써넣으세요.

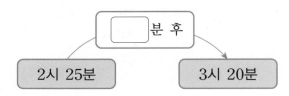

17 □ 안에 알맞은 수를 써넣으세요.

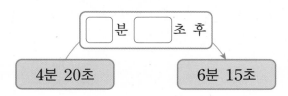

18 □ 안에 알맞은 수를 써넣으세요.

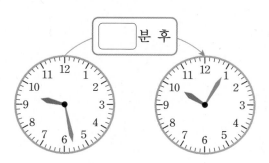

도전1 **물건의 길이 구하기**

1 사탕의 길이는 몇 cm 몇 mm일까요?

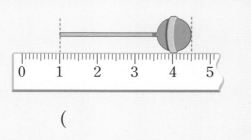

( )

핵심 NOTE
1 cm가 몇 번 들어가는지와 작은 눈금이 몇 칸인지 구합니다.

2 클립의 길이는 몇 cm 몇 mm일까요?

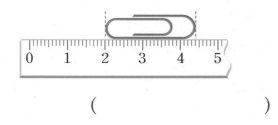

( )

3 크레파스의 길이는 몇 cm 몇 mm일까요?

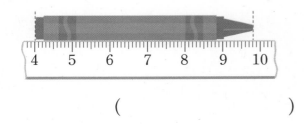

( )

도전2 **어림한 거리 구하기**

4 학교에서 도서관까지의 거리는 약 몇 km인지 어림해 보세요.

( )

핵심 NOTE
학교에서 도서관까지의 거리는 준수네 집에서 은행까지의 거리의 몇 배인지 구합니다.

5 현우네 집에서 우체국까지 가는 가장 짧은 거리는 약 몇 km인지 어림해 보세요.

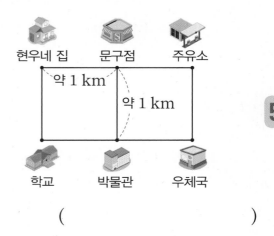

( )

6 시청에서 슈퍼마켓까지 가는 가장 짧은 거리는 약 몇 km인지 어림해 보세요.

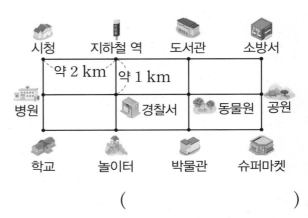

( )

도전3 **높이를 구하여 단위 바꾸어 나타내기**

7 지우개 1개의 높이는 8 mm입니다. 같은 지우개 9개를 쌓으면 높이는 몇 cm 몇 mm일까요? (단, 지우개를 위쪽으로 반듯하게 쌓습니다.)

8 mm⬍

(   )

핵심 NOTE
같은 물건 ▲개의 높이는 1개의 높이의 ▲배임을 이용합니다.

8 상자 1개의 높이는 50 cm입니다. 같은 상자 7개를 쌓으면 높이는 몇 m 몇 cm일까요?
(단, 상자를 위쪽으로 반듯하게 쌓습니다.)

(   )

9 같은 블록 2개의 높이가 42 mm입니다. 이 블록을 12개 쌓으면 높이는 몇 cm 몇 mm일까요? (단, 블록을 위쪽으로 반듯하게 쌓습니다.)

(   )

도전4 **시간의 계산에서 ☐ 안에 알맞은 수 구하기**

10 ☐ 안에 알맞은 수를 써넣으세요.

```
    ☐ 시    45 분   ☐ 초
  + 7 시간  ☐ 분    38 초
  ───────────────────────
   12 시     6 분     3 초
```

핵심 NOTE
60분, 60초를 기준으로 받아올림한 계산임을 생각하여 ☐ 안의 수를 구합니다.

11 ☐ 안에 알맞은 수를 써넣으세요.

```
   15 시간  ☐ 분    30 초
  - ☐ 시간  40 분    ☐ 초
  ───────────────────────
    7 시간  40 분    36 초
```

12 ☐ 안에 알맞은 수를 써넣으세요.

```
    5 시    ☐ 분    28 초
  - 2 시    58 분    ☐ 초
  ───────────────────────
   ☐ 시간  13 분    43 초
```

도전5 **여러 활동을 다 했을 때의 시각 구하기**

13 3시 20분부터 다음 동요 2곡을 다 들었을 때의 시각은 몇 시 몇 분 몇 초일까요? (단, 동요를 끊김 없이 연달아 재생합니다.)

동요	파란 하늘	날아라 풍선
재생 시간	1분 45초	2분 5초

( )

핵심 NOTE
먼저 두 활동의 시간의 합을 구한 후 활동을 다 했을 때 시각을 구합니다.

14 10시 57분부터 다음 동영상 2개를 다 보았을 때의 시각은 몇 시 몇 분 몇 초일까요? (단, 동영상을 끊김 없이 연달아 재생합니다.)

동영상	쿠키 만들기	쌩쌩 줄넘기
재생 시간	3분 26초	1분 50초

( )

15 5시 35분부터 가장 긴 동요와 가장 짧은 동요를 다 들었을 때의 시각은 몇 시 몇 분 몇 초일까요? (단, 동요를 끊김 없이 연달아 재생합니다.)

동요	재생 시간
고마운 갯벌	2분 5초
구름 사탕	145초
양떼 목장	1분 38초
무지개 형제	105초

( )

도전6 **낮과 밤의 길이 구하기**

16 어느 날 해가 뜬 시각은 오전 6시 6분 24초이고 해가 진 시각은 오후 7시 1분 55초입니다. 이날 낮의 길이는 몇 시간 몇 분 몇 초일까요?

( )

핵심 NOTE
• (낮의 길이) = (해가 진 시각) ─ (해가 뜬 시각)
• (밤의 길이) = 24시간 ─ (낮의 길이)

17 어느 날 해가 뜬 시각은 오전 6시 40분 35초이고 해가 진 시각은 오후 7시 15분 24초입니다. 이날 밤의 길이는 몇 시간 몇 분 몇 초일까요?

( )

18 하루 중에서 해가 뜬 시각과 해가 진 시각입니다. 밤의 길이는 몇 시간 몇 분 몇 초일까요?

해가 뜬 시각: 오전 5시 59분 10초
해가 진 시각: 오후 6시 54분 15초

( )

도전**7** **몇 걸음 가야 하는지 구하기**

19 강아지의 한 걸음은 약 10 cm이고 영훈이는 강아지로부터 약 3 m 떨어져 있습니다. 강아지가 영훈이가 있는 곳까지 가려면 약 몇 걸음을 걸어야 할까요?

( )

핵심 NOTE
먼저 1 m를 가려면 몇 걸음 걸어야 하는지 구합니다.

20 명선이의 한 걸음은 약 25 cm이고 명선이네 집에서 학교까지의 거리는 약 300 m입니다. 명선이가 집에서 학교까지 가려면 약 몇 걸음을 걸어야 할까요?

( )

21 삼촌의 한 걸음은 약 50 cm이고 병원에서 은행까지의 거리는 약 1 km입니다. 삼촌이 병원에서 은행까지 가려면 약 몇 걸음을 걸어야 할까요?

( )

도전**8** **늦어지는 시계의 시각 구하기**

22 1시간에 10초씩 늦어지는 시계가 있습니다. 이 시계를 어느 날 오후 2시에 정확하게 맞추었다면 이날 오후 7시에 이 시계가 가리키는 시각은 오후 몇 시 몇 분 몇 초일까요?

( )

핵심 NOTE
총시간 동안 얼마나 늦어졌는지부터 구합니다.

23 1시간에 15초씩 늦어지는 시계가 있습니다. 이 시계를 어느 날 오전 11시에 정확하게 맞추었다면 이날 오후 5시에 이 시계가 가리키는 시각은 오후 몇 시 몇 분 몇 초일까요?

( )

24 1시간에 18초씩 늦어지는 시계가 있습니다. 이 시계를 어느 날 오전 9시에 정확하게 맞추었다면 이날 오후 3시에 이 시계가 가리키는 시각은 오후 몇 시 몇 분 몇 초일까요?

( )

1 색연필의 길이는 몇 cm 몇 mm일까요?

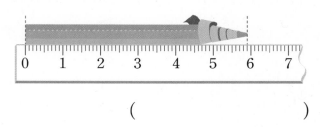

(   )

2 시각을 읽어 보세요.

(   )

3 1초 동안에 할 수 있는 일을 모두 찾아 기호를 써 보세요.

> ㉠ 양치질 하기　㉡ 눈 한 번 깜박거리기
> ㉢ 영화 한 편 보기　㉣ 손뼉 한 번 치기

(   )

4 색 테이프의 길이가 각각 다음과 같을 때 주어진 색 테이프의 길이는 몇 cm 몇 mm인지 구해 보세요.

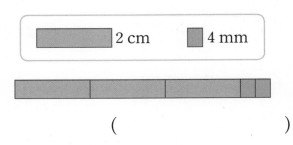

(   )

5 같은 길이끼리 이어 보세요.

6 km 350 m •　　• 6305 m

6 km 35 m •　　• 6035 m

6 km 305 m •　　• 6350 m

6 옳은 것을 모두 고르세요. (   )

① 1분 40초 = 50초
② 1분 15초 = 85초
③ 130초 = 2분 10초
④ 3분 40초 = 220초
⑤ 280초 = 4분 30초

7 길이가 1 km보다 긴 것을 모두 찾아 기호를 써 보세요.

> ㉠ 한라산의 높이
> ㉡ 자동차의 길이
> ㉢ 교실 긴 쪽의 길이
> ㉣ 서울에서 부산까지의 거리

(   )

8 ☐ 안에 cm와 mm 중 알맞은 단위를 써넣으세요.

(1) 볼펜의 길이는 약 170 ☐ 입니다.

(2) 친구의 키는 약 125 ☐ 입니다.

9 수직선을 보고 □ 안에 알맞은 수를 써넣으세요.

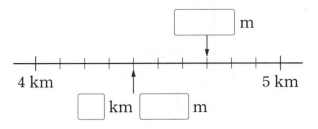

10 가장 긴 길이를 찾아 기호를 써 보세요.

⊙ 10025 m
ⓒ 10 km 80 m
ⓒ 9740 m

(   )

11 진우가 오늘 자전거를 탄 시간입니다. 진우가 자전거를 탄 시간은 모두 몇 분 몇 초일까요?

오전	21분 45초
오후	30분 25초

(   )

12 민호네 집에서 약 1 km 500 m 떨어진 곳은 어디인지 써 보세요.

(   )

13 다음 시각에서 1시간 25분 20초 후의 시각은 몇 시 몇 분 몇 초인지 구해 보세요.

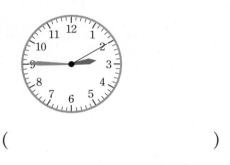

(   )

14 □ 안에 알맞은 수를 써넣으세요.

15 혜선이가 피아노 연습을 시작한 시각과 끝낸 시각입니다. 혜선이가 피아노 연습을 한 시간은 몇 시간 몇 분 몇 초일까요?

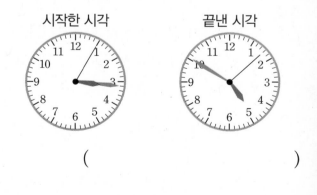

시작한 시각   끝낸 시각

(   )

16 윤지의 한 걸음은 약 20 cm이고 윤지네 집에서 약국까지의 거리는 약 600 m입니다. 윤지가 집에서 약국까지 가려면 약 몇 걸음을 걸어야 하는지 구해 보세요.

(   )

17 승원이네 학교에서 1교시는 오전 8시 50분에 시작하고 40분 동안 수업을 하고 10분 쉽니다. 4교시가 시작되는 시각은 오전 몇 시 몇 분일까요?

(   )

18 오늘 해가 뜬 시각은 오전 7시 29분 45초이고 해가 진 시각은 오후 5시 14분 30초입니다. 오늘 밤의 길이는 몇 시간 몇 분 몇 초일까요?

(   )

19 막대를 세워서 물이 담긴 양동이에 넣었다가 꺼냈더니 물에 젖은 부분의 길이가 8 mm이고, 물에 젖지 않은 부분의 길이는 7 cm였습니다. 막대의 길이는 몇 mm인지 풀이 과정을 쓰고 답을 구해 보세요.

풀이

답

20 자동차로 1시간 27분 만에 갈 수 있는 거리를 차가 막혀서 도착하는 데 45분이 더 걸렸습니다. 도착한 시각이 12시 3분이라면 출발한 시각은 몇 시 몇 분인지 풀이 과정을 쓰고 답을 구해 보세요.

풀이

답

1 시각을 읽어 보세요.

(   )

2 ☐ 안에 알맞은 수를 써넣으세요.

(1) 1분 30초 = ☐ 초 + 30초 = ☐ 초

(2) 210초 = ☐ 분 ☐ 초

3 ☐ 안에 알맞은 수를 써넣으세요.

(1) 50 mm = ☐ cm

(2) 7 cm = ☐ mm

(3) 45 mm = ☐ cm ☐ mm

(4) 3 cm 6 mm = ☐ mm

4 같은 것끼리 이어 보세요.

7분 30초	·	·	558초
9분 18초	·	·	450초
8분 35초	·	·	515초

5 못의 길이는 얼마인지 ☐ 안에 알맞은 수를 써넣으세요.

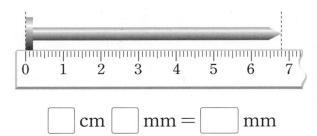

☐ cm ☐ mm = ☐ mm

6 가장 긴 길이를 찾아 기호를 써 보세요.

> ㉠ 철봉의 높이
> ㉡ 기린의 키
> ㉢ 63빌딩의 높이

(   )

7 계산해 보세요.

(1) 7시 25분 45초 + 4시간 6분 8초

(2) 9시 32분 16초 − 3시 5분 10초

8 보기 에서 알맞은 길이를 골라 문장을 완성해 보세요.

> **보기**
> 1 km 700 m   170 km
> 1 m 70 cm   7 mm

(1) 단추의 길이는 약 ☐ 입니다.

(2) 우리 마을 산책로의 전체 길이는
약 ☐ 입니다.

(3) 냉장고의 높이는 약 ☐ 입니다.

◑ 정답과 풀이 41쪽

9 바르게 말한 사람은 누구일까요?

> 경민: 540 m는 5 km 40 m야.
> 수연: 6 km 70 m는 6700 m야.
> 지수: 4002 m는 4 km 2 m야.

(   )

10 명선이와 지효는 400 m 달리기를 하였습니다. 명선이의 기록은 114초이고 지효의 기록은 1분 23초입니다. 누가 더 빨리 달렸을까요?

(   )

11 학교에서 약 1 km 떨어진 곳은 어디인지 써 보세요.

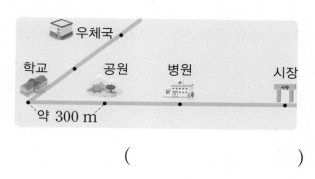

(   )

12 높이가 높은 산부터 차례로 1, 2, 3을 써 보세요.

지리산	속리산	태백산
1 km 915 m	1 km 58 m	1566 m

(   ) (   ) (   )

13 수직선에서 ↓로 표시된 곳의 길이를 써 보세요.

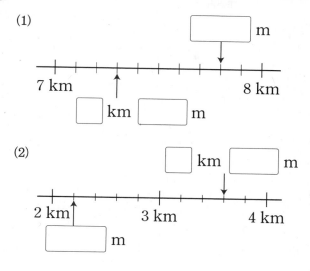

(1) □ m / □ km □ m / 7 km ~ 8 km

(2) □ km □ m / 2 km ~ 3 km ~ 4 km / □ m

14 동하가 오늘 줄넘기를 한 시간입니다. 동하가 줄넘기를 한 시간은 모두 몇 분 몇 초일까요?

오전	18분 55초
오후	31분 20초

(   )

15 영화 상영 시간표입니다. '신비의 바다'는 '햄스터 나라 모험'보다 상영 시간이 몇 분 몇 초 더 긴지 구해 보세요.

영화	햄스터 나라 모험	신비의 바다
상영 시간	1시간 38분 20초	2시간 10분 12초

(   )

16 □ 안에 알맞은 수를 써넣으세요.

$$\begin{array}{r} \boxed{}\,시\quad 28\,분\quad \boxed{}\,초 \\ -\quad 4\,시간\quad \boxed{}\,분\quad 57\,초 \\ \hline 2\,시\quad 57\,분\quad 21\,초 \end{array}$$

17 시우의 한 걸음은 약 25 cm이고 시우네 집에서 도서관까지의 거리는 약 500 m입니다. 시우가 집에서 도서관까지 가려면 약 몇 걸음을 걸어야 할까요?

(   )

18 1시간에 20초씩 늦어지는 시계가 있습니다. 이 시계를 어느 날 오전 9시에 정확하게 맞추었다면 이날 오후 1시에 이 시계가 가리키는 시각은 오후 몇 시 몇 분 몇 초일까요?

(   )

19 지금 시각은 10시 34분 15초입니다. 지금부터 1시간 45분 55초 후의 시각은 몇 시 몇 분 몇 초인지 풀이 과정을 쓰고 시계에 시각을 그려 넣으세요.

풀이 _____

_____

_____

_____

20 민서네 집에서 각 장소까지의 거리를 나타낸 것입니다. 민서네 집에서 가장 가까운 곳은 어디인지 풀이 과정을 쓰고 답을 구해 보세요.

도서관   900 m   민서네 집   학교
1 km   100 m
1200 m
병원

풀이 _____

_____

_____

답 _____

6 분수와 소수

이번 단원에서 꼭 짚어야 할 **핵심 개념**을 알아보자.

핵심 1 똑같이 나누기

똑같이 ☐ (으)로 나누기

핵심 2 분수 알아보기

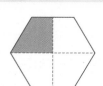

➡ $\frac{1}{4}$ 은 전체를 똑같이 ☐ (으)로 나눈 것 중의 ☐ 입니다.

핵심 3 분수의 크기 비교하기

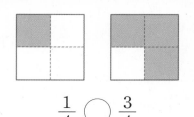

$\frac{1}{4}$ ◯ $\frac{3}{4}$

핵심 4 소수 알아보기

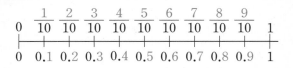

➡ 0.1, 0.2, 0.3과 같은 수를 ☐ (이)라 하고 '.'을 소수점이라고 합니다.

핵심 5 소수의 크기 비교하기

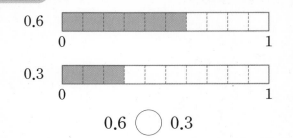

0.6 ◯ 0.3

1. 똑같이 나누기, 분수 알아보기

● **똑같이 나누기**

도형을 똑같이 나누면 나눈 조각들은 모양과 크기가 같고, 서로 겹쳐 보았을 때 완전히 포개어집니다.

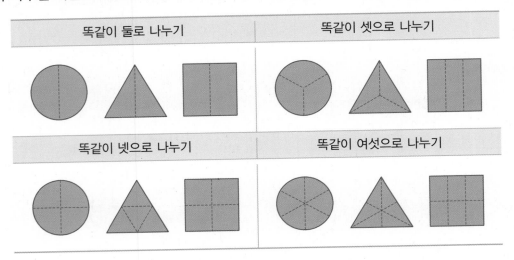

● **분수 알아보기**

분수: $\dfrac{1}{2}$, $\dfrac{2}{3}$와 같은 수

부분 [그림] 은 전체 [그림] 를 똑같이 4로 나눈 것 중의 3입니다.

전체를 똑같이 4로 나눈 것 중의 3을 $\dfrac{3}{4}$이라 쓰고 4분의 3이라고 읽습니다.

쓰기 $\dfrac{3}{4}$ 분자 / 분모   읽기 **4분의 3**

개념 자세히 **보기**

• **남은 부분을 분수로 나타내요!**

전체를 똑같이 4로 나눈 것 중의 1이 남았습니다.

남은 부분은 전체의 $\dfrac{1}{4}$입니다.

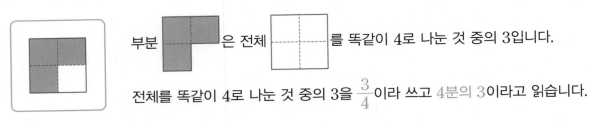

$$\rightarrow \dfrac{(남은 \ 부분의 \ 수)}{(전체를 \ 똑같이 \ 나눈 \ 수)}$$

→ 정답과 풀이 43쪽

1 전체를 똑같이 나눈 도형을 모두 찾아 기호를 써 보세요.

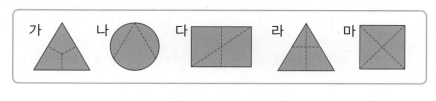

가   나   다   라   마

(   )

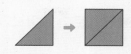

배운 것 연결하기   **2학년 1학기**

모양과 크기가 똑같은 조각으로 채울 수 있습니다.

> 나눈 조각들이 모두 모양과 크기가 같은 도형을 찾아보아요.

2 관계있는 것끼리 이어 보세요.

   •

   • • • 4분의 2

   •

   • • • 5분의 3

   •

   • • • 6분의 3

3 ☐ 안에 알맞은 수나 말을 써넣으세요.

①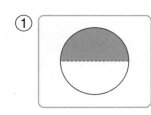

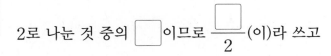

부분 ◗ 은 전체 ◯ 를 똑같이

2로 나눈 것 중의 ☐ 이므로 $\frac{☐}{2}$(이)라 쓰고

☐ (이)라고 읽습니다.

②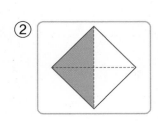

부분 ◀ 은 전체 ◇ 를 똑같이

☐ (으)로 나눈 것 중의 ☐ 이므로 $\frac{☐}{☐}$(이)라

쓰고 ☐ (이)라고 읽습니다.

> 전체를 똑같이 ■로 나눈 것 중의 ▲는 $\frac{▲}{■}$라고 써요.

6

2. 단위분수 알아보기

● **단위분수 알아보기**

단위분수: 분수 중에서 $\frac{1}{2}$, $\frac{1}{3}$, $\frac{1}{4}$과 같이 분자가 1인 분수 → $\frac{1}{\blacksquare}$: 1을 똑같이 ■로 나눈 것 중의 하나입니다.

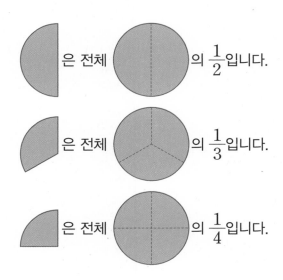

은 전체 의 $\frac{1}{2}$입니다.

은 전체 의 $\frac{1}{3}$입니다.

은 전체 의 $\frac{1}{4}$입니다.

● **분수를 단위분수의 수로 알아보기**

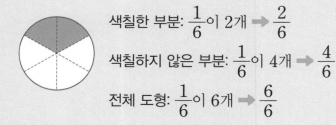

$\frac{3}{5}$ ➡ $\frac{3}{5}$은 $\frac{1}{5}$이 3개인 수

개념 자세히 보기

● **색칠한 부분과 색칠하지 않은 부분을 단위분수로 알 수 있어요!**

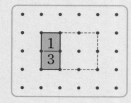

색칠한 부분: $\frac{1}{6}$이 2개 ➡ $\frac{2}{6}$

색칠하지 않은 부분: $\frac{1}{6}$이 4개 ➡ $\frac{4}{6}$

전체 도형: $\frac{1}{6}$이 6개 ➡ $\frac{6}{6}$

● **부분을 보고 전체를 알 수 있어요!**

① 분자가 1이고, 그림에 1칸이 그려져 있습니다.
② 분모가 3이므로 전체가 3칸이 되도록 2칸을 더 그립니다.
➡ 처음에 있던 1칸과 새로 그린 2칸을 합친 1+2=3(칸)이 전체가 됩니다.

○ 정답과 풀이 **43**쪽

1 단위분수를 모두 찾아 ○표 하세요.

$$\frac{3}{2} \qquad \frac{1}{2} \qquad \frac{3}{4} \qquad \frac{1}{5} \qquad \frac{2}{3}$$

분자가 1인 분수를 모두
찾아보아요.

2 주어진 분수만큼 색칠하고 ☐ 안에 알맞은 수를 써넣으세요.

① $\frac{2}{6}$

➡ $\frac{2}{6}$ 는 $\frac{1}{6}$ 이 ☐ 개입니다.

② $\frac{4}{7}$

➡ $\frac{4}{7}$ 는 $\frac{1}{7}$ 이 ☐ 개입니다.

$\frac{\blacktriangle}{\blacksquare}$ 는 $\frac{1}{\blacksquare}$ 이

▲ 개예요.

3 그림을 보고 ☐ 안에 알맞은 수를 써넣으세요.

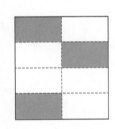

• 색칠한 부분: $\frac{1}{☐}$ 이 ☐ 개입니다.

• 색칠하지 않은 부분: $\frac{1}{☐}$ 이 ☐ 개입니다.

4 부분을 보고 전체를 그려 보세요.

①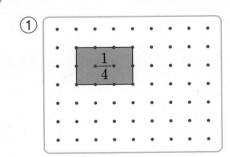

②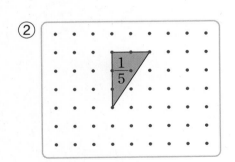

전체의 모습은 부분
1개의 그림이 분모의
수만큼 있으면 돼요.

6

3. 분수의 크기 비교

● **분모가 같은 분수의 크기 비교**

분모가 같은 분수는 분자가 클수록 더 큽니다.

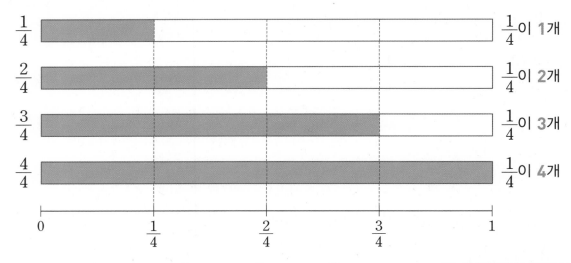

$$0 < \frac{1}{4} < \frac{2}{4} < \frac{3}{4} < 1$$

수직선에서는 오른쪽으로
갈수록 큰 수입니다.

● **단위분수의 크기 비교**

단위분수는 분모가 클수록 더 작습니다.

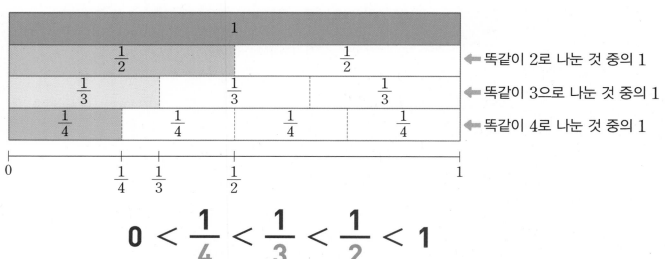

← 똑같이 2로 나눈 것 중의 1

← 똑같이 3으로 나눈 것 중의 1

← 똑같이 4로 나눈 것 중의 1

$$0 < \frac{1}{4} < \frac{1}{3} < \frac{1}{2} < 1$$

개념 자세히 보기

● **단위분수의 수로 분수의 크기를 비교해 봐요!**

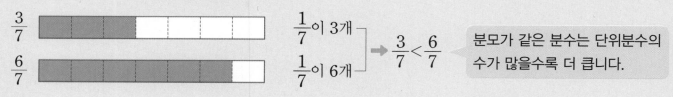

$\frac{1}{7}$이 3개

$\frac{1}{7}$이 6개

→ $\frac{3}{7} < \frac{6}{7}$

분모가 같은 분수는 단위분수의
수가 많을수록 더 큽니다.

↪ 정답과 풀이 43쪽

1 그림을 보고 ☐ 안에 알맞은 수를 써넣고 알맞은 말에 ○표 하세요.

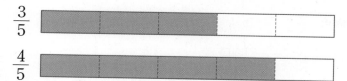

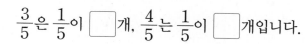

$\dfrac{3}{5}$은 $\dfrac{1}{5}$이 ☐개, $\dfrac{4}{5}$는 $\dfrac{1}{5}$이 ☐개입니다.

➡ $\dfrac{3}{5}$은 $\dfrac{4}{5}$보다 더 (큽니다 , 작습니다).

2 $\dfrac{1}{3}$과 $\dfrac{1}{6}$의 크기를 비교하여 ○ 안에 >, =, < 중 알맞은 것을 써넣으세요.

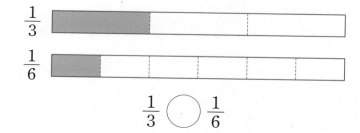

$\dfrac{1}{3}$ ◯ $\dfrac{1}{6}$

단위분수는 1을 분모로 나눈 수이므로 큰 수로 나눌수록 분수의 크기는 작아져요.

3 ☐ 안에 알맞은 분수를 써넣고, ○ 안에 >, =, < 중 알맞은 것을 써넣으세요.

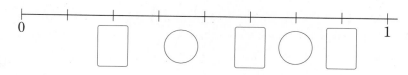

수직선에서는 오른쪽으로 갈수록 큰 수예요.

6

4 분수의 크기를 바르게 비교한 것에 ○표 하세요.

① 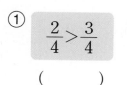 $\dfrac{2}{4} > \dfrac{3}{4}$ $\dfrac{4}{7} < \dfrac{5}{7}$ ②  $\dfrac{1}{9} < \dfrac{1}{8}$ $\dfrac{1}{15} > \dfrac{1}{13}$

( ) ( ) ( ) ( )

4. 소수 알아보기

● **소수 알아보기**

• 0.1: 전체를 똑같이 10으로 나눈 것 중의 1은 $\frac{1}{10}$입니다.

$\frac{1}{10}$은 0.1이라 쓰고, 영 점 일이라고 읽습니다.

$$\frac{1}{10} = 0.1$$

• **소수**: 0.1, 0.2, 0.3, …과 같은 수

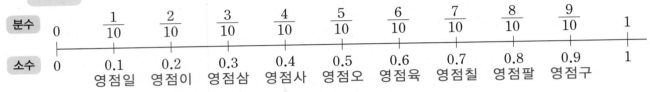

소수점

분수	0	$\frac{1}{10}$	$\frac{2}{10}$	$\frac{3}{10}$	$\frac{4}{10}$	$\frac{5}{10}$	$\frac{6}{10}$	$\frac{7}{10}$	$\frac{8}{10}$	$\frac{9}{10}$	1
소수	0	0.1	0.2	0.3	0.4	0.5	0.6	0.7	0.8	0.9	1
		영점일	영점이	영점삼	영점사	영점오	영점육	영점칠	영점팔	영점구	

전체를 똑같이 10으로 나눈 것 중의 4
➡ $\frac{1}{10}$이 4 개인 수, 0.1이 4 개인 수

● **5와 0.4만큼인 수**

0.1이 **4**개 → 0.4
1 이 **5**개 → 5
_____
      5.4

0.1이 **4**개 → 0.4
0.1이 **50**개 → 5
_____
0.1이 **54**개 → 5.4

쓰기 **5.4**

읽기 오 점 사

● **길이를 소수로 나타내기**

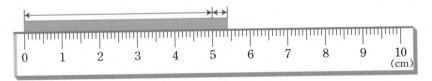

1 mm = 0.1 cm

↳ 작은 눈금 한 칸의 길이

5 cm보다 4 mm 더 긴 길이 = 5 cm + 4 mm
                        = 5 cm + 0.4 cm   4 mm = 0.4 cm
                        = 5.4 cm

개념 자세히 보기

• **0.1이 몇십몇 개인 수를 알아보아요!**

0.1이 10개인 수: 1
0.1이 11개인 수: 1.1   ➡ 0.1이 ■▲개인 수: ■.▲
0.1이 12개인 수: 1.2
      ⋮

◯ 정답과 풀이 **43**쪽

1 그림을 보고 빈칸에 알맞은 분수와 소수를 써넣으세요.

①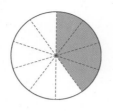

②

분수	
소수	

분수	
소수	

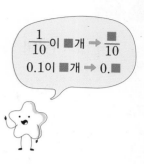
$\dfrac{1}{10}$이 ■개 ➡ $\dfrac{■}{10}$
0.1이 ■개 ➡ 0.■

2 수직선을 보고 ☐ 안에 알맞은 수를 써넣으세요.

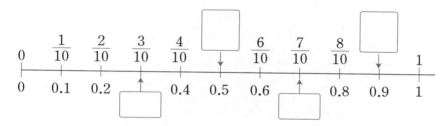

3 색칠한 부분을 보고 ☐ 안에 알맞은 수나 말을 써넣으세요.

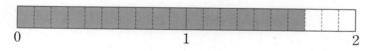

① 색칠한 부분은 1과 ☐ 만큼의 수입니다.

② 색칠한 부분을 소수로 나타내면 ☐ (이)라 쓰고 ☐ (이)라고 읽습니다.

■와 0.▲만큼을 소수로 나타내면 ■.▲예요.

4 ☐ 안에 알맞은 수를 써넣으세요.

① 5 mm = ☐ cm

② 7 mm = ☐ cm

③ 0.8 cm = ☐ mm

④ 0.9 cm = ☐ mm

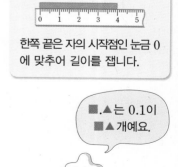
🔗 배운 것 연결하기　　**2학년 1학기**

한쪽 끝을 자의 시작점인 눈금 0에 맞추어 길이를 잽니다.

5 ☐ 안에 알맞은 수를 써넣으세요.

① 3.5는 0.1이 ☐ 개입니다.

② 0.1이 ☐ 개이면 7.6입니다.

■.▲는 0.1이
■▲개예요.

5. 소수의 크기 비교

● 0.5와 0.7의 크기 비교

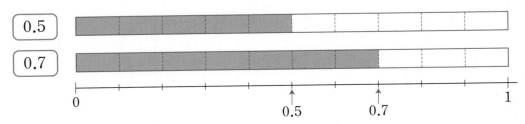

0.5는 **0.1**이 **5**개
0.7은 **0.1**이 **7**개 ➡ **5<7**이므로 **0.5<0.7**

● 1.9와 2.7의 크기 비교

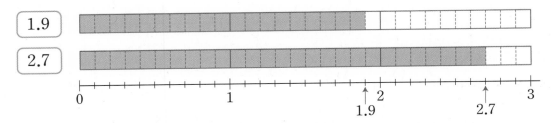

1.9는 **0.1**이 **19**개
2.7은 **0.1**이 **27**개 ➡ **19<27**이므로 **1.9<2.7**

개념 다르게 보기

● **소수의 크기를 비교하는 방법을 알아보아요!**

• 소수점 왼쪽 부분이 다를 때

소수점 왼쪽 부분	소수 부분
3	5
4	2

소수점 왼쪽 부분이 큰 소수가 더 큽니다.

➡ 3.5 < 4.2
    └ 3<4 ┘

• 소수점 왼쪽 부분이 같을 때

소수점 왼쪽 부분	소수 부분
1	7
1	9

소수 부분이 큰 소수가 더 큽니다.

➡ 1.7 < 1.9
    └ 7<9 ┘

◐ 정답과 풀이 44쪽

① 그림을 보고 소수의 크기를 비교하여 ◯ 안에 >, =, < 중 알맞은 것을 써넣으세요.

0.7 ◯ 0.5

0.7은 0.1이 7개이고, 0.5는 0.1이 5개예요.

② 주어진 소수만큼 색칠하고 ◯ 안에 >, =, < 중 알맞은 것을 써넣으세요.

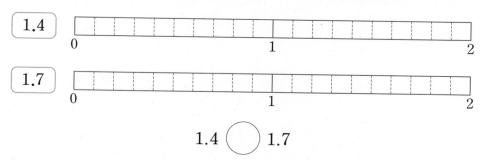

1.4 ◯ 1.7

③ ☐ 안에 알맞은 수를 써넣고 ◯ 안에 >, =, < 중 알맞은 것을 써넣으세요.

① 2.3은 0.1이 ☐ 개
3.1은 0.1이 ☐ 개
➡ 2.3 ◯ 3.1

② 4.2는 0.1이 ☐ 개
2.8은 0.1이 ☐ 개
➡ 4.2 ◯ 2.8

④ 두 수의 크기를 비교하여 ◯ 안에 >, =, < 중 알맞은 것을 써넣으세요.

① 0.2 ◯ 0.7

② 0.9 ◯ 0.8

③ 4.8 ◯ 6.1

④ 9.3 ◯ 9.6

소수점 왼쪽 부분이 같을 때에는 소수 부분을 비교해요.

1 똑같이 나누기

1 전체를 똑같이 나눈 도형을 모두 찾아 기호를 써 보세요.

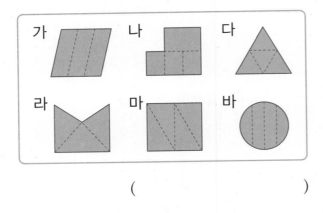

( )

2 같은 크기의 조각이 몇 개일까요?

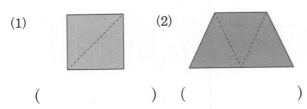

(1) ( ) (2) ( )

3 지훈이는 다양한 국기에서 전체를 똑같이 나눈 국기를 찾고 있습니다. 기준에 알맞은 나라의 이름을 모두 써 보세요.

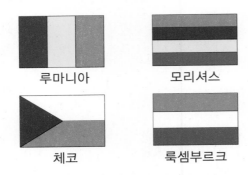

전체를 똑같이 셋으로 나눈 국기	전체를 똑같이 넷으로 나눈 국기

4 전체를 똑같이 다섯으로 나눈 도형을 모두 찾아 기호를 써 보세요.

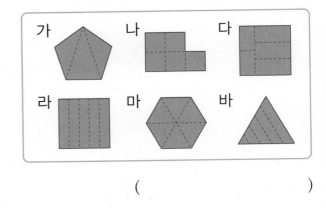

( )

5 점을 이용하여 도형을 똑같이 나누어 보세요.

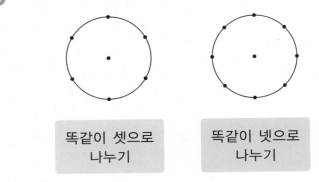

| 똑같이 셋으로 나누기 | 똑같이 넷으로 나누기 |

6 도형을 모양과 크기가 똑같이 되도록 보기 와 같이 선을 그어 넷으로 나누어 보세요.

(단, 보기 와 다른 방법으로 나눕니다.)

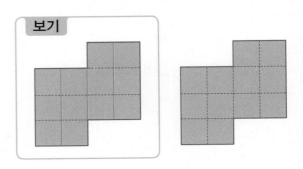

2 분수

7 색칠한 부분과 관계있는 것끼리 이어 보세요.

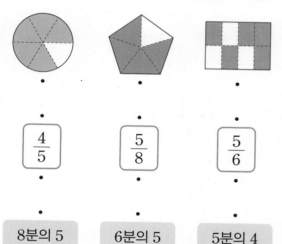

| $\dfrac{4}{5}$ | $\dfrac{5}{8}$ | $\dfrac{5}{6}$ |

| 8분의 5 | 6분의 5 | 5분의 4 |

8 색칠한 부분은 전체의 얼마인지 분수로 나타내 보세요.

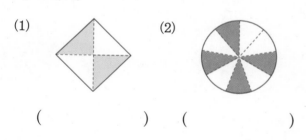

(1)   (2)

(   )   (   )

9 색칠한 부분이 나타내는 분수가 다른 것을 찾아 기호를 써 보세요.

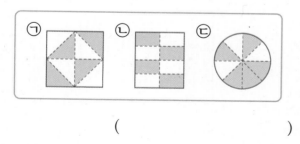

(   )

10 남은 부분과 먹은 부분을 분수로 나타내 보세요.

남은 부분은 전체의 ☐

먹은 부분은 전체의 ☐

11 빨간색이 전체의 $\dfrac{1}{4}$, 파란색이 전체의 $\dfrac{2}{4}$, 노란색이 전체의 $\dfrac{1}{4}$만큼이 되도록 알맞게 색칠해 보세요.

서술형
12 윤수와 혜진이는 $\dfrac{1}{6}$을 다음과 같이 색칠하였습니다. 잘못 색칠한 사람은 누구인지 이름을 쓰고 그 까닭을 써 보세요.

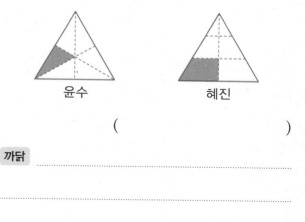

윤수   혜진

(   )

까닭 ....

....

....

③ 단위분수

13 ☐ 안에 알맞은 수를 써넣으세요.

(1)
$\frac{2}{7}$는 $\frac{1}{7}$이 ☐개입니다.

(2)
$\frac{5}{8}$는 $\frac{1}{8}$이 ☐개입니다.

14 단위분수를 모두 찾아 ○표 하세요.

$$\frac{1}{2} \qquad \frac{3}{4} \qquad \frac{2}{5} \qquad \frac{1}{6} \qquad \frac{5}{8}$$

15 주어진 분수만큼 색칠하고 ☐ 안에 알맞은 수를 써넣으세요.

$\frac{4}{9}$

$\frac{4}{9}$는 $\frac{1}{9}$이 ☐개입니다.

16 ☐ 안에 알맞은 수를 써넣으세요.

(1) $\frac{3}{5}$은 $\frac{1}{5}$이 ☐개입니다.

(2) $\frac{5}{6}$는 ☐이/가 5개입니다.

17 부분을 보고 알맞은 전체의 모양을 찾아 기호를 써 보세요.

부분
 ➡ 전체를 똑같이 6으로 나눈 것 중의 1입니다.

가   나   다

(   )

18 부분을 보고 전체를 찾아 알맞게 이어 보세요.

$\frac{1}{3}$ ·

$\frac{1}{5}$ ·

$\frac{1}{7}$ ·

☺ 내가 만드는 문제

19 도형을 두 가지 방법으로 똑같이 나누어 각각 전체의 $\frac{1}{4}$만큼 색칠해 보세요.

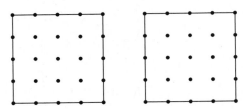

④ 분모가 같은 분수의 크기 비교

20 주어진 분수만큼 색칠하고 ○ 안에 >, =, < 중 알맞은 것을 써넣으세요.

(1)
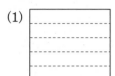 $\dfrac{4}{5}$ ○ $\dfrac{2}{5}$

(2)
  $\dfrac{3}{6}$ ○ $\dfrac{5}{6}$

21 ☐ 안에 알맞은 수를 써넣고 $\dfrac{6}{7}$과 $\dfrac{4}{7}$의 크기를 비교해 보세요.

$\dfrac{6}{7}$은 $\dfrac{1}{7}$이 ☐개, $\dfrac{4}{7}$는 $\dfrac{1}{7}$이 ☐개이므로 ☐이/가 더 큽니다.

22 분수의 크기를 비교하여 ○ 안에 >, =, < 중 알맞은 것을 써넣으세요.

(1) $\dfrac{3}{8}$ ○ $\dfrac{7}{8}$ (2) $\dfrac{10}{14}$ ○ $\dfrac{9}{14}$

23 가장 큰 분수에 ○표, 가장 작은 분수에 △표 하세요.

$\dfrac{5}{13}$ $\dfrac{7}{13}$ $\dfrac{3}{13}$ $\dfrac{11}{13}$ $\dfrac{9}{13}$

24 분수의 크기를 비교하여 작은 분수부터 차례로 써 보세요.

$\dfrac{9}{20}$ $\dfrac{6}{20}$ $\dfrac{15}{20}$ $\dfrac{3}{20}$ $\dfrac{11}{20}$

(   )

25 분모가 9인 분수 중 $\dfrac{4}{9}$보다 크고 $\dfrac{8}{9}$보다 작은 분수를 모두 써 보세요.

(   )

수직선에서는 오른쪽에 있는 수가 더 큰 수야.

준비 ☐ 안에 알맞은 수를 써넣고, ○ 안에 >, =, < 중 알맞은 것을 써넣으세요.

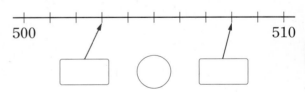

26 수직선에서 나타내는 분수의 크기를 비교하려고 합니다. ☐ 안에 알맞은 분수를 써넣고, ○ 안에 >, =, < 중 알맞은 것을 써넣으세요.

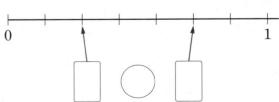

5 단위분수의 크기 비교

27 주어진 분수만큼 똑같이 나누어 색칠하고 ○ 안에 >, =, < 중 알맞은 것을 써넣으세요.

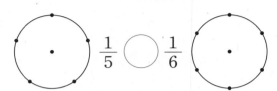

$\frac{1}{5}$ ○ $\frac{1}{6}$

28 보기 와 같이 색칠된 부분을 옮겨 단위분수로 나타내 보세요.

보기

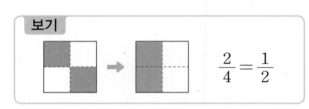

$\frac{2}{4} = \frac{1}{2}$

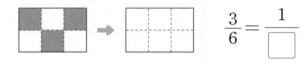

$\frac{3}{6} = \frac{1}{\square}$

29 분수의 크기를 비교하여 ○ 안에 >, =, < 중 알맞은 것을 써넣으세요.

(1) $\frac{1}{7}$ ○ $\frac{1}{3}$ (2) $\frac{1}{4}$ ○ $\frac{1}{8}$

☺ 내가 만드는 문제

30 서아와 지우가 똑같은 피자를 먹었습니다. 대화를 읽고 □ 안에 알맞은 수를 써넣으세요.

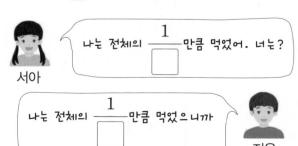

서아: 나는 전체의 $\frac{1}{\square}$ 만큼 먹었어. 너는?

지우: 나는 전체의 $\frac{1}{\square}$ 만큼 먹었으니까 너보다 많이 먹었네.

서술형
31 분수의 크기를 비교하여 큰 분수부터 차례로 쓰려고 합니다. 풀이 과정을 쓰고 답을 구해 보세요.

$\frac{1}{5}$ $\frac{1}{2}$ $\frac{1}{10}$ $\frac{1}{9}$

풀이 _____

_____

답 _____

32 주하, 동석, 채영이는 같은 길이의 색 테이프를 각각 가지고 있습니다. 가지고 있는 색 테이프로 리본 모양을 만들었을 때, 색 테이프를 가장 많이 사용한 사람은 누구일까요?

주하: 나는 전체를 똑같이 6으로 나눈 것 중의 1만큼 사용했어.

동석: 나는 전체의 $\frac{1}{7}$ 만큼 사용했어.

채영: 나는 분모가 4인 단위분수만큼 사용했어.

(   )

33 조건을 만족시키는 분수를 모두 써 보세요.

- 단위분수입니다.
- $\frac{1}{8}$ 보다 큰 분수입니다.
- 분모는 5보다 큽니다.

(   )

6 소수

34 같은 것끼리 이어 보세요.

$\dfrac{5}{10}$ • • 0.8 • • 영점 오

$\dfrac{3}{10}$ • • 0.5 • • 영점 팔

$\dfrac{8}{10}$ • • 0.3 • • 영점 삼

35 색칠한 부분을 분수와 소수로 나타내 보세요.

(1)
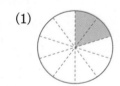
분수 소수

(2)
 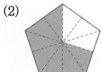
분수 소수

36 전체를 1로 보았을 때 주어진 소수만큼 색칠해 보세요.

0.6

37 알약의 길이를 소수로 나타내 보세요.

  □ cm

38 색칠한 부분을 소수로 나타내고 읽어 보세요.

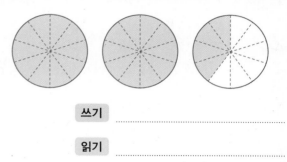

쓰기 _____

읽기 _____

39 □ 안에 알맞은 수를 써넣으세요.

(1) 0.1이 17개이면 □ 입니다.

(2) 5.3은 0.1이 □ 개입니다.

40 잘못된 것을 찾아 기호를 쓰고, 바르게 고쳐 보세요.

> ㉠ 2 cm 5 mm = 2.5 cm
> ㉡ 109 mm = 1 cm 9 mm
> ㉢ 6 cm 6 mm = 6.6 cm

( )

바르게 고치기 _____

41 지우개의 길이를 세 가지 방법으로 나타내 보세요.

□ cm □ mm

□ mm

□ cm

7 소수의 크기 비교

42 소수를 수직선에 ↓로 나타내고 ○ 안에 >, =, < 중 알맞은 것을 써넣으세요.

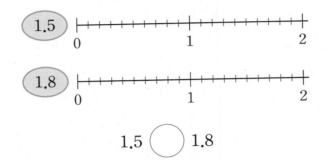

1.5 ◯ 1.8

43 □ 안에 알맞은 수를 써넣고 ○ 안에 >, =, < 중 알맞은 것을 써넣으세요.

5.6은 0.1이 □개
5.3은 0.1이 □개
➡ 5.6 ◯ 5.3

44 소수의 크기를 비교하여 ○ 안에 >, =, < 중 알맞은 것을 써넣으세요.

(1) 3.5 ◯ 3.8   (2) 2.6 ◯ 1.8

☺ 내가 만드는 문제

45 각각의 원에 색칠하고 싶은 만큼 색칠한 다음 □ 안에 알맞은 소수를 써넣고, ○ 안에 >, =, < 중 알맞은 것을 써넣으세요.

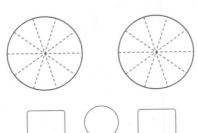

46 민호, 세빈, 주린이의 발길이를 비교하여 발길이가 긴 사람부터 차례로 이름을 써 보세요.

민호	세빈	주린
228 mm	23.9 cm	23 cm 5 mm

(   )

47 □ 안에 들어갈 수 있는 수를 모두 찾아 ○표 하세요.

(1) ┌──────────┐
   │ 0.5 < 0.□ │
   └──────────┘

(1 , 2 , 3 , 4 , 5 , 6 , 7 , 8 , 9)

(2) ┌──────────┐
   │ 7.□ < 7.6 │
   └──────────┘

(1 , 2 , 3 , 4 , 5 , 6 , 7 , 8 , 9)

서술형
48 가장 큰 수를 찾아 기호를 쓰려고 합니다. 풀이 과정을 쓰고 답을 구해 보세요.

┌─────────────────────────────────┐
│ ㉠ 6.4   ㉡ 0.1이 65개인 수 │
│ ㉢ $\frac{1}{10}$이 66개인 수 ㉣ 5와 0.7만큼 │
└─────────────────────────────────┘

풀이 ....

....

....

....

답 ....

⚡ 길이가 0에 맞추어져 있지 않으면, 큰 눈금과 작은 눈금의 수를 세어 보자!

1 크레파스의 길이는 몇 cm인지 소수로 나타내 보세요.

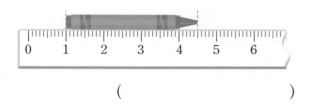

( )

2 색 테이프의 길이는 몇 cm인지 소수로 나타내 보세요.

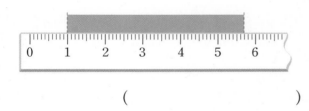

( )

3 분필의 길이는 몇 cm인지 소수로 나타내 보세요.

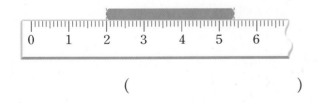

( )

⚡ 도형을 똑같이 나눌 때는 나눈 조각의 모양과 크기가 같아야 함을 주의하자!

4 도형을 똑같이 나누고 색칠해 보세요.

전체를 똑같이 5로 나눈 것 중의 3

5 도형을 똑같이 나누고 색칠해 보세요.

전체를 똑같이 6으로 나눈 것 중의 4

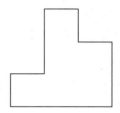

6 도형을 똑같이 나누고 색칠해 보세요.

전체를 똑같이 4로 나눈 것 중의 2

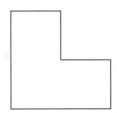

⚡ 1 mm = 0.1 cm임을 이용하여 단위를 같게 한 후, 물건의 길이를 비교해 보자!

7 재동이의 색연필의 길이는 8 cm보다 4 mm 더 길고, 주호의 색연필의 길이는 8.7 cm입니다. 누구의 색연필이 더 길까요?

( )

8 민재가 가지고 있는 철사의 길이는 6.8 cm이고, 성훈이가 가지고 있는 철사의 길이는 6 cm보다 7 mm 더 깁니다. 누구의 철사가 더 길까요?

( )

9 털실을 진수는 8 cm 3 mm 사용했고, 지혜는 56 mm 사용했습니다. 진수는 지혜보다 털실을 몇 cm 더 많이 사용했는지 소수로 나타내 보세요.

( )

⚡ 전체의 0.■만큼은 전체를 똑같이 10칸으로 나눈 것 중의 ■칸임을 이용하자!

10 주혜는 주스를 전체의 0.4만큼 마셨습니다. 남은 주스의 양은 전체의 얼마인지 소수로 나타내 보세요.

( )

11 민성이는 피자를 전체의 0.2만큼 먹었습니다. 남은 피자의 양은 전체의 얼마인지 소수로 나타내 보세요.

( )

12 케이크 한 개를 영훈이는 전체의 0.3만큼, 수민이는 전체의 0.4만큼 먹었습니다. 남은 케이크의 양은 전체의 얼마인지 소수로 나타내 보세요.

( )

⚡ **부분의 모양과 크기가 같도록 전체를 그려 보자!**

13 부분을 보고 전체를 그려 보세요.

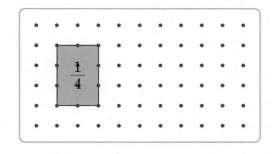

14 부분을 보고 전체를 그려 보세요.

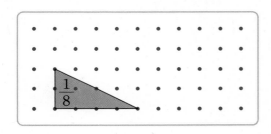

15 부분을 보고 전체를 그려 보세요.

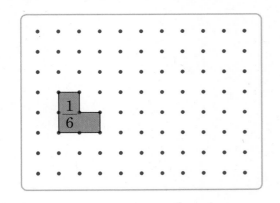

⚡ **더 적게 남은 사람이 더 많이 마신 사람임을 주의하자!**

16 영철이와 수영이가 같은 주스를 마시고 남긴 양입니다. 주스를 더 많이 마신 사람은 누구일까요?

영철 $\dfrac{4}{6}$ 수영 $\dfrac{2}{6}$

(   )

17 성아와 현민이가 같은 우유를 마시고 남긴 양입니다. 우유를 더 많이 마신 사람은 누구일까요?

성아 $\dfrac{1}{5}$ 현민 $\dfrac{1}{7}$

(   )

18 지효, 명수, 민아가 같은 요구르트를 마시고 남긴 양입니다. 요구르트를 가장 많이 마신 사람은 누구일까요?

지효 $\dfrac{1}{9}$ 명수 $\dfrac{1}{3}$ 민아 $\dfrac{1}{6}$

(   )

STEP 4 상위권 도전 유형

도전1 □ 안에 들어갈 수 있는 수 구하기

1 □ 안에 들어갈 수 있는 수를 모두 찾아 ○표 하세요.

$$2.6 > 2.\square$$

(3 , 4 , 5 , 6 , 7 , 8)

핵심 NOTE
소수점 왼쪽의 수가 같으므로 소수 부분이 클수록 더 큽니다.

2 1부터 9까지의 수 중에서 □ 안에 들어갈 수 있는 수를 모두 구해 보세요.

$$7.3 < \square.7$$

( )

3 1부터 9까지의 수 중에서 □ 안에 들어갈 수 있는 수를 모두 구해 보세요.

$$0.4 < 0.\square < 0.8$$

( )

도전2 분수와 소수의 크기 비교

4 가장 큰 수를 찾아 써 보세요.

$$1.1 \qquad \frac{4}{10} \qquad 0.8$$

( )

핵심 NOTE
분수를 소수로 바꾸어 크기를 비교합니다.

5 가장 작은 수를 찾아 써 보세요.

$$3.5 \qquad \frac{9}{10} \qquad 0.6 \qquad \frac{7}{10}$$

( )

6 $\frac{5}{10}$보다 크고 1.8보다 작은 수를 모두 찾아 써 보세요.

$$\frac{6}{10} \qquad 1.5 \qquad 0.4 \qquad 2.1 \qquad \frac{3}{10}$$

( )

도전3 **수 카드로 분수 만들기**

7 수 카드 5 , 2 , 8 중에서 한 장을 골라 분자가 1인 단위분수를 만들려고 합니다. 만들 수 있는 가장 큰 분수를 구해 보세요.

( )

핵심 NOTE
단위분수는 분모가 작을수록 더 큽니다.

8 수 카드 7 , 3 , 6 , 9 중에서 한 장을 골라 분자가 1인 단위분수를 만들려고 합니다. 만들 수 있는 가장 큰 분수와 가장 작은 분수를 각각 구해 보세요.

가장 큰 분수 ( )

가장 작은 분수 ( )

9 수 카드 8 , 4 , 2 , 5 중에서 한 장을 골라 분모가 17인 분수를 만들려고 합니다. 만들 수 있는 가장 큰 분수와 가장 작은 분수를 각각 구해 보세요.

가장 큰 분수 ( )

가장 작은 분수 ( )

도전4 **먹은 조각 수 구하기**

10 진구는 전체를 똑같이 6으로 나눈 와플의 $\frac{1}{2}$ 만큼 먹었습니다. 진구는 와플을 몇 조각 먹었을까요?

( )

핵심 NOTE
먼저 전체를 똑같이 6으로 나눕니다.

11 수빈이는 전체를 똑같이 8로 나눈 피자의 $\frac{1}{4}$ 만큼 먹었습니다. 수빈이는 피자를 몇 조각 먹었을까요?

( )

12 호재는 전체를 똑같이 9로 나눈 떡의 $\frac{1}{3}$ 만큼 먹었습니다. 호재가 먹고 남은 떡은 몇 조각일까요?

( )

6

13 선을 더 그어 색칠한 부분을 소수로 나타내 보세요.

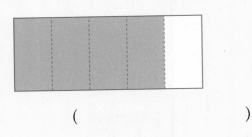

(   )

핵심 NOTE
전체를 똑같이 10칸으로 나누고 소수로 나타냅니다.

14 선을 더 그어 색칠한 부분을 소수로 나타내 보세요.

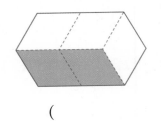

(   )

15 선을 더 그어 색칠한 부분을 소수로 나타내 보세요.

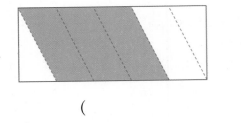

(   )

16 분수의 크기를 비교하여 □ 안에 알맞은 분수를 써넣으세요.

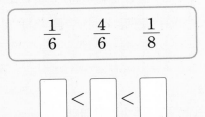

$$\boxed{} < \boxed{} < \boxed{}$$

핵심 NOTE
• 분모가 같은 분수는 분자가 클수록 더 큽니다.
• 단위분수는 분모가 작을수록 더 큽니다.

17 분수의 크기를 비교하여 큰 분수부터 차례로 써 보세요.

$$\frac{7}{9} \qquad \frac{1}{12} \qquad \frac{5}{9} \qquad \frac{1}{9}$$

(   )

18 분수의 크기를 비교하여 작은 분수부터 차례로 써 보세요.

$$\frac{1}{15} \qquad \frac{1}{16} \qquad \frac{11}{15} \qquad \frac{1}{18} \qquad \frac{8}{15}$$

(   )

도전7 조건을 만족시키는 수를 소수로 나타내기

19 조건을 만족시키는 수를 소수로 나타내 보세요.

> 0.1이 15개인 수보다
> 0.1의 10배만큼 더 큰 수

( )

핵심 NOTE
0.1이 ■●개이면 ■.●입니다.

20 조건을 만족시키는 수를 소수로 나타내 보세요.

> 0.1이 42개인 수보다
> 0.2의 3배만큼 더 큰 수

( )

21 조건을 만족시키는 수를 소수로 나타내 보세요.

> 0.1이 53개인 수보다
> $\frac{1}{10}$의 5배만큼 더 큰 수

( )

도전8 전체의 소수만큼 구하기

22 10 cm의 0.3만큼은 몇 cm인지 구해 보세요.

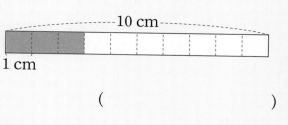

( )

핵심 NOTE
0.▲만큼은 전체를 똑같이 10으로 나눈 것 중의 ▲입니다.

23 30 cm의 0.6만큼은 몇 cm인지 구해 보세요.

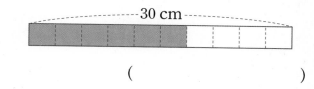

( )

24 50 cm의 0.8만큼은 몇 cm인지 구해 보세요.

( )

1 전체를 똑같이 넷으로 나눈 도형을 찾아 기호를 써 보세요.

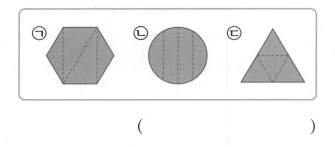

( )

2 색칠한 부분을 소수로 나타내고 읽어 보세요.

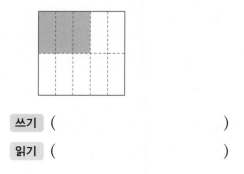

쓰기 ( )

읽기 ( )

3 ☐ 안에 알맞은 수를 써넣으세요.

(1) 4.8은 0.1이 ☐ 개입니다.

(2) 0.1이 13개이면 ☐ 입니다.

4 두 분수의 크기를 비교하여 ◯ 안에 >, =, < 중 알맞은 것을 써넣으세요.

(1) $\dfrac{5}{8}$ ◯ $\dfrac{7}{8}$ (2) $\dfrac{1}{6}$ ◯ $\dfrac{1}{9}$

5 민하가 가지고 있는 색연필의 길이는 8 cm보다 7 mm 더 깁니다. 색연필의 길이는 몇 cm인지 소수로 나타내 보세요.

( )

6 색칠한 부분이 나타내는 분수가 다른 하나를 찾아 기호를 써 보세요.

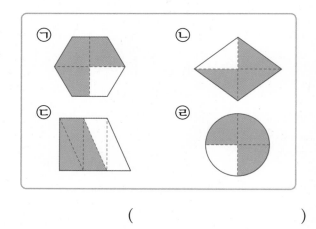

( )

7 피자를 먹은 부분과 남은 부분을 각각 분수로 나타내 보세요.

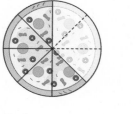

먹은 부분 ( )

남은 부분 ( )

8 선아네 집에서 은행까지의 거리를 소수로 나타 내 보세요.

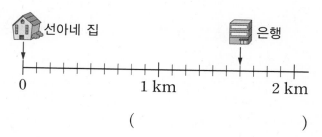

( )

9 가장 큰 분수에 ○표, 가장 작은 분수에 △표 하 세요.

$$\frac{1}{6} \qquad \frac{5}{6} \qquad \frac{1}{8}$$

10 0.6보다 큰 수를 모두 고르세요. ( )

① 2.1 ② 0.3 ③ $\frac{9}{10}$

④ $\frac{5}{10}$ ⑤ 0.4

11 색칠한 부분을 옮겨 단위분수로 나타내 보세요.

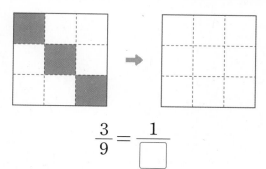

$$\frac{3}{9} = \frac{1}{\boxed{}}$$

12 ☐ 안에 들어갈 수 없는 수는 어느 것일까요?

( )

$$\frac{1}{14} < \frac{1}{\boxed{}}$$

① 10 ② 5 ③ 6
④ 17 ⑤ 13

13 높이가 3.6 m보다 낮은 자동차만 통과할 수 있는 터널이 있습니다. 이 터널을 통과할 수 없 는 자동차를 모두 찾아 기호를 써 보세요.

자동차	높이
가	3.4 m
나	4.1 m
다	2.8 m
라	3.7 m

( )

14 서우는 주스를 전체의 0.3만큼 마셨습니다. 남 은 주스의 양은 전체의 얼마인지 소수로 나타내 보세요.

( )

15 1부터 9까지의 수 중에서 □ 안에 들어갈 수 있는 수를 모두 구해 보세요.

$$1.\square < 1.6$$

( )

16 조건을 만족시키는 분수는 모두 몇 개일까요?

- 분모가 14인 분수입니다.
- $\frac{7}{14}$ 보다 크고 $\frac{11}{14}$ 보다 작습니다.

( )

17 피자 한 판을 서하는 전체의 $\frac{1}{7}$ 만큼, 은비는 전체의 $\frac{4}{7}$ 만큼 먹고 나머지는 석진이가 모두 먹었습니다. 석진이가 먹은 피자는 서하가 먹은 피자의 몇 배일까요?

( )

18 40 cm의 0.7만큼은 몇 cm인지 구해 보세요.

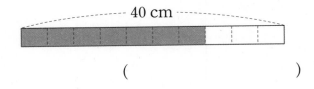

40 cm

( )

19 수 카드 3장 중 한 장을 골라 $\frac{1}{\square}$ 의 □ 안에 넣어 분수를 만들려고 합니다. 만들 수 있는 가장 큰 분수는 얼마인지 풀이 과정을 쓰고 답을 구해 보세요.

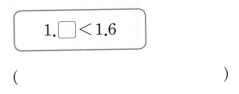

4   9   5

풀이

답

20 비가 서울에는 $\frac{9}{10}$ cm, 부산에는 1.3 cm, 광주에는 1 cm 5 mm 내렸습니다. 비가 가장 많이 내린 도시는 어디인지 풀이 과정을 쓰고 답을 구해 보세요.

풀이

답

1 전체를 똑같이 둘로 나눈 도형은 모두 몇 개일까요?

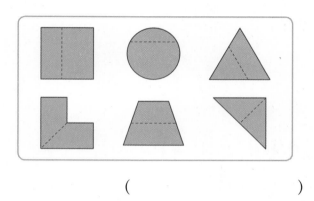

( )

2 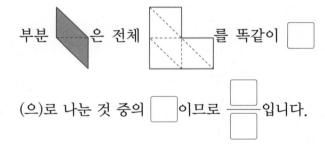를 보고 ☐ 안에 알맞은 수를 써넣으세요.

부분 ▱ 은 전체 ⬓ 를 똑같이 ☐

(으)로 나눈 것 중의 ☐ 이므로 $\frac{\Box}{\Box}$ 입니다.

3 색칠하지 않은 부분을 분수로 나타내고 읽어 보세요.

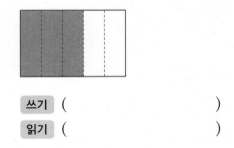

쓰기 ( )

읽기 ( )

4 주어진 분수만큼 색칠해 보세요.

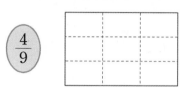

$\frac{4}{9}$

5 분수의 크기를 비교하여 ○ 안에 >, =, < 중 알맞은 것을 써넣으세요.

(1) $\frac{5}{12}$ ○ $\frac{10}{12}$ (2) $\frac{1}{7}$ ○ $\frac{1}{9}$

6 같은 것끼리 이어 보세요.

$\frac{5}{10}$ ·   · 0.8

$\frac{3}{10}$ ·   · 0.5

$\frac{8}{10}$ ·   · 0.3

7 ☐ 안에 알맞은 수를 써넣으세요.

> 4.2는 0.1이 ☐ 개이고 3.6은 0.1이 ☐ 개입니다.
>
> ➡ 4.2와 3.6 중에서 더 큰 소수는 ☐ 입니다.

8 ☐ 안에 알맞은 소수를 써넣고 읽어 보세요.

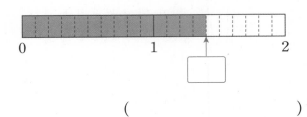

(   )

9 상희는 가지고 있던 색 테이프를 똑같이 10조각으로 나누어 그중 6조각을 동생에게 주었습니다. 동생에게 준 색 테이프의 길이는 전체의 얼마인지 소수로 나타내 보세요.

(   )

10 $\frac{8}{17}$보다 큰 분수는 모두 몇 개인지 구해 보세요.

| $\frac{9}{17}$ | $\frac{5}{17}$ | $\frac{11}{17}$ | $\frac{7}{17}$ | $\frac{1}{17}$ |

(   )

11 지아네 집에서 소방서까지의 거리는 몇 km인지 소수로 나타내 보세요.

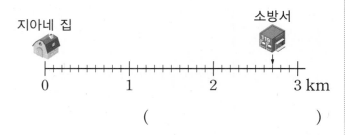

(   )

12 길이가 긴 것부터 차례로 기호를 써 보세요.

| ㉠ 32 mm | ㉡ 5.1 cm |
| ㉢ 3.8 cm | ㉣ 4 cm 5 mm |

(   )

13 분수의 크기를 비교하여 작은 수부터 차례로 써 보세요.

| $\frac{1}{7}$ | $\frac{1}{5}$ | $\frac{1}{2}$ | $\frac{1}{9}$ |

(   )

14 가장 작은 수를 찾아 기호를 써 보세요.

| ㉠ 5.2 | ㉡ 0.1이 60개인 수 |
| ㉢ 2와 0.7만큼 | ㉣ $\frac{1}{10}$이 29개인 수 |

(   )

15 현태와 시영이가 같은 탄산수를 마시고 남긴 양입니다. 탄산수를 더 적게 마신 사람은 누구일까요?

현태 $\frac{1}{5}$ 시영 $\frac{1}{4}$

(   )

16 1부터 9까지의 수 중에서 □ 안에 들어갈 수 있는 수를 모두 구해 보세요.

$$2.3 < 2.\square < 2.8$$

(   )

17 조건을 만족시키는 소수 ■.▲를 모두 구해 보세요. (단, ■, ▲는 0부터 9까지의 수입니다.)

- 0.3과 0.9 사이의 수입니다.
- $\frac{4}{10}$ 보다 큰 수입니다.
- 0.1이 7개인 수보다 작은 수입니다.

(   )

18 60 cm의 0.4만큼은 몇 cm인지 구해 보세요.

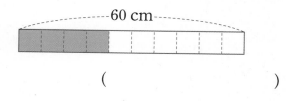

(   )

19 측우기는 농사를 짓는 데 중요한 비의 양을 재는 기구로 통 속에 고인 빗물의 깊이를 잽니다. 측우기에 찬 물의 양은 '푼'을 사용하여 나타냈는데 1푼은 약 3 mm입니다. 측우기에 찬 물의 양 6푼을 소수로 나타내면 약 몇 cm인지 풀이 과정을 쓰고 답을 구해 보세요.

풀이 _____

_____

_____

답 _____

20 ㉠, ㉡, ㉢ 중 가장 큰 분수를 찾아 기호를 쓰려고 합니다. 풀이 과정을 쓰고 답을 구해 보세요.

- $\frac{5}{6}$ 는 ㉠이 5개입니다.
- $\frac{3}{5}$ 은 ㉡이 3개입니다.
- $\frac{7}{8}$ 은 ㉢이 7개입니다.

풀이 _____

_____

_____

_____

답 _____

사고력이 반짝

● 보기 와 같이 색종이를 반을 접은 후 빨간색 선을 따라 잘랐습니다. 자르고 남은 부분을 펼쳤을 때의 모양을 그려 보세요.

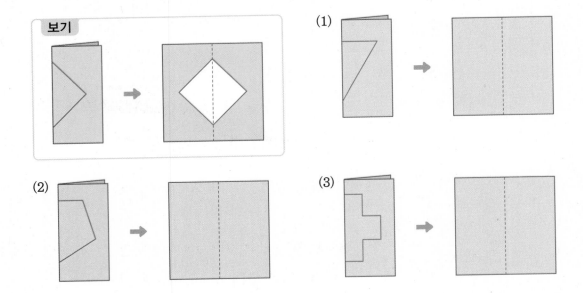

계산이 아닌

개념을 깨우치는

수학을 품은 연산

디딤돌
연산은
수학이다.

1~6학년(학기용)

수학 공부의 새로운 패러다임

상위권의 기준

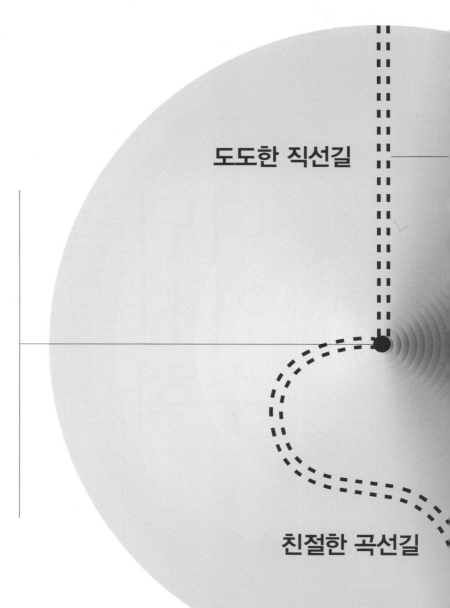

도도한 직선길

친절한 곡선길

수학 좀 한다면

수시 평가
자료집

3
1

수학 좀 한다면

디딤돌

초등수학 기본+유형

수시 평가 자료집

$\dfrac{3}{1}$

● **수시 평가 대비** | 시험에 잘 나오는 문제를 한 번 더 풀어 수시 평가에 대비해요.

● **서술형 50% 단원 평가** | 서술형 50%로 구성된 단원 평가로 단원을 확실히 마무리해요.

1. 덧셈과 뺄셈

1 빈칸에 알맞은 수를 써넣으세요.

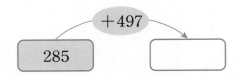

285 → +497 →

2 뺄셈식에서 ㉠이 실제로 나타내는 값은 얼마일까요?

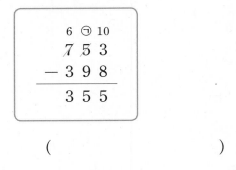

$$\begin{array}{r} 6 \ \text{㉠} \ 10 \\ \cancel{7} \ 5 \ 3 \\ - \ 3 \ 9 \ 8 \\ \hline 3 \ 5 \ 5 \end{array}$$

( )

3 빈칸에 두 수의 합을 써넣으세요.

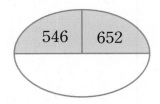

546 | 652

4 어림한 계산 결과가 600보다 큰 것을 모두 찾아 기호를 써 보세요.

㉠ 346 + 268   ㉡ 422 + 137
㉢ 912 - 324   ㉣ 831 - 219

( )

5 계산 결과를 비교하여 ○ 안에 >, =, < 중 알맞은 것을 써넣으세요.

$$757 + 489 \ \bigcirc \ 295 + 968$$

6 □ 안에 알맞은 수를 써넣으세요.

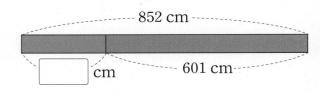

852 cm

□ cm   601 cm

7 계산 결과를 찾아 이어 보세요.

907 - 322 ·   · 555

853 - 298 ·   · 569

724 - 155 ·   · 585

정답과 풀이 54쪽

8 계산 결과가 큰 순서대로 ◯ 안에 1, 2, 3을 알맞게 써넣으세요.

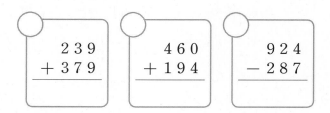

$$
\begin{array}{r} 2\,3\,9 \\ +\,3\,7\,9 \\ \hline \end{array}
\qquad
\begin{array}{r} 4\,6\,0 \\ +\,1\,9\,4 \\ \hline \end{array}
\qquad
\begin{array}{r} 9\,2\,4 \\ -\,2\,8\,7 \\ \hline \end{array}
$$

9 가장 큰 수와 가장 작은 수의 차를 구해 보세요.

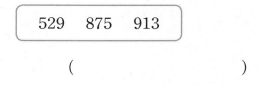

529   875   913

(   )

10 현주네 집에서 서점까지의 거리는 578 m입니다. 현주가 집에서 서점까지 걸어서 갔다 왔다면 현주가 걸은 거리는 몇 m일까요?

(   )

11 오늘 가 공장과 나 공장에서 만든 선풍기는 모두 920대입니다. 가 공장에서 만든 선풍기가 374대라면 나 공장에서 만든 선풍기는 가 공장에서 만든 선풍기보다 몇 대 더 많을까요?

(   )

12 다음 수보다 758만큼 더 큰 수를 구해 보세요.

100이 4개, 10이 26개, 1이 2개인 수

(   )

13 기차에 602명이 타고 있었습니다. 다음 역에서 329명이 내리고 216명이 더 탔습니다. 지금 기차에 타고 있는 사람은 몇 명일까요?

(   )

14 재학이는 종이학을 286개 접었고 연서는 종이학을 재학이보다 178개 더 많이 접었습니다. 재학이와 연서가 접은 종이학은 모두 몇 개일까요?

(   )

15 ☐ 안에 알맞은 수를 써넣으세요.

$$
\begin{array}{r} 8\ \square\ 5 \\ -\ \square\ 4\ 6 \\ \hline 1\ 5\ \square \end{array}
$$

서술형 문제

◐ 정답과 풀이 54쪽

16 계산 결과가 가장 작게 되도록 세 수를 골라 □ 안에 한 번씩 써넣고 계산 결과를 구해 보세요.

| 486 | 392 | 548 | 295 |

□ + □ − □

(   )

17 기호 ⊙에 대하여 가⊙나 = 가 − 나 + 가라고 약속할 때 다음을 계산해 보세요.

514⊙176

(   )

18 0부터 9까지의 수 중에서 □ 안에 들어갈 수 있는 수들의 합을 구해 보세요.

392 + 51□ > 909

(   )

19 진성이는 집에서 학교까지 가려고 합니다. 도서관을 지나서 가는 거리와 놀이터를 지나서 가는 거리 중 어느 곳을 지나서 가는 것이 몇 m 더 가까운지 풀이 과정을 쓰고 답을 구해 보세요.

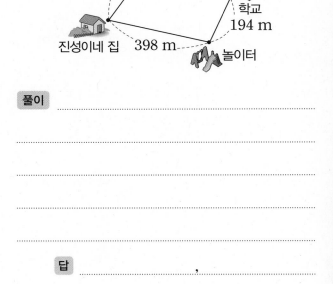

풀이

답   ,

20 어떤 수에 296을 더해야 할 것을 잘못하여 뺐더니 582가 되었습니다. 바르게 계산한 값은 얼마인지 풀이 과정을 쓰고 답을 구해 보세요.

풀이

답

1. 덧셈과 뺄셈

1 오른쪽 덧셈식에서 ㉠과 ㉡이 실제로 나타내는 값의 차는 얼마일까요?

(   )

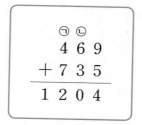

① 9   ② 11
③ 90   ④ 99
⑤ 101

2 □ 안에 알맞은 수를 써넣으세요.

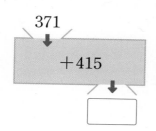

3 크기를 비교하여 ○ 안에 >, =, < 중 알맞은 것을 써넣으세요.

$940-395$ ◯ 539

4 두 수의 합과 차를 각각 구해 보세요.

| 182 | 769 |

합 (   )

차 (   )

5 빈칸에 알맞은 수를 써넣으세요.

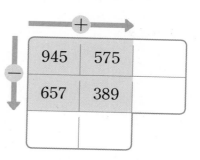

6 체험 학습장에서 지영이네 반 학생들은 딸기를 774개 땄고, 시후네 반 학생들은 딸기를 689개 땄습니다. 두 반 학생들이 딴 딸기는 모두 몇 개일까요?

(   )

7 동훈이네 반에서 빈 병을 874개 모으기로 했습니다. 오늘까지 모은 빈 병이 377개라면 앞으로 몇 개를 더 모아야 할까요?

(   )

8 빈칸에 알맞은 수를 써넣으세요.

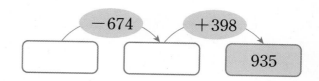

9 어떤 수에 268을 더하면 912입니다. 어떤 수는 얼마일까요?

(   )

10 숫자 5가 나타내는 값이 가장 큰 수와 가장 작은 수의 차를 구해 보세요.

| 725 | 546 | 256 |

(   )

11 사각형의 네 변의 길이의 합은 몇 m일까요?

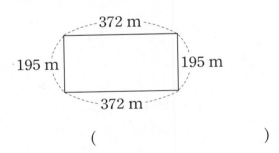

(   )

12 ㉠과 ㉡에 알맞은 수의 합을 구해 보세요.

```
    6 0 ㉠
  - 2 ㉡ 7
  ─────────
    3 5 6
```

(   )

13 두 수의 합이 862일 때 두 수의 차를 구해 보세요.

| 553 | ☐ |

(   )

14 두 수를 골라 덧셈식을 만들려고 합니다. ☐ 안에 알맞은 두 수를 써넣으세요.

| 587 | 496 | 839 | 778 |

☐ + ☐ = 1335

15 명선이가 3일 동안 줄넘기를 한 횟수를 나타낸 것입니다. 명선이가 토요일에 한 줄넘기 횟수는 몇 번일까요?

요일	금요일	토요일	일요일	합계
횟수(번)	176		259	730

(   )

16 민주네 집에서 도서관까지의 거리는 몇 m일까요?

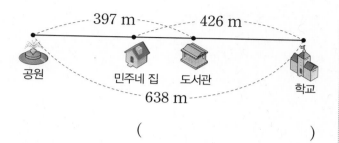

( )

17 다음을 만족시키는 ■와 ▲의 합을 구해 보세요.

$$■ + 327 = 600$$
$$▲ - 293 = 384$$

( )

18 길이가 284 cm인 색 테이프 3장을 132 cm 씩 겹쳐서 길게 이어 붙였습니다. 이어 붙인 색 테이프의 전체 길이는 몇 cm일까요?

( )

19 수 카드 4장 중에서 3장을 골라 한 번씩만 사용하여 세 자리 수를 만들려고 합니다. 만들 수 있는 가장 큰 수와 가장 작은 수의 합은 얼마인지 풀이 과정을 쓰고 답을 구해 보세요.

8 **6** **3** **5**

풀이

답

20 ☐ 안에 들어갈 수 있는 세 자리 수 중에서 가장 큰 수는 얼마인지 풀이 과정을 쓰고 답을 구해 보세요.

$$☐ + 185 < 294 + 378$$

풀이

답

1 각이 가장 많은 도형은 어느 것일까요?

( )

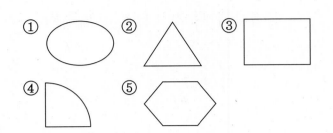

2 관계있는 것끼리 이어 보세요.

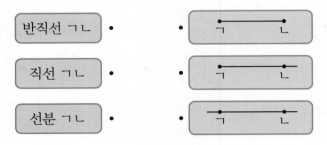

3 세 점을 이용하여 각 ㄱㄴㄷ을 그려 보세요.

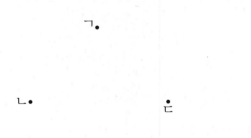

4 설명하는 도형의 이름을 써 보세요.

• 변이 4개입니다.
• 꼭짓점이 4개입니다.
• 네 각이 모두 직각이고 마주 보는 두 변의
  길이가 같습니다.

( )

5 도형에서 직각을 ⌐ 로 표시하고, 모두 몇 개
인지 구해 보세요.

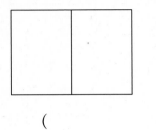

( )

6 직사각형의 네 변의 길이의 합은 몇 cm일까
요?

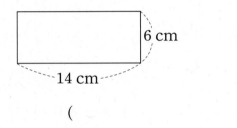

( )

7 각을 모두 찾아 읽어 보세요.

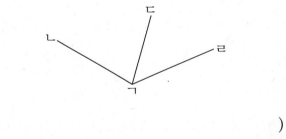

( )

8 도화지를 그림과 같이 점선을 따라 자르면 직각
삼각형이 모두 몇 개 생길까요?

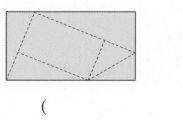

( )

9 두 도형 가와 나에서 찾을 수 있는 직각은 모두 몇 개인지 구해 보세요.

가　　　　　　나
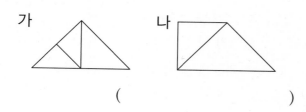

(　　　　　　　　)

10 오른쪽 도형이 직사각형이 아닌 까닭을 바르게 설명한 것은 어느 것일까요? (　　　　)

① 직각인 각이 없습니다.
② 네 각이 모두 직각이 아닙니다.
③ 네 변의 길이가 모두 같지 않습니다.
④ 한 각이 직각이 아닙니다.
⑤ 네 개의 변과 네 개의 꼭짓점을 가지고 있지 않습니다.

11 수가 많은 것부터 차례로 기호를 써 보세요.

> ㉠ 정사각형에서 길이가 같은 변의 수
> ㉡ 한 각에서 반직선의 수
> ㉢ 직각삼각형에서 직각의 수

(　　　　　　　　)

12 오른쪽과 같은 직사각형 모양의 종이를 잘라서 가장 큰 정사각형을 만들려고 합니다. 가장 큰 정사각형의 한 변은 몇 cm로 해야 할까요?

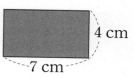
4 cm
7 cm

(　　　　　　　　)

13 그림에서 찾을 수 있는 크고 작은 정사각형은 모두 몇 개일까요?

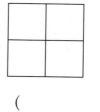

(　　　　　　　　)

14 직사각형 모양의 종이를 그림과 같이 접고 자른 후 펼쳤을 때 만들어지는 도형의 네 변의 길이의 합은 몇 cm일까요?

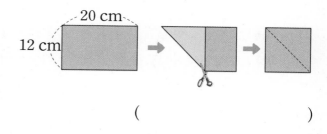
20 cm
12 cm

(　　　　　　　　)

15 직사각형에 선분을 1개 그어서 직각삼각형을 2개 만들어 보세요.

16 그림에서 찾을 수 있는 크고 작은 직사각형은 모두 몇 개일까요?

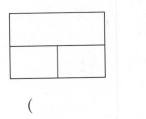

(   )

17 길이가 50 cm인 철사가 있습니다. 이 철사로 한 변의 길이가 4 cm인 정사각형을 몇 개까지 만들 수 있을까요?

(   )

18 그림은 정사각형 2개를 겹치지 않게 이어 붙여 만든 도형입니다. 도형을 둘러싼 굵은 선의 길이는 몇 cm일까요?

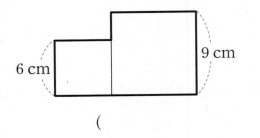

(   )

19 오른쪽 그림에서 삼각형 가의 세 변의 길이는 같습니다. 정사각형 나의 네 변의 길이의 합은 몇 cm인지 풀이 과정을 쓰고 답을 구해 보세요.

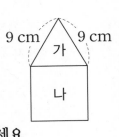

풀이 _____

_____

_____

_____

답 _____

20 그림에서 사각형 ㄱㅁㅂㅅ과 사각형 ㅅㅇㄷㄹ은 정사각형입니다. 선분 ㅂㅇ의 길이는 몇 cm인지 풀이 과정을 쓰고 답을 구해 보세요.

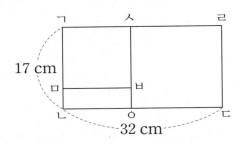

풀이 _____

_____

_____

_____

답 _____

1 설명 중 옳은 것은 어느 것일까요? (   )

① 선분은 굽은 선을 말합니다.

② 선분은 두 점을 곧게 이은 선입니다.

③ 반직선 ㄱㄴ과 반직선 ㄴㄱ은 같습니다.

④ 반직선은 양쪽으로 끝없이 늘인 곧은 선입니다.

⑤ 직선은 한 점에서 한쪽으로 끝없이 늘인 곧은 선입니다.

2 다음 도형은 직선이 아닙니다. 그 까닭을 쓰고 도형의 이름을 써 보세요.

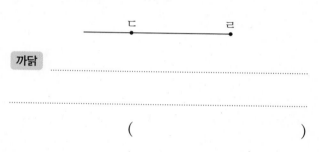

까닭 _____

(   )

3 각이 없는 것을 모두 고르세요. (   )

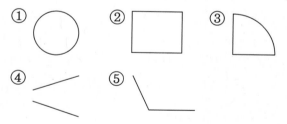

4 주어진 5개의 점 중에서 2개의 점을 이어서 그을 수 있는 선분은 모두 몇 개일까요?

(   )

5 도형에서 직각은 모두 몇 개일까요?

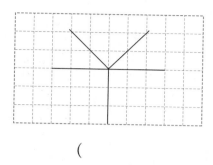

(   )

6 직사각형에 대한 설명으로 틀린 것을 찾아 기호를 써 보세요.

> ㉠ 네 각이 모두 직각입니다.
> ㉡ 정사각형이라고 할 수 있습니다.
> ㉢ 네 개의 변으로 둘러싸여 있습니다.
> ㉣ 네 개의 꼭짓점이 있습니다.

(   )

7 직사각형 모양의 종이를 그림과 같이 접고 자른 후 접은 부분을 펼쳐 보면 어떤 도형이 될까요?

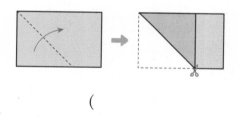

(   )

8 정사각형의 네 변의 길이의 합은 몇 cm일까요?

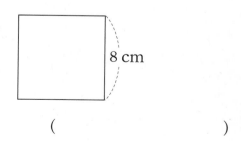

8 cm

(   )

9 삼각형 안쪽에 선분을 1개 그어서 직각삼각형을 2개 만들어 보세요.

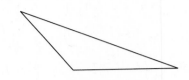

10 두 변의 길이가 같은 직각삼각형을 그려 보세요.

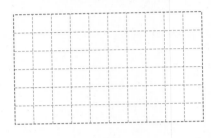

11 직사각형이 아닌 도형을 찾아 기호를 쓰고 그 까닭을 써 보세요.

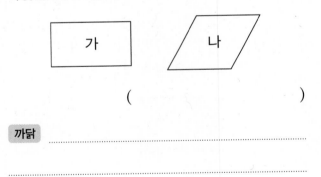

( )

까닭

....

....

12 선주는 철사를 겹치지 않게 사용하여 두 변의 길이가 15 cm, 8 cm인 직사각형을 한 개 만들었더니 철사가 9 cm 남았습니다. 선주가 처음에 가지고 있던 철사의 길이는 몇 cm일까요?

( )

13 시계의 긴바늘과 짧은바늘이 이루는 작은 쪽의 각이 직각인 시각을 고르세요. ( )

① 2시　　② 5시　　③ 7시

④ 9시　　⑤ 11시

14 그림에서 찾을 수 있는 크고 작은 직사각형은 모두 몇 개일까요?

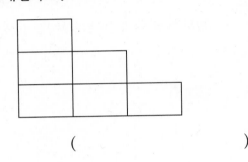

( )

15 크기가 같은 정사각형 3개를 겹치지 않게 이어 붙여 만든 도형입니다. 도형을 둘러싼 굵은 선의 길이는 몇 cm일까요?

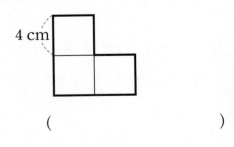

( )

정답과 풀이 58쪽

서술형 문제

16 다음 직사각형과 정사각형은 네 변의 길이의 합이 같습니다. □ 안에 알맞은 수를 써넣으세요.

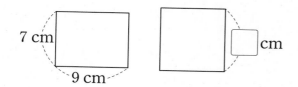

17 다음과 같은 모양의 종이를 잘라 가장 큰 직사각형과 직각삼각형을 만들었습니다. 만든 직각삼각형의 세 변의 길이의 합은 몇 cm일까요?

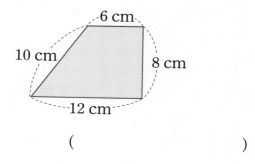

( )

18 그림은 각 ㄱㅇㄴ을 똑같은 크기의 각으로 나눈 것입니다. 그림에서 찾을 수 있는 직각보다 작은 각은 모두 몇 개일까요?

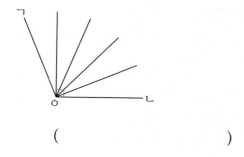

( )

19 가로가 17 cm, 세로가 15 cm인 직사각형 모양의 종이가 있습니다. 이 종이의 한쪽을 잘라서 가장 큰 정사각형을 만들었습니다. 남은 사각형의 네 변의 길이의 합은 몇 cm인지 풀이 과정을 쓰고 답을 구해 보세요.

풀이

답

20 직사각형 가와 정사각형 나를 겹치지 않게 이어 붙여 만든 도형입니다. 도형을 둘러싼 굵은 선의 길이는 몇 cm인지 풀이 과정을 쓰고 답을 구해 보세요.

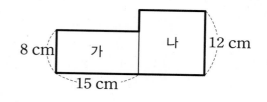

풀이

답

3. 나눗셈

1 다음을 나눗셈식으로 나타내 보세요.

> 42 나누기 6은 7과 같습니다.

식 ....

2 그림을 보고 ☐ 안에 알맞은 수를 써넣으세요.

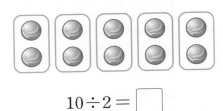

$$10 \div 2 = \boxed{}$$

3 $24 \div 8$의 몫을 구할 때 필요한 곱셈식을 찾아 기호를 써 보세요.

> ㉠ $8 \times 3 = 24$
> ㉡ $6 \times 4 = 24$
> ㉢ $8 \times 4 = 32$

( )

4 나눗셈을 해 보세요.

(1) $30 \div 5$　　　　(2) $54 \div 6$

5 나눗셈식 $27 \div 9 = 3$을 나타내는 문장입니다. ☐ 안에 알맞은 수를 써넣으세요.

> 사과 ☐ 개를 한 상자에 ☐ 개씩 담으면
>
> ☐ 상자가 됩니다.

6 곱셈식을 보고 나눗셈식으로 나타내 보세요.

$$6 \times 3 = 18 \diagdown \begin{matrix} 18 \div 6 = \boxed{} \\ 18 \div \boxed{} = \boxed{} \end{matrix}$$

7 나눗셈식 $20 \div 4 = 5$를 **뺄셈식**으로 바르게 나타낸 것을 찾아 기호를 써 보세요.

> ㉠ $20 - 5 - 5 - 5 - 5 = 0$
> ㉡ $20 - 4 - 4 - 4 - 4 - 4 = 0$

( )

8 그림을 보고 곱셈식과 나눗셈식으로 나타내 보세요.

곱셈식 _____

나눗셈식 _____

9 사과 32개를 8명에게 똑같이 나누어 주려고 합니다. 한 사람에게 몇 개씩 줄 수 있을까요?

식 _____

답 _____

10 몫이 같은 것끼리 이어 보세요.

21÷7	•		•	81÷9
36÷4	•		•	35÷7
45÷9	•		•	15÷5

11 곶감 49개를 꼬치 한 개에 7개씩 꽂으려고 합니다. 곶감을 모두 꽂으면 꼬치는 몇 개가 만들어질까요?

( )

12 빈칸에 알맞은 수를 써넣으세요.

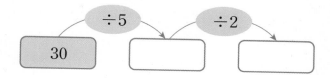

13 몫이 가장 큰 것은 어느 것일까요? ( )

① 54÷6   ② 72÷9
③ 24÷4   ④ 40÷5
⑤ 21÷3

14 ☐ 안에 들어갈 수가 작은 것부터 차례로 기호를 써 보세요.

| ㉠ 16÷☐=2 | ㉡ 30÷6=☐ |
| ㉢ 48÷8=☐ | ㉣ 42÷☐=6 |

( )

서술형 문제

15 ☐ 안에 알맞은 수를 써넣으세요.

$$63 \div \boxed{} = 28 \div 4$$

16 어느 제과점에서 만든 단팥빵 12개와 크림빵 15개를 한 봉지에 3개씩 담아 포장하였습니다. 포장한 봉지는 몇 개일까요?

(   )

17 초콜릿이 한 상자에 12개씩 4상자 있습니다. 이 초콜릿을 6명에게 똑같이 나누어 주려고 합니다. 한 명에게 몇 개씩 주어야 할까요?

(   )

18 1☐는 두 자리 수이고 3으로 나누어집니다. ●가 가장 크게 될 때 ☐ 안에 알맞은 수를 구해 보세요.

$$1\boxed{} \div 3 = \bullet$$

(   )

19 길이가 56 m인 도로의 한쪽에 8 m 간격으로 나무를 심었습니다. 도로의 처음과 끝에도 나무를 심었다면 심은 나무는 모두 몇 그루인지 풀이 과정을 쓰고 답을 구해 보세요. (단, 나무의 두께는 생각하지 않습니다.)

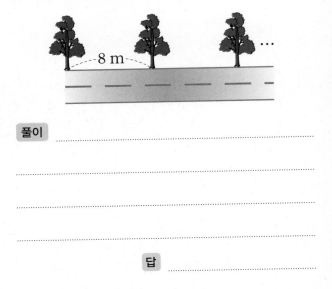

풀이 ....

....

....

답 ....

20 어떤 수를 6으로 나누어야 할 것을 잘못하여 9로 나누었더니 몫이 4가 되었습니다. 바르게 계산하면 얼마인지 풀이 과정을 쓰고 답을 구해 보세요.

풀이 ....

....

....

답 ....

1 나눗셈식으로 바르게 나타낸 것은 어느 것일까요? ( )

> 35에서 7씩 5번 덜어 내면 0이 됩니다.

① $35 \div 5 = 7$ ② $35 \div 7 = 5$
③ $7 \div 5 = 35$ ④ $7 \div 35 = 5$
⑤ $5 \div 7 = 35$

2 나눗셈식을 뺄셈식으로 나타내 보세요.

> $24 \div 8 = 3$

식 _____

3 단추 15개를 한 명에게 5개씩 주려고 합니다. 몇 명에게 나누어 줄 수 있는지 두 가지 방법으로 해결해 보세요.

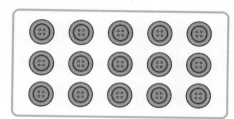

방법1 뺄셈으로 해결하기

식 _____

방법2 나눗셈으로 해결하기

식 _____

답 _____

4 나눗셈을 해 보세요.

(1) $28 \div 4$ (2) $40 \div 8$

5 그림을 보고 곱셈식과 나눗셈식으로 나타내 보세요.

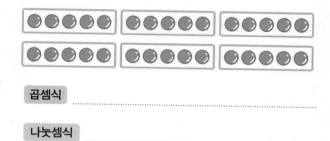

곱셈식 _____

나눗셈식 _____

6 빈칸에 알맞은 수를 써넣으세요.

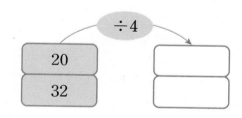

7 8로 나누어지는 수는 모두 몇 개일까요?

> 12 28 16 24 56 54 49

( )

8 빈칸에 알맞은 수를 써넣으세요.

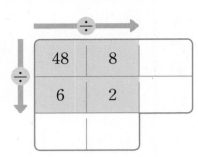

9 탁구공이 42개 있습니다. 한 상자에 6개씩 담는다면 상자는 몇 개 필요할까요?

식 _____

답 _____

10 몫의 크기를 비교하여 ○ 안에 ＞, ＝, ＜ 중 알맞은 것을 써넣으세요.

$$32 \div 8 \bigcirc 30 \div 5$$

11 빈칸에 알맞은 수를 써넣으세요.

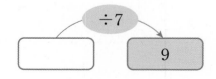

12 민정이는 색종이 56장을 가지고 있었습니다. 이 색종이를 모두 사용하여 똑같은 꽃 7개를 만들었다면 꽃 한 개를 만드는 데 필요한 색종이는 몇 장일까요?

( )

13 몫이 8인 나눗셈식은 어느 것일까요?

( )

① $28 \div 4$ 　② $40 \div 8$

③ $24 \div 6$ 　④ $56 \div 7$

⑤ $15 \div 3$

14 49를 어떤 수로 나누었더니 몫이 7이 되었습니다. 어떤 수는 얼마일까요?

( )

15 길이가 53 cm인 색 테이프 중에서 5 cm를 사용하고 남은 색 테이프를 똑같이 8도막으로 잘랐습니다. 한 도막의 길이는 몇 cm일까요?

( )

서술형 문제

정답과 풀이 60쪽

16 같은 모양은 같은 수를 나타냅니다. ⊙에 알맞은 수를 구해 보세요.

$$6 \times ♥ = 54$$
$$⊙ \div ♥ = 4$$

( )

17 통에 사탕이 50개 들어 있습니다. 이 사탕을 지호가 2개씩 7번 꺼내어 먹었습니다. 남은 사탕을 6봉지에 똑같이 나누어 담으면 한 봉지에 몇 개씩 담게 될까요?

( )

18 어느 자전거 가게에 두발자전거 8대와 세발자전거가 있습니다. 바퀴의 수를 세어 보니 모두 37개였습니다. 자전거 가게에 있는 세발자전거는 몇 대일까요?

( )

19 은지는 자전거를 타고 일정한 빠르기로 공원을 5바퀴 도는 데 30분이 걸렸습니다. 같은 빠르기로 공원을 8바퀴 도는 데 걸리는 시간은 몇 분인지 풀이 과정을 쓰고 답을 구해 보세요.

풀이 _____

_____

_____

_____

답 _____

20 수 카드 4장 중에서 2장을 골라 만들 수 있는 두 자리 수 중에서 5로 나누어지는 수는 모두 몇 개인지 풀이 과정을 쓰고 답을 구해 보세요.

[0] [1] [2] [3]

풀이 _____

_____

_____

_____

_____

답 _____

1 계산해 보세요.

(1) $465 + 150$

(2) $755 - 394$

2 각이 있으면 ○표, 없으면 ×표 하세요.

(   )   (   )   (   )

3 $15 \div 5 = 3$을 뺄셈식으로 바르게 나타낸 것에 ○표 하세요.

$15 - 5 - 5 - 5 = 0$ (   )

$15 - 3 - 3 - 3 - 3 - 3 = 0$ (   )

4 ☐ 안에 알맞은 수를 써넣으세요.

$357 + 330 = \boxed{}$

$357 + 430 = \boxed{}$

$357 + 530 = \boxed{}$

5 설명하는 도형의 이름은 무엇인지 풀이 과정을 쓰고 답을 구해 보세요.

- 꼭짓점이 3개입니다.
- 변이 3개입니다.
- 한 각이 직각입니다.

풀이 ....

....

....

답 ....

6 ☐ 안에 알맞은 수를 써넣으세요.

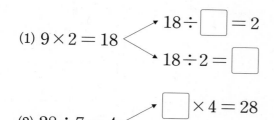

(1) $9 \times 2 = 18$
$$18 \div \boxed{} = 2$$
$$18 \div 2 = \boxed{}$$

(2) $28 \div 7 = 4$
$$\boxed{} \times 4 = 28$$
$$4 \times \boxed{} = 28$$

7 $671 - 217$의 계산에서 각 수를 몇백몇십쯤으로 어림하여 계산하려고 합니다. 풀이 과정을 쓰고 답을 구해 보세요.

풀이 ....

....

....

답 ....

8 두 점을 지나는 반직선은 모두 몇 개 그을 수 있을까요?

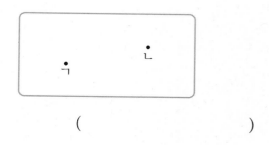

(   )

9 붙임딱지 24장을 공책 6권에 똑같이 나누어 붙이려고 합니다. 공책 한 권에 몇 장씩 붙이면 되는지 풀이 과정을 쓰고 답을 구해 보세요.

풀이 ....

....

....

....

답 ....

10 ☐ 안에 알맞은 수를 써넣으세요.

$$897 - 231 = \boxed{} + 66$$

11 도형에서 찾을 수 있는 직각은 모두 몇 개일까요?

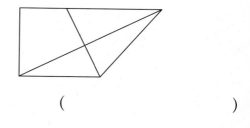

(   )

12 ☐ 안에 공통으로 들어갈 수는 얼마인지 풀이 과정을 쓰고 답을 구해 보세요.

$$7 \times \square = 35 \ \Rightarrow \ 35 \div 7 = \square$$

풀이 _____

_____

_____

답 _____

13 다음 수 중에서 2개를 골라 뺄셈식을 만들려고 합니다. ☐ 안에 알맞은 수를 써넣으세요.

| 508 | 782 | 544 |

$$\boxed{} - \boxed{} = 274$$

14 1부터 9까지의 수 중에서 ☐ 안에 들어갈 수 있는 수는 모두 몇 개일까요?

$$54 \div 9 < \square$$

(   )

15 직사각형의 네 변의 길이의 합은 몇 cm인지 풀이 과정을 쓰고 답을 구해 보세요.

6 cm

5 cm

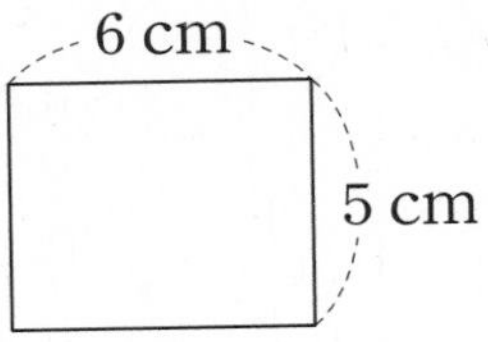

풀이 _____

_____

_____

답 _____

16 ☐ 안에 들어갈 수 있는 세 자리 수 중에서 가장 작은 수는 얼마인지 풀이 과정을 쓰고 답을 구해 보세요.

$$243 + 671 < \square$$

풀이 _____

_____

_____

답 _____

17 크기가 같은 정사각형 9개로 만든 도형입니다. 색칠된 정사각형을 포함하여 찾을 수 있는 크고 작은 정사각형은 모두 몇 개인지 풀이 과정을 쓰고 답을 구해 보세요.

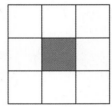

풀이

답

18 어떤 수를 4로 나눈 몫이 9입니다. 어떤 수를 6으로 나눈 몫은 얼마인지 풀이 과정을 쓰고 답을 구해 보세요.

풀이

답

19 수 카드를 한 번씩만 사용하여 세 자리 수를 만들려고 합니다. 만들 수 있는 가장 큰 수와 가장 작은 수의 차는 얼마인지 풀이 과정을 쓰고 답을 구해 보세요.

[9] [1] [5]

풀이

답

20 길이가 63 m인 도로의 양쪽에 처음부터 끝까지 9 m 간격으로 나무를 심으려고 합니다. 필요한 나무는 모두 몇 그루인지 풀이 과정을 쓰고 답을 구해 보세요.

풀이

답

1 곱셈식으로 나타내 보세요.

$$30 + 30 + 30 + 30$$

☐ × ☐ = ☐

2 수 모형을 보고 ☐ 안에 알맞은 수를 써넣으세요.

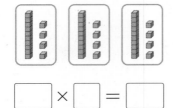

☐ × ☐ = ☐

3 ☐ 안에 알맞은 수를 써넣으세요.

83×3 ⎰ $80 \times 3 =$ ☐

$3 \times 3 =$ ☐

☐

4 계산해 보세요.

(1)   3 1
    ×   4

(2)   2 6
    ×   3

5 두 수의 곱을 구해 보세요.

| 16 | 6 |

(   )

6 계산 결과를 찾아 이어 보세요.

56 × 3 •   • 174

70 × 4 •   • 168

87 × 2 •   • 280

7 계산이 잘못된 것은 어느 것일까요? (   )

① $20 \times 8 = 160$ ② $52 \times 4 = 208$

③ $28 \times 3 = 64$ ④ $43 \times 2 = 86$

⑤ $76 \times 2 = 152$

8 계산 결과가 큰 것부터 차례로 기호를 써 보세요.

㉠ 16×3 ㉡ 21×5

㉢ 32×4 ㉣ 50×2

(   )

9 국화를 한 다발에 20송이씩 묶어서 7다발을 만들려고 합니다. 국화는 몇 송이 필요할까요?

(   )

10 곱이 200에 가장 가까운 것은 어느 것일까요?

(   )

① 92×2 ② 26×9 ③ 38×6

④ 41×5 ⑤ 52×4

11 두 수 사이에 있는 세 자리 수는 모두 몇 개일까요?

24×5	32×4

(   )

12 경미네 반 학생은 여학생이 16명, 남학생이 14명입니다. 경미네 반 학생 모두에게 공책을 3권씩 나누어 주려면 공책은 몇 권 필요할까요?

(   )

13 ☐ 안에 알맞은 수를 써넣으세요.

$$
\begin{array}{r}
\boxed{}\,8 \\
\times \quad \boxed{} \\
\hline
1\ 5\ 2
\end{array}
$$

14 승현이는 연필 9타를 사서 그중에서 29자루를 동생에게 주었습니다. 동생에게 주고 남은 연필은 몇 자루일까요? (단, 연필 1타는 12자루입니다.)

(   )

15 1부터 9까지의 수 중에서 ☐ 안에 들어갈 수 있는 가장 큰 수를 구해 보세요.

$26 \times 5 > 19 \times \boxed{}$

(   )

정답과 풀이 63쪽

16 도로의 한쪽에 24 m 간격으로 가로등 9개를 세웠습니다. 처음과 마지막에 세운 가로등 사이의 거리는 몇 m일까요? (단, 가로등의 두께는 생각하지 않습니다.)

(   )

17 어떤 수에 8을 곱해야 할 것을 잘못하여 8로 나누었더니 12가 되었습니다. 바르게 계산하면 얼마일까요?

(   )

18 조건을 만족시키는 두 자리 수를 구해 보세요.

> • 일의 자리 수와 십의 자리 수의 합은 7입니다.
> • 이 수의 4배는 172입니다.

(   )

19 공원에 길이가 85 m인 건강길이 있습니다. 할머니는 이 건강길을 4번 걸었습니다. 할머니가 걸은 거리는 몇 m인지 풀이 과정을 쓰고 답을 구해 보세요.

풀이

답

20 수 카드를 한 번씩만 사용하여 (몇십몇)×(몇)의 곱셈식을 만들려고 합니다. 곱이 가장 큰 경우와 가장 작은 경우의 곱의 차는 얼마인지 풀이 과정을 쓰고 답을 구해 보세요.

7   9   2

풀이

답

1 수 모형을 보고 ☐ 안에 알맞은 수를 써넣으세요.

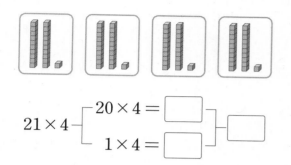

$$21 \times 4 \begin{cases} 20 \times 4 = \boxed{} \\ 1 \times 4 = \boxed{} \end{cases} \boxed{}$$

2 계산해 보세요.

(1) 40×6 (2) 11×8

3 곱셈식으로 잘못 나타낸 것은 어느 것일까요?
(   )

① 17의 4배 ➡ $17 \times 4 = 68$
② 90씩 5묶음 ➡ $90 \times 5 = 450$
③ 23과 3의 곱 ➡ $23 \times 3 = 69$
④ 34를 6번 더한 수 ➡ $34 \times 6 = 184$
⑤ $82 + 82 + 82$ ➡ $82 \times 3 = 246$

4 빈칸에 알맞은 수를 써넣으세요.

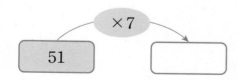

5 69×8을 어림하여 구하기 위한 식을 찾아 ◯ 표 하세요.

$$50 \times 8 \qquad 60 \times 8 \qquad 70 \times 8$$

6 계산에서 잘못된 곳을 찾아 바르게 계산해 보세요.

$$\begin{array}{r} 3\ 7 \\ \times \quad 5 \\ \hline 1\ 5\ 5 \end{array} \Rightarrow \boxed{}$$

7 곱이 같은 것끼리 이어 보세요.

36×5 •   • 90×2

16×6 •   • 42×5

70×3 •   • 24×4

8 ㉠과 ㉡의 합을 구해 보세요.

$$㉠\ 16 \times 5 \qquad ㉡\ 45 \times 3$$

(   )

9 곱이 가장 작은 것은 어느 것일까요? (   )

① 15×6   ② 17×3   ③ 23×4
④ 32×2   ⑤ 20×4

10 가장 큰 수와 가장 작은 수의 곱을 구해 보세요.

| 7   21   6   14 |

(   )

11 어떤 수를 8로 나누었더니 몫이 12가 되었습니다. 어떤 수를 구해 보세요.

(   )

12 ☐ 안에 알맞은 수를 구해 보세요.

| 42×3 = 63×☐ |

(   )

13 진호는 동화책을 정리하려고 합니다. 동화책을 책꽂이 한 칸에 13권씩 5칸에 꽂았더니 11권이 남았습니다. 동화책은 모두 몇 권일까요?

(   )

14 미술 시간에 색종이를 은정이는 20장씩 4묶음을 사용하였고 지선이는 17장의 5배를 사용하였습니다. 색종이를 누가 몇 장 더 많이 사용하였을까요?

(   ), (   )

15 보기 의 수 중에서 두 수를 골라 곱이 84가 되도록 (몇십몇)×(몇)의 곱셈식을 3개 만들어 보세요.

| 보기 |
| 2   3   7   12   28   42 |

☐ × ☐ = 84

☐ × ☐ = 84

☐ × ☐ = 84

16 다음 식에서 ㉠에 알맞은 수를 구해 보세요.

$$
\begin{array}{r}
㉠\ ㉠ \\
\times\ \ \ \ ㉠ \\
\hline
1\ 7\ 6
\end{array}
$$

( )

17 1부터 9까지의 수 중에서 □ 안에 들어갈 수 있는 수들의 합을 구해 보세요.

$$25 \times 5 < 21 \times \square < 42 \times 4$$

( )

18 수를 규칙에 따라 늘어놓은 것입니다. ㉡×㉠ 의 값은 얼마일까요?

$$2,\ 4,\ ㉠,\ 16,\ 32,\ ㉡,\ 128$$

( )

19 나무토막을 한 번 자르는 데 2분이 걸린다고 합니다. 쉬지 않고 나무토막을 30도막으로 자르는 데 걸리는 시간은 몇 분인지 풀이 과정을 쓰고 답을 구해 보세요.

풀이

답

20 보기 와 같은 규칙으로 계산할 때 ㉠에 알맞은 수는 얼마인지 풀이 과정을 쓰고 답을 구해 보세요.

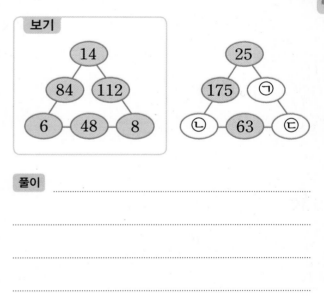

보기

풀이

답

1 ☐ 안에 알맞은 수를 써넣으세요.

> 초침이 시계를 한 바퀴 도는 데 걸리는
> 시간은 ☐ 초입니다.

2 색연필의 길이는 몇 cm 몇 mm일까요?

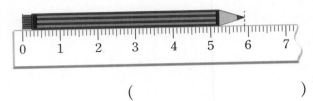

( )

3 시각을 읽어 보세요.

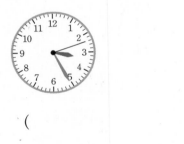

( )

4 단위 사이의 관계가 옳은 것을 모두 고르세요.

( )

① 7 cm 4 mm = 74 cm

② 153 mm = 15 cm 3 mm

③ 8 km 26 m = 826 m

④ 4090 m = 40 km 90 m

⑤ 6002 m = 6 km 2 m

5 ○ 안에 >, =, < 중 알맞은 것을 써넣으세요.

5 km 80 m ◯ 5800 m

6 다음 중 옳은 것을 모두 고르세요. ( )

① 1분 40초 = 50초

② 1분 25초 = 75초

③ 140초 = 2분 20초

④ 2분 40초 = 160초

⑤ 270초 = 4분 20초

7 계산해 보세요.

(1) 5 km 740 m + 3 km 270 m

(2) 13 km − 4 km 180 m

8 ☐ 안에 cm와 mm 중 알맞은 단위를 써넣으세요.

(1) 연필의 길이는 약 170 ☐ 입니다.

(2) 삼촌의 키는 약 185 ☐ 입니다.

9 빈칸에 알맞게 써넣으세요.

－46분 57초

8시 5분 3초 →

10 ☐ 안에 알맞은 수를 써넣으세요.

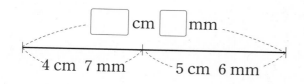

☐ cm ☐ mm

4 cm 7 mm　5 cm 6 mm

11 주하네 집에서 약 1 km 500 m 떨어진 곳은 어디인지 써 보세요.

500 m

주하네 집　학교　서점　병원　은행

(　　　　　　)

12 어머니는 매일 아침 둘레가 1860 m인 호수 둘레를 2바퀴 걷습니다. 어머니가 하루에 호수 둘레를 걷는 거리는 모두 몇 km 몇 m일까요?

(　　　　　　)

13 음악회가 오후 7시 30분에 시작되어 1시간 45분 동안 진행되었습니다. 음악회가 끝난 시각은 오후 몇 시 몇 분일까요?

(　　　　　　)

14 은영이가 피아노 연습을 시작한 시각과 끝낸 시각입니다. 은영이가 피아노 연습을 한 시간은 몇 시간 몇 분 몇 초일까요?

시작한 시각　　　끝낸 시각

(　　　　　　)

15 길이가 긴 것부터 차례로 기호를 써 보세요.

㉠ 6 cm 7 mm ＋ 5 cm 7 mm
㉡ 20 cm － 8 cm 3 mm
㉢ 9 cm 5 mm ＋ 16 mm
㉣ 21 cm 4 mm － 98 mm

(　　　　　　)

[16~17] 호원이네 가족이 등산을 하였습니다. 올라갈 때에는 ㉮ 코스로, 내려올 때에는 ㉯ 코스로 다녀왔을 때 물음에 답하세요.

등산로
㉮ 코스: 4 km 200 m
㉯ 코스: 3 km 850 m

	출발 시각	도착 시각
올라갈 때	오전 	오후 
내려올 때	오후 	오후 

16 등산을 한 거리는 모두 몇 km 몇 m일까요?

( )

17 올라갈 때와 내려올 때 중에서 시간이 더 많이 걸린 것은 언제일까요?

( )

18 어느 날 해가 뜬 시각은 오전 7시 26분 35초이고 해가 진 시각은 오후 5시 14분 30초였습니다. 이날 밤의 길이는 몇 시간 몇 분 몇 초일까요?

( )

19 경보 대회에서 어떤 선수가 오전 10시 26분 53초에 출발하여 1시간 49분 38초만에 결승점에 도착하였습니다. 이 선수가 결승점에 도착한 시각은 오후 몇 시 몇 분 몇 초인지 풀이 과정을 쓰고 답을 구해 보세요.

풀이

답

20 석훈이는 집에서 40 km 떨어진 할아버지 댁에 가는 데 16 km 200 m는 기차를 타고 23 km 700 m는 버스를 타고 갔습니다. 나머지는 걸어서 갔다면 석훈이가 걸어서 간 거리는 몇 m인지 풀이 과정을 쓰고 답을 구해 보세요.

풀이

답

1 ☐ 안에 알맞은 수를 써넣으세요.

(1) 79 mm = ☐ cm ☐ mm

(2) 5 km 400 m = ☐ m

2 지우개의 긴 쪽의 길이는 몇 cm 몇 mm인지 자로 재어 보세요.

( )

3 1초 동안에 할 수 있는 일을 모두 찾아 기호를 써 보세요.

┌─────────────────────────────┐
│ ㉠ 세수하기   ㉡ 눈 한 번 깜박거리기 │
│ ㉢ 책 읽기   ㉣ 손뼉치기   │
└─────────────────────────────┘

( )

4 클립의 길이는 몇 cm 몇 mm일까요?

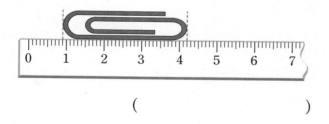

( )

5 길이를 바르게 비교한 것은 어느 것일까요?

( )

① 6 cm 5 mm < 56 mm

② 107 mm = 1 cm 7 mm

③ 3 km 40 m > 3400 m

④ 8120 m = 81 km 20 m

⑤ 5 km 9 m < 5010 m

6 보기 와 같이 ☐ 안에 시간, 분, 초 중 알맞은 시간의 단위를 써넣으세요.

┌─────────────────────────────┐
│ 보기   │
│   점심 식사를 하는 시간: 30분   │
└─────────────────────────────┘

(1) 하루에 잠을 자는 시간: 8 ☐

(2) 양치를 하는 시간: 3 ☐

7 계산해 보세요.

┌─────────────────────────────┐
│   7시 34분 29초 + 4시간 50분 48초 │
└─────────────────────────────┘

( )

8 유진이와 영균이는 줄넘기를 하였습니다. 유진이는 125초 동안 하였고, 영균이는 2분 15초 동안 하였습니다. 줄넘기를 누가 더 오래 했을까요?

( )

9 보기 에서 주어진 길이를 골라 문장을 완성해 보세요.

> 보기
>
> 4 mm   2 km   1 m   30 cm

(1) 연필심의 길이는 약 [   ]입니다.

(2) 은지네 집에서 등산로 입구까지의 거리는 약 [   ]입니다.

10 ☐ 안에 알맞은 수를 써넣으세요.

$7 \, cm \, 5 \, mm - \boxed{} \, mm = 2 \, cm \, 9 \, mm$

11 소라는 학용품을 사러 집에서 문구점까지 걸어 갔습니다. 소라가 걸은 거리는 몇 m일까요?

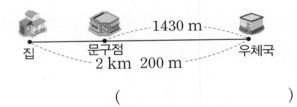

(   )

12 지훈이가 3일 동안 운동을 한 시간을 나타낸 것 입니다. 지훈이가 3일 동안 운동을 한 시간은 모두 몇 시간 몇 분일까요?

요일	월요일	화요일	수요일
시간	38분	1시간 25분	2시간 12분

(   )

13 다음 시계가 나타내는 시각에서 2시간 33분 41초 전의 시각을 구해 보세요.

(   )

14 한 변의 길이가 47 mm인 정사각형의 네 변의 길이의 합은 몇 cm 몇 mm일까요?

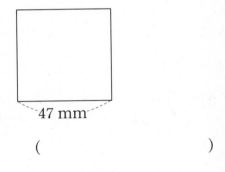

47 mm

(   )

15 ☐ 안에 알맞은 수를 써넣으세요.

$$\begin{array}{r} 8 \text{ 시 } \boxed{} \text{ 분 } \; 31 \text{ 초} \\ - \boxed{} \text{ 시간 } 4 \text{ 분 } \boxed{} \text{ 초} \\ \hline 2 \text{ 시 } \; 25 \text{ 분 } \; 50 \text{ 초} \end{array}$$

➡️ 정답과 풀이 67쪽

16 집에서 은행까지 가는 데 서점과 공원 중에서 어느 곳을 지나서 가는 것이 몇 m 더 가까울까요?

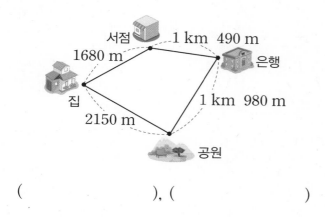

(   ), (   )

17 인찬이네 학교에서 1교시는 오전 8시 50분에 시작하고 40분 동안 수업을 하고 10분 쉽니다. 3교시가 시작되는 시각은 오전 몇 시 몇 분일까요?

(   )

18 색 테이프 2장을 다음과 같이 겹쳐서 이어 붙였습니다. 겹쳐진 부분의 길이는 몇 cm 몇 mm일까요?

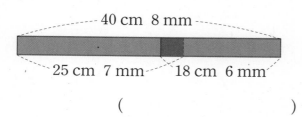

(   )

19 길이가 80 cm인 막대를 양동이에 넣었다가 꺼냈더니 물에 젖은 부분의 길이가 32 cm 8 mm였습니다. 물에 젖지 않은 부분의 길이는 몇 cm 몇 mm인지 풀이 과정을 쓰고 답을 구해 보세요.

풀이 _____

_____

_____

답 _____

20 현석이네 가족은 집에서 주말농장에 가는 데 자동차로 1시간 25분 만에 갈 수 있는 거리를 차가 막혀서 주말농장에 도착하는 데 45분이 더 걸렸습니다. 도착한 시각이 오후 12시 7분이라면 집에서 출발한 시각은 오전 몇 시 몇 분인지 풀이 과정을 쓰고 답을 구해 보세요.

풀이 _____

_____

_____

답 _____

1 전체를 똑같이 넷으로 나눈 도형을 찾아 기호를 써 보세요.

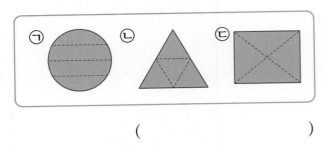

㉠ ㉡ ㉢

( )

2 같은 크기의 조각이 몇 개 있는지 구해 보세요.

(1) (2)

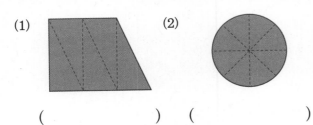

( ) ( )

3 ☐ 안에 알맞은 분수 또는 소수를 써넣으세요.

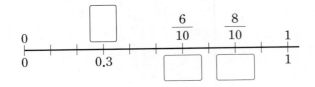

$\frac{6}{10}$ $\frac{8}{10}$

0 0.3 1 1

4 색칠한 부분을 분수와 소수로 나타내 보세요.

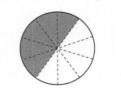

분수 ( )

소수 ( )

5 관계있는 것끼리 이어 보세요.

$\frac{4}{10}$ · · 0.9 · · 영점구

$\frac{9}{10}$ · · 0.4 · · 영점사

6 ☐ 안에 알맞은 수를 써넣으세요.

(1) 3.8은 0.1이 ☐ 개인 수입니다.

(2) 0.1이 15개이면 ☐ 입니다.

7 ☐ 안에 알맞은 소수를 써넣으세요.

(1) 5 cm 2 mm = ☐ cm

(2) 14 mm = ☐ cm

8 분수의 크기를 비교하여 ○ 안에 > , = , < 중 알맞은 것을 써넣으세요.

(1) $\frac{7}{15}$ ○ $\frac{5}{15}$ (2) $\frac{1}{18}$ ○ $\frac{1}{11}$

9 색칠한 부분이 나타내는 분수가 다른 것을 찾아 기호를 써 보세요.

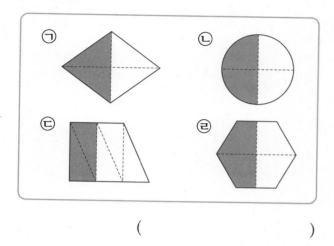

(   )

10 태주가 가지고 있는 색 테이프의 길이는 9 cm 보다 8 mm 더 깁니다. 태주가 가지고 있는 색 테이프의 길이는 몇 cm인지 소수로 나타내 보세요.

(   )

11 지은이는 빵을 똑같이 6조각으로 나누어 전체의 $\frac{1}{3}$만큼 먹었습니다. 지은이는 빵을 몇 조각 먹었을까요?

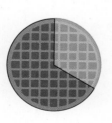

(   )

12 ☐ 안에 알맞은 수를 써넣으세요.

$\frac{1}{7}$, $\frac{1}{5}$, $\frac{1}{9}$의 세 분수 중에서 가장 큰 분수는 ☐이고 가장 작은 분수는 ☐입니다.

13 가장 큰 분수와 가장 작은 분수를 각각 써 보세요.

$$\frac{16}{23} \qquad \frac{12}{23} \qquad \frac{10}{23} \qquad \frac{20}{23} \qquad \frac{9}{23}$$

가장 큰 분수 (   )
가장 작은 분수 (   )

14 ☐ 안에 들어갈 수 있는 수는 모두 몇 개인지 구해 보세요.

$$\frac{11}{20} < \frac{\square}{20} < \frac{16}{20}$$

(   )

15 정희는 병에 가득 들어 있던 주스의 0.4만큼을 마셨습니다. 병에 남은 주스의 양은 전체의 얼마인지 소수로 나타내 보세요.

(   )

→ 정답과 풀이 **68**쪽

16 어제 내린 눈의 양은 0.6 cm이고 오늘 내린 눈의 양은 5 mm입니다. 어제와 오늘 중에서 언제 눈이 더 많이 내렸을까요?

(   )

17 그림을 보고 병원, 놀이터, 도서관 중 학교에서 가장 먼 곳을 써 보세요.

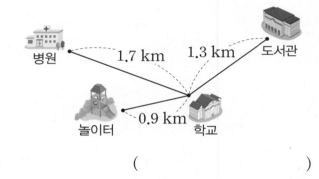

(   )

18 조건을 만족시키는 분수는 모두 몇 개인지 구해 보세요.

> • 분모가 12입니다.
> • $\dfrac{7}{12}$보다 크고 $\dfrac{11}{12}$보다 작습니다.

(   )

서술형 문제

19 수 카드 **1** , **3** , **8** , **5** 중에서 2장을 골라 한 번씩만 사용하여 단위분수를 만들려고 합니다. 만들 수 있는 가장 큰 단위분수는 얼마인지 풀이 과정을 쓰고 답을 구해 보세요.

풀이

답

20 종혁이는 길이가 1 m인 색 테이프를 똑같이 10조각으로 나누어 지원이에게 3조각, 소라에게 5조각을 주었습니다. 남은 색 테이프의 길이는 몇 m인지 풀이 과정을 쓰고 답을 소수로 나타내 보세요.

풀이

답

1 전체를 똑같이 나눈 도형을 모두 찾아 기호를 써 보세요.

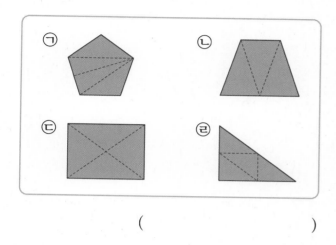

(   )

2 색칠한 부분을 소수로 나타내고, 읽어 보세요.

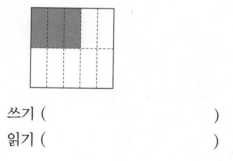

쓰기 (   )

읽기 (   )

3 색칠한 부분과 색칠하지 않은 부분을 분수로 나타내 보세요.

색칠한 부분 (   )

색칠하지 않은 부분 (   )

4 ☐ 안에 알맞은 수를 써넣으세요.

(1) 0.7은 0.1이 ☐ 개인 수입니다.

(2) 0.1이 23개이면 ☐ 입니다.

5 분수의 크기를 비교하여 ○ 안에 >, =, < 중 알맞은 것을 써넣으세요.

(1) $\frac{4}{16}$ ○ $\frac{9}{16}$ (2) $\frac{1}{9}$ ○ $\frac{1}{11}$

6 ☐ 안에 알맞은 분수를 써넣으세요.

콜롬비아 국기에서 파란색 부분은 전체의 ☐ 입니다.

6

7 ☐ 안에 알맞은 소수를 써넣으세요.

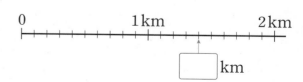

☐ km

8 효정이가 가지고 있는 색연필의 길이는 8 cm보다 7 mm 더 깁니다. 색연필의 길이는 몇 cm인지 소수로 나타내 보세요.

(   )

9 길이를 잘못 나타낸 것은 어느 것일까요?

(   )

① $17 \, mm = 1.7 \, cm$

② $5.2 \, cm = 52 \, mm$

③ $3 \, cm \, 6 \, mm = 36 \, cm$

④ $8 \, mm = 0.8 \, cm$

⑤ $4.9 \, cm = 49 \, mm$

10 가장 큰 분수에 ○표, 가장 작은 분수에 △표 하세요.

$$\frac{1}{13} \qquad \frac{9}{13} \qquad \frac{1}{15}$$

11 0.8보다 큰 수를 모두 고르세요. (   )

① 1.7 ② 0.3 ③ $\frac{9}{10}$

④ $\frac{6}{10}$ ⑤ 0.5

12 ☐ 안에 들어갈 수 있는 수가 아닌 것은 어느 것일까요? (   )

$$\frac{1}{11} < \frac{1}{\square}$$

① 10 ② 5 ③ 6

④ 12 ⑤ 9

13 ㉠과 ㉡에 알맞은 수의 합을 구해 보세요.

- $\frac{1}{10}$이 ㉠개인 수는 2.4입니다.
- 6.4는 0.1이 ㉡개인 수입니다.

(   )

14 1부터 9까지의 수 중에서 ☐ 안에 들어갈 수 있는 수를 모두 구해 보세요.

$$2.\square < 2.6$$

(   )

15 큰 분수부터 차례로 써 보세요.

$$\frac{12}{26} \qquad \frac{24}{26} \qquad \frac{3}{26} \qquad \frac{11}{26} \qquad \frac{7}{26}$$

(   )

16 재석이네 집에서 공원과 학교까지의 거리를 나타낸 것입니다. 공원과 학교 중 재석이네 집에서 더 가까운 곳은 어디일까요?

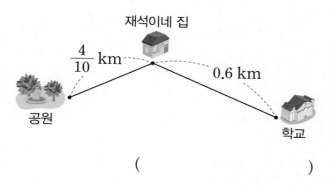

(   )

17 한 변의 길이가 27 mm인 정사각형의 네 변의 길이의 합은 몇 cm인지 소수로 나타내 보세요.

(   )

18 밭에 배추, 무, 고추를 심었습니다. 배추는 전체의 $\frac{1}{4}$에, 무는 전체의 $\frac{1}{7}$에, 고추는 전체의 $\frac{1}{5}$에 심었습니다. 넓은 부분에 심은 채소부터 차례로 써 보세요.

(   )

19 조건을 만족시키는 분수는 모두 몇 개인지 풀이 과정을 쓰고 답을 구해 보세요.

> • $\frac{1}{10}$보다 큰 단위분수입니다.
> • 분모는 5보다 큽니다.

풀이 _____

_____

_____

답 _____

20 비가 서울에는 $\frac{8}{10}$ cm, 부산에는 1.2 cm, 대전에는 1 cm 4 mm 내렸습니다. 비가 가장 많이 내린 도시는 어디인지 풀이 과정을 쓰고 답을 구해 보세요.

풀이 _____

_____

_____

답 _____

1 계산해 보세요.

(1)
```
    1 4
  ×   2
```

(2)
```
    5 3
  ×   3
```

2 ☐ 안에 알맞은 수를 써넣으세요.

(1) 53 mm = ☐ cm ☐ mm

(2) 4 cm 7 mm = ☐ mm

3 정원이는 매일 3 km보다 100 m 더 먼 거리를 달립니다. 정원이가 매일 달리는 거리는 몇 m인지 풀이 과정을 쓰고 답을 구해 보세요.

풀이 ....

....

....

답 ....

4 나타내는 수가 다른 하나를 찾아 기호를 써 보세요.

| ㉠ 40 + 40 + 40 | ㉡ 20씩 6묶음 |
| ㉢ 50과 3의 곱 | ㉣ 30의 4배 |

(   )

5 색칠한 부분과 색칠하지 않은 부분을 분수로 나타내 보세요.

(1)
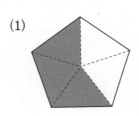
색칠한 부분: ☐

색칠하지 않은 부분: ☐

(2)
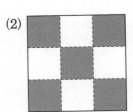
색칠한 부분: ☐

색칠하지 않은 부분: ☐

6 계산해 보세요.

(1)   7시   12분   38초
　+2시간   31분   20초

(2)   12시   3분   50초
　− 3시   18분   42초

9 곱이 가장 큰 것은 어느 것일까요? (　　　)

① 20×7　　　② 15×8

③ 40×4　　　④ 50×3

⑤ 13×9

7 관계있는 것끼리 이어 보세요.

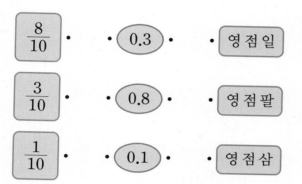

10 나영이와 지수는 1000 m 달리기를 하였습니다. 나영이의 기록은 3분 40초이고 지수의 기록은 232초입니다. 누가 더 빨리 달렸는지 풀이 과정을 쓰고 답을 구해 보세요.

풀이

답

8 세발자전거가 89대 있습니다. 세발자전거의 바퀴는 모두 몇 개인지 풀이 과정을 쓰고 답을 구해 보세요.

풀이

답

11 케이크 한 판을 똑같이 8조각으로 나누었습니다. 그중의 $\frac{3}{8}$을 지효가 먹고, $\frac{4}{8}$를 태희가 먹었습니다. 지효와 태희 중 케이크를 더 많이 먹은 사람은 누구인지 풀이 과정을 쓰고 답을 구해 보세요.

풀이

답

12 집에서 문구점을 지나 도서관까지의 거리는 몇 km 몇 m인지 구해 보세요.

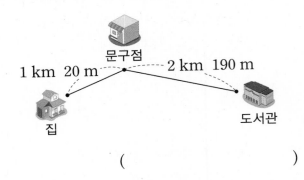

문구점
1 km 20 m
2 km 190 m
집
도서관

(   )

13 ㉠ － ㉡을 구해 보세요.

- 8.9는 0.1이 ㉠개입니다.
- 0.1이 ㉡개이면 3.3입니다.

(   )

14 지금 시각은 7시 45분 21초입니다. 지금 시각에서 53분 10초 전의 시각은 몇 시 몇 분 몇 초인지 풀이 과정을 쓰고 답을 구해 보세요.

풀이 _____

_____

_____

답 _____

15 크기가 작은 분수부터 차례로 쓰려고 합니다. 풀이 과정을 쓰고 답을 구해 보세요.

$$\frac{1}{12} \qquad \frac{1}{7} \qquad \frac{1}{16} \qquad \frac{1}{21}$$

풀이 _____

_____

_____

_____

답 _____

16 그림에서 삼각형의 세 변의 길이는 같습니다. 삼각형의 세 변의 길이의 합은 몇 cm인지 소수로 나타내려고 합니다. 풀이 과정을 쓰고 답을 구해 보세요.

26 mm

풀이 _____

_____

_____

답 _____

17 가은이가 벽에 페인트를 칠하는데 벽 전체의 $\frac{6}{10}$에는 분홍색을 칠하고, 나머지에는 모두 회색을 칠하였습니다. 회색으로 칠한 부분은 벽 전체의 얼마인지 소수로 나타내려고 합니다. 풀이 과정을 쓰고 답을 구해 보세요.

풀이

답

18 ㉮부터 ㉭까지의 거리는 몇 km 몇 m인지 구해 보세요.

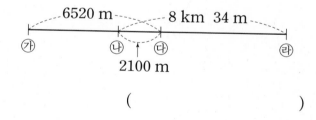

(   )

19 한 상자에 32개씩 들어 있는 오이 4상자와 18개씩 들어 있는 감자 7상자가 있습니다. 오이와 감자 중 어느 것이 몇 개 더 많은지 풀이 과정을 쓰고 답을 구해 보세요.

풀이

답

20 길이가 18 cm인 색 테이프 6장을 3 cm씩 겹쳐서 이어 붙였습니다. 이어 붙인 색 테이프의 전체 길이는 몇 cm인지 풀이 과정을 쓰고 답을 구해 보세요.

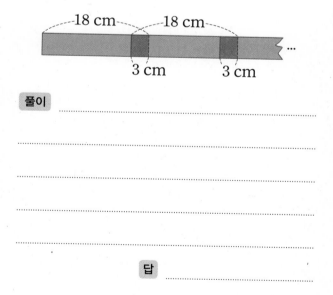

풀이

답

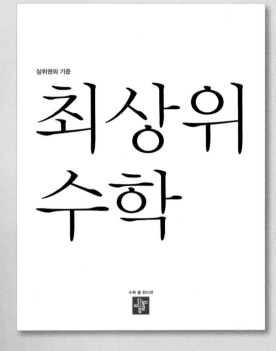

상위권의 기준

최상위
수학

수학 좀 한다면
디딤돌

상위권의 기준

최상위
수학
S

수학 좀 한다면
디딤돌

한걸음 한걸음 디딤돌을 걷다 보면 수학이 완성됩니다.

● **개념 다지기**
원리, 기본

● **문제해결력 강화**
문제유형, 응용

● **심화 완성**
최상위 수학S, 최상위 수학

● **연산 개념 다지기**
디딤돌 연산

● **개념+문제해결력 강화를 동시에**
기본+유형, 기본+응용

● **상위권의 힘, 사고력 강화**
최상위 사고력

개념 이해　　　　**개념 응용**　　　　**개념 확장**

학습 능력과 목표에 따라
맞춤형이 가능한 디딤돌 초등 수학

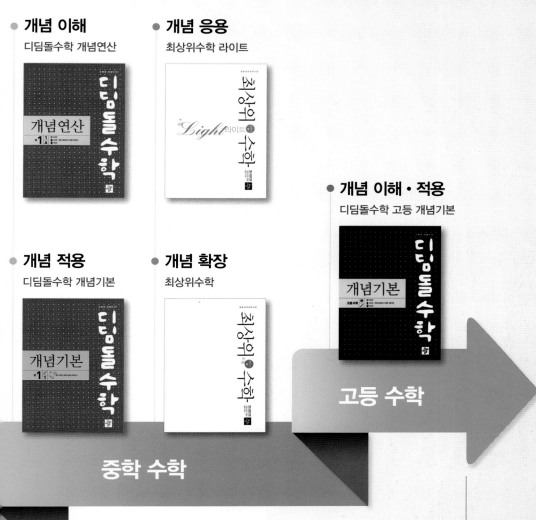

● **개념 이해**
디딤돌수학 개념연산

● **개념 응용**
최상위수학 라이트

● **개념 이해 · 적용**
디딤돌수학 고등 개념기본

● **개념 적용**
디딤돌수학 개념기본

● **개념 확장**
최상위수학

중학 수학

고등 수학

초등부터
고등까지

수학 좀 한다면

개념을 이해하고, 깨우치고, 꺼내 쓰는
올바른 중고등 개념 학습서

수능까지 연결되는 독해 로드맵

디딤돌 독해력은 수능까지 연결되는 체계적인 라인업을 통하여

수능에서 요구하는 핵심 독해 원리에 대한 이해는 물론,

단계 별로 심화되며 연결되는 학습의 과정을 통해

깊이 있고 종합적인 독해 사고의 능력까지 기를 수 있도록 도와줍니다.

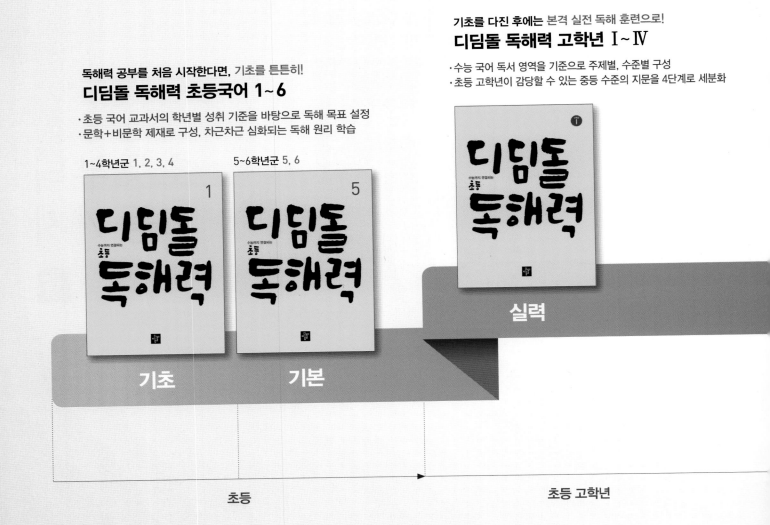

기초를 다진 후에는 본격 실전 독해 훈련으로!
디딤돌 독해력 고학년 Ⅰ~Ⅳ

· 수능 국어 독서 영역을 기준으로 주제별, 수준별 구성
· 초등 고학년이 감당할 수 있는 중등 수준의 지문을 4단계로 세분화

독해력 공부를 처음 시작한다면, 기초를 튼튼히!
디딤돌 독해력 초등국어 1~6

· 초등 국어 교과서의 학년별 성취 기준을 바탕으로 독해 목표 설정
· 문학+비문학 제재로 구성, 차근차근 심화되는 독해 원리 학습

1~4학년군 1, 2, 3, 4   5~6학년군 5, 6

실력

기초   기본

초등   초등 고학년

기본+유형 | 정답과 풀이

3
1

수학 좀 한다면

디딤돌

진도책 정답과 풀이

1 덧셈과 뺄셈

이 단원에서는 초등 과정에서의 덧셈과 뺄셈 학습을 마무리하게 됩니다.

덧셈과 뺄셈은 가장 기초적인 연산으로 십진법의 개념을 잘 이해하고 있어야만 명확하게 연산의 원리, 방법을 알 수 있으므로 기계적으로 계산 학습을 하기보다는 자릿값의 이해를 통해 연산 원리를 이해하는 학습이 되도록 지도해 주세요. 이후 네 자리 수 이상의 덧셈, 뺄셈은 교과서에서 별도로 다루지 않기 때문에 이번 단원에서 학습한 '십진법에 따른 계산 원리'로 큰 수의 덧셈, 뺄셈도 할 수 있어야 합니다. 또한 덧셈에서 적용되는 교환법칙이나 등호의 개념 이해를 바탕으로 한 문제들을 풀어 보면서 연산의 성질을 이해하고, 중등 과정으로의 연계가 매끄러울 수 있도록 구성하였습니다.

STEP 1 교과개념 1. (세 자리 수)＋(세 자리 수)(1)   7쪽

1 6 / 8, 6 / 6, 8, 6

2
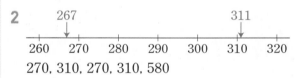
270, 310, 270, 310, 580

3 700, 80, 7 / 787

STEP 1 교과개념 2. (세 자리 수)＋(세 자리 수)(2)   9쪽

1 1, 4 / 1, 7, 4 / 1, 7, 7, 4

2
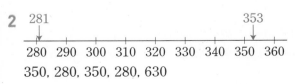
350, 280, 350, 280, 630

3 900, 80, 11 / 991

STEP 1 교과개념 3. (세 자리 수)＋(세 자리 수)(3)   11쪽

1 935

2 ① 1, 5 / 1, 1, 0, 5 / 1, 1, 8, 0, 5
    ② 1, 1 / 1, 1, 4, 1 / 1, 1, 1, 1, 4, 1

3 47, 58 / 47, 58 / 700, 105 / 805

1 일 모형끼리 더하면 8＋7＝15(개)입니다.
일 모형 10개를 십 모형 1개로 바꾸고 십 모형끼리 더하면 1＋4＋8＝13(개)입니다.
십 모형 10개를 백 모형 1개로 바꾸고 백 모형끼리 더하면 1＋3＋5＝9(개)입니다.
➡ 348＋587＝935

3 147은 100과 47로, 658은 600과 58로 각각 가르기하여 더합니다.

STEP 1 교과개념 4. (세 자리 수)－(세 자리 수)(1)   13쪽

1 4 / 2, 4 / 1, 2, 4

2
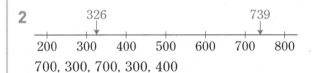
700, 300, 700, 300, 400

3 (위에서부터) 60, 8 / 20, 7 / 300, 40, 1 / 341

STEP 1 교과개념 5. (세 자리 수)－(세 자리 수)(2)   15쪽

1 349

2 ① 6, 10, 7 / 6, 10, 3, 7 / 6, 10, 2, 3, 7
    ② 3 / 7, 10, 8, 3 / 7, 10, 2, 8, 3

3 400, 60, 6 / 466

1 일 모형끼리 뺄 수 없으므로 십 모형 1개를 일 모형 10개로 바꾸면 십 모형은 6개, 일 모형은 13개가 됩니다.
일 모형끼리 빼면 $13-4=9$(개), 십 모형끼리 빼면 $6-2=4$(개), 백 모형끼리 빼면 $4-1=3$(개)입니다.
➡ $473-124=349$

STEP 1 교과개념 **6. (세 자리 수)−(세 자리 수)(3)** 17쪽

1 0, 10, 9 / 3, 10, 10, 2, 9 / 3, 10, 10, 2, 2, 9

2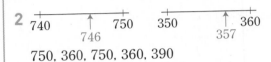
750, 360, 750, 360, 390

3 ① 300, 58 / 358 ② 300, 50, 8 / 358

STEP 2 꼭 나오는 유형 18~23쪽

1 (1) 479 (2) 758 (3) 586 (4) 688

2 458, 400, 50, 8

3 345, 355, 365

4 597

준비 >

5 >

6 385명

7 248

8 (1) 682 (2) 724 (3) 492 (4) 865

9 예 580, 581

10 494, 846

11 785

⑫ 예 281, 354, 635

준비 (위에서부터) 4, 2

13 4, 8

14 784 m

15 (1) 636 (2) 1231 (3) 820 (4) 1015

16 403, 413, 423

준비 8, 8, 53

17 (위에서부터) 831, 775

18 ( )( )(○)

19 ㉠

20 1023 m

㉑ 예 다율이네 학교 여학생은 145명, 남학생은 178명입니다. 다율이네 학교 학생은 모두 몇 명일까요? / 323명

22 (1) 342 (2) 245 (3) 326 (4) 341

23 352, 300, 50, 2

24 45, 287, 242

25 420

26 72 L

27 446

준비 20

---

28 600

29 (1) 224 (2) 383 (3) 325 (4) 352

30 239   **31** 208

32 139, 315

33 $580-271=309$ (또는 $580-271$) / 309장

준비 62, 57   **34** 782, 544

㉟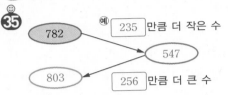

36 (1) 373 (2) 478 (3) 379 (4) 462

37 (위에서부터) 546, 624 **38** (1) < (2) >

39 385   **40** 475 m

41 ㉠   준비 (1) 9 (2) 6

42 (위에서부터) (1) 5, 3 (2) 5, 5

---

1 (3)
$$\begin{array}{r} 1\,3\,3 \\ +\ 4\,5\,3 \\ \hline 5\,8\,6 \end{array}$$
(4)
$$\begin{array}{r} 3\,7\,2 \\ +\ 3\,1\,6 \\ \hline 6\,8\,8 \end{array}$$

3 같은 수에 10씩 커지는 수를 더하면 합도 10씩 커집니다.
$235+110=345$
$235+120=355$
$235+130=365$

4 100이 3개, 10이 5개, 1이 2개인 수는 352입니다.
➡ $352+245=597$

준비 $65+32=97$, $51+45=96$ ➡ $97>96$

5 $652+321=973$ ➡ $973>972$

6 (B형인 학생에게 혈액을 줄 수 있는 학생 수)
＝(B형인 학생 수)＋(O형인 학생 수)
＝$252+133=385$(명)

7 왼쪽 224에서 24를 빼면 200이 되므로 계산 결과가 같아지려면 오른쪽 224에 24를 더해 줍니다.
$$\begin{array}{ccc} 224 & + & 224 = 448 \\ {\scriptstyle-24}\downarrow & & \downarrow{\scriptstyle+24} \\ 200 & + & \boxed{248} = 448 \end{array}$$

8 (1)
$$\begin{array}{r} \overset{1}{1}\,5\,7 \\ +\,5\,2\,5 \\ \hline 6\,8\,2 \end{array}$$
(2)
$$\begin{array}{r} \overset{1}{2}\,6\,3 \\ +\,4\,6\,1 \\ \hline 7\,2\,4 \end{array}$$
(3)
$$\begin{array}{r} \overset{1}{1}\,8\,8 \\ +\,3\,0\,4 \\ \hline 4\,9\,2 \end{array}$$
(4)
$$\begin{array}{r} \overset{1}{6}\,7\,3 \\ +\,1\,9\,2 \\ \hline 8\,6\,5 \end{array}$$

9 158을 어림하면 160쯤이고, 423을 어림하면 420쯤이 므로 158+423을 어림하여 구하면 약 160+420=580 입니다. 실제 계산한 값은 158+423=581입니다.

10
$$\begin{array}{r} \overset{1}{3}\,4\,7 \\ +\,1\,4\,7 \\ \hline 4\,9\,4 \end{array}$$
$$\begin{array}{r} \overset{1}{5}\,6\,2 \\ +\,2\,8\,4 \\ \hline 8\,4\,6 \end{array}$$

11 사각형과 원 안에 모두 들어 있는 수는 359와 426입니다. 따라서 두 수의 합은 359+426=785입니다.

😊 내가 만드는 문제
12 예 281과 354를 고른다면 281+354=635입니다.

준비
$$\begin{array}{r} 3\,7 \\ +\,8\,\textcircled{\tiny ㉠} \\ \hline 1\,\textcircled{\tiny ㉡}\,1 \end{array}$$
일의 자리 계산: 7+㉠=11 ➡ ㉠=11−7, ㉠=4
십의 자리 계산: 1+3+8=12 ➡ ㉡=2

13
$$\begin{array}{r} 4\,1\,7 \\ +\,\textcircled{\tiny ㉡}\,6\,\textcircled{\tiny ㉠} \\ \hline 8\,8\,5 \end{array}$$
일의 자리 계산: 7+㉠=15 ➡ ㉠=15−7, ㉠=8
백의 자리 계산: 4+㉡=8 ➡ ㉡=8−4, ㉡=4

서술형
14 예 진수가 뛴 거리는 학교 운동장 한 바퀴의 거리인 392 m를 두 번 더하면 됩니다.
따라서 진수는 모두 392+392=784 (m)를 뛰었습니다.

단계	문제 해결 과정
①	모두 몇 m를 뛰었는지 구하는 식을 세웠나요?
②	모두 몇 m를 뛰었는지 구했나요?

15 (1)
$$\begin{array}{r} \overset{1}{}\overset{1}{2}\,8\,8 \\ +\,3\,4\,8 \\ \hline 6\,3\,6 \end{array}$$
(2)
$$\begin{array}{r} \overset{1}{}\overset{1}{7}\,3\,5 \\ +\,4\,9\,6 \\ \hline 1\,2\,3\,1 \end{array}$$
(3)
$$\begin{array}{r} \overset{1}{}\overset{1}{1}\,5\,7 \\ +\,6\,6\,3 \\ \hline 8\,2\,0 \end{array}$$
(4)
$$\begin{array}{r} \overset{1}{}\overset{1}{4}\,7\,9 \\ +\,5\,3\,6 \\ \hline 1\,0\,1\,5 \end{array}$$

16 같은 수에 10씩 커지는 수를 더하면 합도 10씩 커집니다.
145+258=403
145+268=413
145+278=423

17 475+356=475+300+56
  =775+56=831

18 몇백몇십쯤으로 어림하여 구해 봅니다.
453+479 ➡ 약 450+480=930
387+547 ➡ 약 390+550=940
266+768 ➡ 약 270+770=1040

19 ㉠ 355+368=723 ㉡ 467+246=713
➡ 723>713

20 (미혜네 집에서 학교를 거쳐 현진이네 집까지 가는 거리)
=685+454=1139 (m)
(미혜네 집에서 도서관을 거쳐 현진이네 집까지 가는 거리)
=468+555=1023 (m)
따라서 더 짧은 길은 1023 m입니다.

😊 내가 만드는 문제
21 다율이네 학교 학생은 모두 145+178=323(명)입니다.

22 (3)
$$\begin{array}{r} 5\,4\,7 \\ -\,2\,2\,1 \\ \hline 3\,2\,6 \end{array}$$
(4)
$$\begin{array}{r} 9\,7\,8 \\ -\,6\,3\,7 \\ \hline 3\,4\,1 \end{array}$$

25 삼각형 안에 있는 수는 159와 579입니다.
➡ 579−159=420

서술형
26 예 192>120이므로
(우리나라의 1인당 하루에 사용하는 물의 양)
−(독일의 1인당 하루에 사용하는 물의 양)
=192−120=72 (L)입니다.

단계	문제 해결 과정
①	1인당 하루에 사용하는 물의 양이 어느 나라가 더 많은지 구했나요?
②	우리나라와 독일의 물 사용량의 차를 구했나요?

27 123+□=569 ➡ □=569−123, □=446

준비 89−21=68이므로 □+48=68입니다.
따라서 □=68−48, □=20입니다.

28 897−231=666이므로 □+66=666입니다.
따라서 □=666−66, □=600입니다.

29 (1)
$$\begin{array}{r} {}^{6}\ {}^{10} \\ 3\ \not7\ 2 \\ -\ 1\ 4\ 8 \\ \hline 2\ 2\ 4 \end{array}$$
(2)
$$\begin{array}{r} {}^{5}\ {}^{10} \\ \not6\ 5\ 4 \\ -\ 2\ 7\ 1 \\ \hline 3\ 8\ 3 \end{array}$$
(3)
$$\begin{array}{r} {}^{7}\ {}^{10} \\ 4\ \not8\ 3 \\ -\ 1\ 5\ 8 \\ \hline 3\ 2\ 5 \end{array}$$
(4)
$$\begin{array}{r} {}^{6}\ {}^{10} \\ \not7\ 1\ 7 \\ -\ 3\ 6\ 5 \\ \hline 3\ 5\ 2 \end{array}$$

30 백 모형 3개, 십 모형 8개, 일 모형 2개이므로 수 모형이 나타내는 수는 382입니다.
따라서 $382-143=239$입니다.

31 왼쪽 그림은 521, 오른쪽 그림은 313을 나타냅니다.
$$\begin{array}{r} {}^{1}\ {}^{10} \\ 5\ \not2\ 1 \\ -\ 3\ 1\ 3 \\ \hline 2\ 0\ 8 \end{array}$$

32
$$\begin{array}{r} {}^{5}\ {}^{10} \\ 2\ \not6\ 8 \\ -\ 1\ 2\ 9 \\ \hline 1\ 3\ 9 \end{array}$$
$$\begin{array}{r} {}^{4}\ {}^{10} \\ 8\ \not5\ 1 \\ -\ 5\ 3\ 6 \\ \hline 3\ 1\ 5 \end{array}$$

33 (앞으로 모아야 할 붙임딱지 수)
$=580-271=309$(장)

준비 $62-57$, $62-54$, $57-54$를 계산하여 차가 5가 되는 두 수를 찾습니다.

34 일의 자리 수끼리의 차가 8이 되는 두 수는 782, 544입니다. ➡ $782-544=238$

☺ 내가 만드는 문제
35 (예) $782-235=547$
$547+256=803$

36 (1)
$$\begin{array}{r} {}^{4}\ {}^{11}\ {}^{10} \\ \not5\ \not2\ 1 \\ -\ 1\ 4\ 8 \\ \hline 3\ 7\ 3 \end{array}$$
(2)
$$\begin{array}{r} {}^{7}\ {}^{12}\ {}^{10} \\ 8\ \not3\ \not5 \\ -\ 3\ 5\ 7 \\ \hline 4\ 7\ 8 \end{array}$$
(3)
$$\begin{array}{r} {}^{5}\ {}^{13}\ {}^{10} \\ \not6\ \not4\ 4 \\ -\ 2\ 6\ 5 \\ \hline 3\ 7\ 9 \end{array}$$
(4)
$$\begin{array}{r} {}^{8}\ {}^{15}\ {}^{10} \\ \not9\ \not6\ 0 \\ -\ 4\ 9\ 8 \\ \hline 4\ 6\ 2 \end{array}$$

37 $724-\boxed{178}=724-\boxed{100}-78$
$\qquad\qquad =624-78$
$\qquad\qquad =546$

38 (1) 어떤 수에서 같은 수를 빼면 어떤 수가 클수록 차가 더 큽니다. ➡ $705-129<805-129$

(2) 같은 수에서 작은 수를 뺄수록 차가 더 큽니다.
➡ $643-268>643-368$

39 $632-247=385$

40 가장 높은 산은 도봉산이고 가장 낮은 산은 남산이므로 두 산의 높이의 차는 $740-265=475$ (m)입니다.

41 ㉠ $713-178=535$ ㉡ $825-296=529$
➡ $535>529$

준비 (1) 일의 자리 계산: $10+4-\square=5$ ➡ $\square=14-5$,
$\qquad\qquad\qquad\qquad\qquad\qquad \square=9$
(2) 십의 자리 계산: $\square-1-2=3$ ➡ $\square=3+3$,
$\qquad\qquad\qquad\qquad\qquad\qquad \square=6$

42 (1)
$$\begin{array}{r} 8\ 3\ ㉠ \\ -\ ㉡\ 7\ 9 \\ \hline 4\ 5\ 6 \end{array}$$
일의 자리 계산: $10+㉠-9=6$ ➡ $㉠=6-1$,
$\qquad\qquad\qquad\qquad\qquad\qquad ㉠=5$
백의 자리 계산: $8-1-㉡=4$ ➡ $㉡=7-4$,
$\qquad\qquad\qquad\qquad\qquad\qquad ㉡=3$
(2)
$$\begin{array}{r} ㉡\ 4\ 5 \\ -\ 2\ ㉠\ 8 \\ \hline 2\ 8\ 7 \end{array}$$
십의 자리 계산: $10+4-1-㉠=8$
$\qquad\qquad\qquad ➡ ㉠=13-8$, $㉠=5$
백의 자리 계산: $㉡-1-2=2$ ➡ $㉡=2+3$,
$\qquad\qquad\qquad\qquad\qquad\qquad ㉡=5$

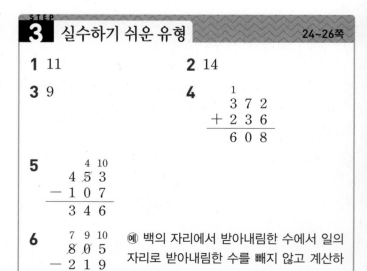

STEP 3 실수하기 쉬운 유형   24~26쪽

1 11   **2** 14

3 9   **4**
$$\begin{array}{r} {}^{1} \\ 3\ 7\ 2 \\ +\ 2\ 3\ 6 \\ \hline 6\ 0\ 8 \end{array}$$

5
$$\begin{array}{r} {}^{4}\ {}^{10} \\ 4\ \not5\ 3 \\ -\ 1\ 0\ 7 \\ \hline 3\ 4\ 6 \end{array}$$

6
$$\begin{array}{r} {}^{7}\ {}^{9}\ {}^{10} \\ \not8\ \not0\ 5 \\ -\ 2\ 1\ 9 \\ \hline 5\ 8\ 6 \end{array}$$
(예) 백의 자리에서 받아내림한 수에서 일의 자리로 받아내림한 수를 빼지 않고 계산하였습니다.

7 148 **8** 289

9 223, 175 **10** 348, 332

11 549, 386 **12** 923, 459

13 (위에서부터) 4, 4 **14** (위에서부터) 9, 3, 6

15 (위에서부터) 4, 6, 2 **16** 329, 154

17 255, 134, 121 **18** 725, 546, 312, 491

1
$$
\begin{array}{r}
6\ \boxed{11}\ 10 \\
\not7\ \not2\ 4 \\
-\ 3\ 9\ 8 \\
\hline
3\ 2\ 6
\end{array}
$$
□ 안에 알맞은 수는 일의 자리로 받아내림하고 남은 수 2−1=1에 백의 자리에서 받아내림한 수 10을 더하여 10+1=11입니다.

2
$$
\begin{array}{r}
4\ \boxed{14}\ 10 \\
\not5\ \not5\ 4 \\
-\ 2\ 8\ 7 \\
\hline
2\ 6\ 7
\end{array}
$$
□ 안에 알맞은 수는 일의 자리로 받아내림하고 남은 수 5−1=4에 백의 자리에서 받아내림한 수 10을 더하여 10+4=14입니다.

3
$$
\begin{array}{r}
3\ \boxed{9}\ 10 \\
\not4\ \not0\ 3 \\
-\ 2\ 5\ 4 \\
\hline
1\ 4\ 9
\end{array}
$$
십의 자리 수가 0이므로 일의 자리로 받아내림할 수 없습니다. 따라서 □ 안에 알맞은 수는 백의 자리에서 받아내림한 수 10에서 일의 자리로 받아내림하고 남은 10−1=9입니다.

4 십의 자리에서 받아올림한 수를 백의 자리 계산에서 더하지 않았습니다.

5 일의 자리로 받아내림한 수를 빼지 않고 계산하였습니다.

7 486+□=634 ➡ □=634−486, □=148

8 815−□=526 ➡ □=815−526, □=289

9

199 —(+㉠)→ 422 —(−㉡)→ 247

199+㉠=422 ➡ ㉠=422−199, ㉠=223
422−㉡=247 ➡ ㉡=422−247, ㉡=175

10 몇백몇십쯤으로 어림하여 두 수의 합을 구해 봅니다.
526 ➡ 530쯤, 348 ➡ 350쯤,
332 ➡ 330쯤, 419 ➡ 420쯤
약 350+330=680이므로 어림하여 계산한 두 수의 합이 700보다 작은 두 수는 348과 332입니다.

11 몇백몇십쯤으로 어림하여 두 수의 합을 구해 봅니다.
284 ➡ 280쯤, 549 ➡ 550쯤,
326 ➡ 330쯤, 386 ➡ 390쯤
약 550+390=940이므로 어림하여 계산한 두 수의 합이 900보다 큰 두 수는 549와 386입니다.

12 몇백몇십쯤으로 어림하여 두 수의 차를 구해 봅니다.
617 ➡ 620쯤, 923 ➡ 920쯤,
858 ➡ 860쯤, 459 ➡ 460쯤
약 920−460=460이므로 어림하여 계산한 두 수의 차가 400보다 큰 두 수는 923과 459입니다.

13
$$
\begin{array}{r}
7\ 2\ 2 \\
-\ ㉡\ 7\ 6 \\
\hline
2\ ㉠\ 6
\end{array}
$$
십의 자리 계산: 10+2−1−7=㉠, ㉠=4
백의 자리 계산: 7−1−㉡=2 ➡ ㉡=6−2, ㉡=4

14
$$
\begin{array}{r}
㉢\ 4\ 2 \\
-\ 6\ 7\ ㉠ \\
\hline
2\ ㉡\ 9
\end{array}
$$
일의 자리 계산: 10+2−㉠=9 ➡ ㉠=12−9, ㉠=3
십의 자리 계산: 10+4−1−7=㉡, ㉡=6
백의 자리 계산: ㉢−1−6=2 ➡ ㉢=2+7, ㉢=9

15
$$
\begin{array}{r}
2\ 4\ ㉠ \\
+\ 9\ ㉡\ 8 \\
\hline
1\ ㉢\ 1\ 2
\end{array}
$$
일의 자리 계산: ㉠+8=12 ➡ ㉠=12−8, ㉠=4
십의 자리 계산: 1+4+㉡=11 ➡ ㉡=11−5, ㉡=6
백의 자리 계산: 1+2+9=12 ➡ ㉢=2

16 차가 가장 작게 되려면 483에서 가장 가까운 수를 빼야 합니다. 483에서 가장 가까운 수가 329이므로 483−329=154입니다.

17 수직선에서 두 수의 간격이 좁을수록 차가 작습니다.

간격이 가장 좁은 경우는 255와 134 사이입니다.
➡ 255−134=121

18 계산 결과가 가장 작으려면 가장 큰 수에서 그 다음 큰 수
를 빼고 나머지 수를 더하면 됩니다.
$725 > 546 > 312$이므로 $725 - 546 + 312 = 491$입
니다.

주의 | 세 수의 계산은 앞에서부터 두 수씩 차례로 계산합니다.

STEP 4 상위권 도전 유형   27~30쪽

1 1, 2, 3, 4	**2** 6, 7, 8, 9
3 5, 6, 7, 8, 9	**4** 1122
5 1330	**6** 424
7 1320	**8** 757
9 651	**10** 369
11 1052명	**12** 421개
13 265개	**14** 71명
15 1433	**16** 1130
17 594	**18** 49
19 426	**20** 521
21 3학년, 15개	**22** 오늘, 51개
23 오전, 36대	**24** 지우개, 색연필
25 사탕, 양초	

1 $384 + 157 = 541$이므로 $541 > \square53$입니다.
백의 자리 수를 비교하면 $5 > \square$이고, $\square = 5$인 경우
$541 < 553$이므로 $\square$ 안에 5는 들어갈 수 없습니다.
따라서 $\square$ 안에 들어갈 수 있는 수는 1, 2, 3, 4입니다.

2 $248 + 373 = 621$이므로 $621 < \square31$입니다.
백의 자리 수를 비교하면 $6 < \square$이고, $\square = 6$인 경우
$621 < 631$이므로 $\square$ 안에 6이 들어갈 수 있습니다.
따라서 $\square$ 안에 들어갈 수 있는 수는 6, 7, 8, 9입니다.

3 $821 - 325 = 496$이므로 $496 < \square76$입니다.
백의 자리 수를 비교하면 $4 < \square$이고, $\square = 4$인 경우
$496 > 476$이므로 $\square$ 안에 4는 들어갈 수 없습니다.
따라서 $\square$ 안에 들어갈 수 있는 수는 5, 6, 7, 8, 9입니다.

4 $546 \bigstar 288 = 546 + 288 + 288$
$\qquad\qquad = 834 + 288 = 1122$

5 $467 \blacklozenge 396 = 467 + 467 + 396$
$\qquad\qquad = 934 + 396 = 1330$

6 $822 \odot 199 = 822 - 199 - 199$
$\qquad\qquad = 623 - 199 = 424$

7 어떤 수를 $\square$라고 하면 $\square - 378 = 564$,
$\square = 564 + 378$, $\square = 942$입니다.
따라서 바르게 계산하면 $942 + 378 = 1320$입니다.

8 어떤 수를 $\square$라고 하면 $\square - 169 = 784$,
$\square = 784 + 169$, $\square = 953$입니다.
따라서 바르게 계산하면 $953 - 196 = 757$입니다.

9 어떤 수를 $\square$라고 하면 $\square + 158 = 624$,
$\square = 624 - 158$, $\square = 466$입니다.
따라서 바르게 계산하면 $466 + 185 = 651$입니다.

10 어떤 수를 $\square$라고 하면 $647 + \square = 925$
$\square = 925 - 647$, $\square = 278$입니다.
따라서 바르게 계산하면 $647 - 278 = 369$입니다.

11 (기차에 타고 있는 사람 수)
$\quad =$ (기차에 타고 있던 사람 수) $-$ (내린 사람 수)
$\qquad +$ (탄 사람 수)
$\quad = 931 - 478 + 599$
$\quad = 453 + 599 = 1052$(명)

12 (도넛의 수)
$\quad =$ (도넛 가게에 있던 도넛의 수) $-$ (판 도넛의 수)
$\qquad +$ (다시 만든 도넛의 수)
$\quad = 505 - 377 + 293$
$\quad = 128 + 293 = 421$(개)

13 (남은 달걀의 수)
$\quad =$ (양계장에 있던 달걀의 수) $+$ (더 낳은 달걀의 수)
$\qquad -$ (판 달걀의 수)
$\quad = 553 + 187 - 475$
$\quad = 740 - 475 = 265$(개)

14 홍콩에서 내린 사람 수를 $\square$명이라고 하면
$215 - \square + 137 = 281$, $352 - \square = 281$,
$\square = 352 - 281$, $\square = 71$입니다.
따라서 홍콩에서 내린 사람은 71명입니다.

15 가장 큰 수: 964, 가장 작은 수: 469
$\quad \Rightarrow 964 + 469 = 1433$

16 가장 큰 수: 763, 가장 작은 수: 367
$\quad \Rightarrow 763 + 367 = 1130$

17 가장 큰 수: 852, 가장 작은 수: 258
➡ 852−258=594

18 찢어진 종이에 적힌 수를 □라고 하면
228+□=407, □=407−228, □=179입니다.
➡ 228−179=49

19 찢어진 종이에 적힌 수를 □라고 하면
268+□=962, □=962−268, □=694입니다.
➡ 694−268=426

20 뒤집어 놓은 카드에 적힌 수를 □라고 하면
□−166=189, □=166+189, □=355입니다.
➡ 166+355=521

21 (3학년이 모은 빈 병의 수)=176+183=359(개)
(4학년이 모은 빈 병의 수)=158+186=344(개)
359>344이므로 3학년이 359−344=15(개) 더 많이 모았습니다.

22 (어제 딴 방울토마토의 수)=296+278=574(개)
(오늘 딴 방울토마토의 수)=308+317=625(개)
625>574이므로 오늘 625−574=51(개) 더 많이 땄습니다.

23 • 오전: 466+472=938(대)
• 오후: 403+499=902(대)
➡ 938>902이므로 오전에 자전거를
938−902=36(대) 더 많이 만들었습니다.

24 학용품의 값을 몇백쯤으로 어림하면
클립: 280 ➡ 300쯤, 수첩: 570 ➡ 600쯤,
지우개: 320 ➡ 300쯤, 색연필: 460 ➡ 500쯤,
풀: 390 ➡ 400쯤이므로
어림한 값의 합이 800인 두 학용품을 골라 계산해 봅니다.
클립, 색연필: 280+460=740(원)
지우개, 색연필: 320+460=780(원)
따라서 거스름돈을 가장 적게 남기려면 지우개와 색연필을 사야 합니다.

25 물건의 값을 몇백쯤으로 어림하면
풍선: 170 ➡ 200쯤, 요요: 780 ➡ 800쯤,
사탕: 530 ➡ 500쯤, 양초: 370 ➡ 400쯤,
공깃돌: 490 ➡ 500쯤이므로
어림한 값의 합이 900인 두 물건을 골라 계산해 봅니다.
사탕, 양초: 530+370=900(원)
양초, 공깃돌: 370+490=860(원)
따라서 거스름돈을 가장 적게 남기려면 사탕과 양초를 사야 합니다.

수시 평가 대비 Level **1**
\text{31~33쪽}

1 (1) 790　(2) 475　　**2** 120

3
```
    1 1
    2 8 6
  + 1 7 4
  -------
    4 6 0
```

4 951, 587

5 403　　**6** (1) >　(2) <

7 (선 연결 그림)　　**8** 1456개

9 517개　　**10** 269

11 523　　**12** ㉡, ㉣

13 7

14 496, 839 (또는 839, 496)

15 205 m　　**16** 982

17 419　　**18** 7, 8, 9

19 1468개　　**20** 1443

---

2 ㉠은 일의 자리로 받아내림하고 십의 자리에 남은 수와 백의 자리에서 받아내림한 수의 합이므로 12이고 실제로 나타내는 값은 120입니다.

3 일의 자리와 십의 자리에서 받아올림한 수를 생각하지 않고 계산했습니다.

4 합: 182+769=951
차: 769−182=587

5 948−545=403

6 (1) 562−139=423, 259+152=411
➡ 423>411
(2) 275+168=443, 810−353=457
➡ 443<457

7 • 643+□=817 ➡ □=817−643, □=174
• 569+□=761 ➡ □=761−569, □=192
• 279+□=462 ➡ □=462−279, □=183

8 (지영이네 반 학생들이 딴 딸기의 수)
+(시후네 반 학생들이 딴 딸기의 수)
=774+682=1456(개)

9 (더 모아야 할 빈 병의 수)=874−357=517(개)

10 가장 큰 수: 923, 가장 작은 수: 654
➡ 923−654=269

11 10이 13개인 수는 100이 1개, 10이 3개인 수와 같으므로 100이 3개, 10이 3개, 1이 6개인 수는 336입니다.
따라서 336보다 187만큼 더 큰 수는 336+187=523입니다.

12 몇백몇십쯤으로 어림하여 두 수의 합을 구해 봅니다.
269 ➡ 270쯤, 437 ➡ 440쯤,
353 ➡ 350쯤, 376 ➡ 380쯤
440+380=820이므로 두 수의 합이 800보다 큰 두 수는 437, 376입니다.

13 일의 자리 계산: 10+㉠−7=6에서 3+㉠=6,
㉠=6−3, ㉠=3입니다.
십의 자리 계산: 10+0−1−㉡=5에서 9−㉡=5,
9−5=㉡, ㉡=4입니다.
➡ ㉠+㉡=3+4=7

14 두 수의 합의 일의 자리 수가 5인 두 수는 587과 778, 496과 839입니다.
587+778=1365(×), 496+839=1335(○)이므로 □ 안에 알맞은 두 수는 496과 839입니다.

15 (민주네 집에서 도서관까지의 거리)
=(공원에서 도서관까지의 거리)
  +(민주네 집에서 학교까지의 거리)
  −(공원에서 학교까지의 거리)
=397+426−618
=823−618=205 (m)

16 295★392=295+392+295
              =687+295=982

17 새로 만든 수를 □라고 하면 □+762=911이므로
911−762=□, □=149입니다.
따라서 어떤 세 자리 수는 149의 백의 자리 숫자와 십의 자리 숫자를 바꾼 419입니다.

18 389+52□=915라고 하면
52□=915−389=526이므로 □=6입니다.
389+52□>915이어야 하므로 □ 안에는 6보다 큰 수가 들어가야 합니다.
따라서 □ 안에 들어갈 수 있는 수는 7, 8, 9입니다.

19 서술형 ㉎ 달콤 과수원에서 수확한 사과는
852−236=616(개)입니다.
따라서 두 과수원에서 수확한 사과는 모두
852+616=1468(개)입니다.

평가 기준	배점
달콤 과수원에서 수확한 사과는 몇 개인지 구했나요?	2점
두 과수원에서 수확한 사과는 모두 몇 개인지 구했나요?	3점

20 서술형 ㉎ 수 카드로 만들 수 있는 가장 큰 세 자리 수는 976이고 가장 작은 세 자리 수는 467입니다.
따라서 두 수의 합은 976+467=1443입니다.

평가 기준	배점
가장 큰 세 자리 수와 가장 작은 세 자리 수를 각각 구했나요?	2점
가장 큰 세 자리 수와 가장 작은 세 자리 수의 합을 구했나요?	3점

수시 평가 대비 Level ❷
34~36쪽

1 100

2 (1) 873 (2) 431

3 1055, 1155, 1255

4 (   )(○)
    (   )(○)

5 707

6 549, 1006

7 (1) >   (2) <

8 722

9

10 (1) 63, 763 (2) 15, 415

11 614, 356

12 ㉠

13 은행, 167 m

14 (위에서부터) (1) 3, 2, 7   (2) 5, 2

15 1, 2, 3

16 1473

17 13

18 ㉎ 공장, 26개

19
```
   6 10
  7 3 6
 − 2 9 4
 ───────
   4 4 2
```
㉎ 백의 자리에서 십의 자리로 받아내림한 것을 빠뜨리고 계산하였습니다.

20 536

1 40+60=100에서 □ 안에는 1이 들어가지만 백의 자리 숫자이므로 실제로 나타내는 값은 100입니다.

2 (1)
$$\begin{array}{r} \overset{1}{} \\ 5\ 2\ 6 \\ +\ 3\ 4\ 7 \\ \hline 8\ 7\ 3 \end{array}$$
(2)
$$\begin{array}{r} \overset{6}{}\overset{10}{} \\ 7\ 1\ 4 \\ -\ 2\ 8\ 3 \\ \hline 4\ 3\ 1 \end{array}$$

3 같은 수에 100씩 커지는 수를 더하면 합도 100씩 커집니다.

4 몇백몇십쯤으로 어림하여 구해 봅니다.
$247+239 \Rightarrow$ 약 $250+240=490$
$183+351 \Rightarrow$ 약 $180+350=530$
$722-298 \Rightarrow$ 약 $720-300=420$
$868-274 \Rightarrow$ 약 $870-270=600$

5 $438+269=707$

6 $836-287=549,\ 549+457=1006$

7 (1) $765+248=1013,\ 639+327=966$
$\Rightarrow 1013>966$
(2) $932-386=546,\ 861-242=619$
$\Rightarrow 546<619$

8 100이 9개, 10이 8개, 1이 7개인 수는 987입니다.
$\Rightarrow 987-265=722$

9 $512-\blacksquare=255 \Rightarrow \blacksquare=512-255,\ \blacksquare=257$
$636-\blacksquare=389 \Rightarrow \blacksquare=636-389,\ \blacksquare=247$

10 (1) $345+418=(300+400)+(45+18)$
$=700+63$
$=763$
(2) $931-516=(900-500)+(31-16)$
$=400+15$
$=415$

11 일의 자리 수끼리의 차가 8이 되는 두 수는 614, 356입니다.
$\Rightarrow 614-356=258$

12 ㉠ $167+376=543$ ㉡ $258+219=477$
㉢ $724-188=536$ ㉣ $805-353=452$
$\Rightarrow 543>536>477>452$
따라서 계산 결과가 가장 큰 것은 ㉠입니다.

13 $835>668$이므로 윤선이네 집에서 은행이
$835-668=167$ (m) 더 가깝습니다.

14 (1)
$$\begin{array}{r} 1\ ㉡\ 4 \\ +\ 5\ 8\ ㉠ \\ \hline ㉢\ 1\ 6 \end{array}$$
일의 자리 계산: $4+㉠=6 \Rightarrow ㉠=6-4,\ ㉠=2$
십의 자리 계산: $㉡+8=11 \Rightarrow ㉡=11-8,\ ㉡=3$
백의 자리 계산: $1+1+5=㉢,\ ㉢=7$
(2)
$$\begin{array}{r} 8\ 5\ 4 \\ -\ 5\ ㉠\ 7 \\ \hline ㉡\ 9\ 7 \end{array}$$
십의 자리 계산: $10+5-1-㉠=9$
$\Rightarrow ㉠=14-9,\ ㉠=5$
백의 자리 계산: $8-1-5=㉡,\ ㉡=2$

15 $954-567=387$이므로 $387>\square81$입니다.
백의 자리 수를 비교하면 $3>\square$이고, $\square=3$인 경우
$387>381$이므로 $\square$ 안에 3이 들어갈 수 있습니다.
따라서 $\square$ 안에 들어갈 수 있는 수는 1, 2, 3입니다.

16 만들 수 있는 가장 큰 수는 984이고, 가장 작은 수는 489입니다.
$\Rightarrow 984+489=1473$

17 $\square+259=531$이므로 $\square=531-259,\ \square=272$입니다.
따라서 두 수의 차는 $272-259=13$입니다.

18 (㉮ 공장에서 만든 장난감의 수)$=387+268$
$=655$(개)
(㉯ 공장에서 만든 장난감의 수)$=295+334$
$=629$(개)
$655>629$이므로 ㉮ 공장이 $655-629=26$(개) 더 많이 만들었습니다.

서술형
19

평가 기준	배점
잘못된 부분을 찾아 바르게 고쳤나요?	3점
잘못된 까닭을 썼나요?	2점

서술형
20 예 어떤 수를 $\square$라고 하면 $\square-268=378$,
$\square=378+268,\ \square=646$이므로 바르게 계산하면
$646+268=914$입니다.
따라서 바르게 계산한 결과와 잘못 계산한 결과의 차는
$914-378=536$입니다.

평가 기준	배점
어떤 수를 구했나요?	2점
바르게 계산한 결과를 구했나요?	2점
바르게 계산한 결과와 잘못 계산한 결과의 차를 구했나요?	1점

2 평면도형

이 단원에서는 2학년에서 학습한 삼각형, 사각형들을 좀 더 구체적으로 알아봅니다. 2학년에서 배운 평면도형들은 입체도형을 '2차원 도형으로 추상화'한 관점에서 접근했다면, 3학년에서는 '선이 모여 평면도형이 되는' 관점으로 평면도형을 생각할 수 있도록 합니다.

따라서 선, 각을 차례로 배운 후 평면도형을 학습하면서 변의 길이, 각의 크기에 따른 평면도형의 여러 종류들과 그 관계까지 살펴봅니다. 직각을 이용하여 분류하는 활동을 통해 직각삼각형을 학습합니다. 마지막으로 여러 가지 사각형을 분류하는 활동으로 직사각형을, 직사각형과 비교하는 활동을 통해 정사각형을 이해하는 학습을 하게 됩니다.

STEP 1 교과개념 1. 선의 종류와 각 알아보기　39쪽

1 (　) (○) (　)

2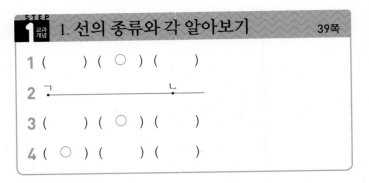

3 (　) (○) (　)

4 (○) (　) (　)

4 한 점에서 그은 두 반직선으로 이루어진 도형을 찾아봅니다.

STEP 1 교과개념 2. 직각과 직각삼각형　41쪽

1 (　) (○) (　)

2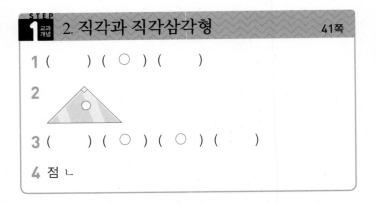

3 (　) (○) (○) (　)

4 점 ㄴ

3 한 각이 직각인 삼각형을 모두 찾습니다.

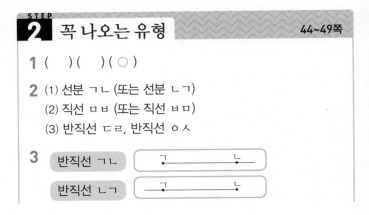

점 ㄴ을 이어야 삼각자의 직각 부분과 꼭 맞는 각이 됩니다.

STEP 1 교과개념 3. 직사각형과 정사각형　43쪽

1 ① 가, 다　② 직사각형　③ 가　④ 정사각형

2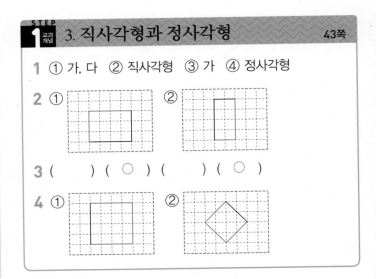

3 (　) (○) (　) (○)

4 ①　　　　　②

2 네 각이 모두 직각이 되게 그립니다.

3 네 각이 모두 직각인 사각형 중 네 변의 길이가 모두 같은 사각형을 찾습니다.

4 ① 네 각이 모두 직각이고 주어진 한 변의 길이가 4칸이므로 나머지 세 변도 모두 4칸이 되도록 정사각형을 그립니다.
② 네 각이 모두 직각이고 주어진 한 변의 길이와 나머지 세 변의 길이가 모두 같도록 정사각형을 그립니다.

STEP 2 꼭 나오는 유형　44~49쪽

1 (　) (　) (○)

2 (1) 선분 ㄱㄴ (또는 선분 ㄴㄱ)
　(2) 직선 ㅁㅂ (또는 직선 ㅂㅁ)
　(3) 반직선 ㄷㄹ, 반직선 ㅇㅅ

3

반직선 ㄱㄴ	ㄱ────────ㄴ
반직선 ㄴㄱ	ㄱ────────ㄴ

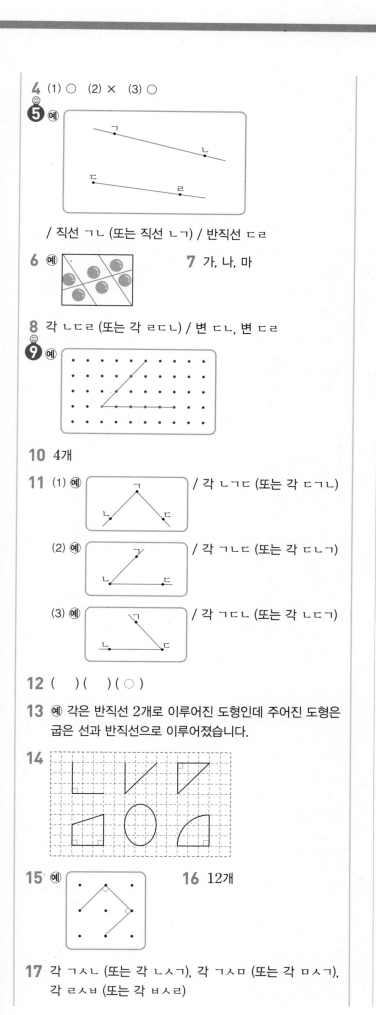

4 (1) ○ (2) × (3) ○

5 예

/ 직선 ㄱㄴ (또는 직선 ㄴㄱ) / 반직선 ㄷㄹ

6 예   **7** 가, 나, 마

8 각 ㄴㄷㄹ (또는 각 ㄹㄷㄴ) / 변 ㄷㄴ, 변 ㄷㄹ

9 예

10 4개

11 (1) 예   / 각 ㄴㄱㄷ (또는 각 ㄷㄱㄴ)

(2) 예   / 각 ㄱㄴㄷ (또는 각 ㄷㄴㄱ)

(3) 예   / 각 ㄱㄷㄴ (또는 각 ㄴㄷㄱ)

12 (   )(   )(○)

13 예 각은 반직선 2개로 이루어진 도형인데 주어진 도형은
굽은 선과 반직선으로 이루어졌습니다.

14

15 예   **16** 12개

17 각 ㄱㅅㄴ (또는 각 ㄴㅅㄱ), 각 ㄱㅅㅁ (또는 각 ㅁㅅㄱ),
각 ㄹㅅㅂ (또는 각 ㅂㅅㄹ)

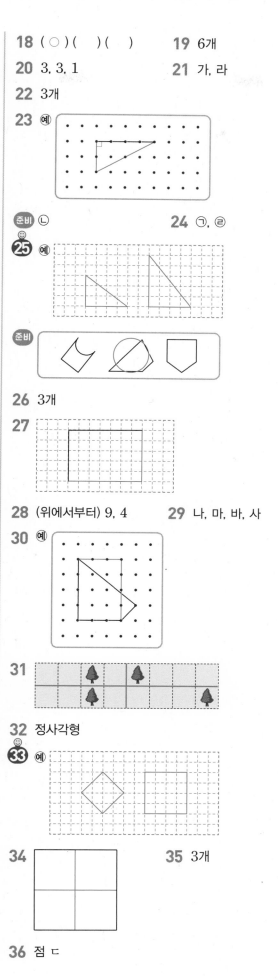

18 (○)(   )(   )   **19** 6개

20 3, 3, 1   **21** 가, 라

22 3개

23 예

준비 ㄴ   **24** ㄱ, ㄹ

25 예

준비

26 3개

27

28 (위에서부터) 9, 4   **29** 나, 마, 바, 사

30 예

31

32 정사각형

33 예

34   **35** 3개

36 점 ㄷ

37 ⑩ 꼭짓점이 4개입니다. / ⑩ 네 각이 모두 직각입니다.

38 6

1 두 점을 곧게 이은 선을 찾습니다.

3 반직선 ㄱㄴ은 점 ㄱ에서 시작하여 점 ㄴ을 지나는 곧은
선을 긋습니다.
반직선 ㄴㄱ은 점 ㄴ에서 시작하여 점 ㄱ을 지나는 곧은
선을 긋습니다.

4 (2) 반직선은 시작점이 있습니다.

😊 내가 만드는 문제
5 직선: 두 점을 지나는 곧은 선을 긋습니다.
반직선: 두 점을 골라 한 점에서 시작하여 다른 점을 지
나는 곧은 선을 긋습니다.

7 각은 한 점에서 그은 두 반직선으로 이루어진 도형입니다.

8 각을 읽을 때에는 각의 꼭짓점이 가운데 오도록 읽습니다.

😊 내가 만드는 문제
9 한 점에서 그은 두 반직선으로 이루어진 도형을 그립니다.

10
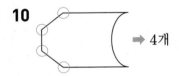 ➡ 4개

11 꼭짓점을 각각 ㄱ, ㄴ, ㄷ으로 하는 다른 각을 그립니다.
참고 | 세 점을 어떻게 잇느냐에 따라 다른 각을 그릴 수 있습니다.

12
△ ➡ 3개 ◇ ➡ 4개 ⬠ ➡ 5개

서술형
13

단계	문제 해결 과정
①	각을 바르게 설명했나요?
②	주어진 도형이 각이 아닌 까닭을 썼나요?

14 삼각자의 직각 부분과 꼭 맞게 겹쳐지면 직각입니다.

15 삼각자의 직각 부분과 꼭 맞게 겹쳐지는 부분이 2군데가
되도록 모양을 그려 봅니다.

16 삼각자의 직각 부분과 꼭 맞
게 겹쳐지는 부분을 모두 찾
아보면 직각은 모두 12개입
니다.

17
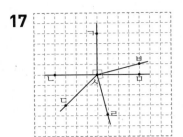

직각을 찾아 표시해 보면 모두 3개입니다.

18 시계의 긴바늘과 짧은바늘이 이루는 작은 쪽의 각이 직각
인 시각은 3시입니다.

서술형
19 ⑩ 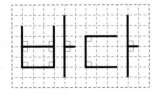 ➡ 2개, ➡ 4개
따라서 주어진 도형에서 찾을 수 있는 직각은 모두
2+4=6(개)입니다.

단계	문제 해결 과정
①	각 도형의 직각의 수를 구했나요?
②	도형에서 찾을 수 있는 직각은 모두 몇 개인지 구했나요?

20 직각삼각형의 변은 3개, 각은 3개, 직각은 1개입니다.

21 삼각자를 이용하여 한 각이 직각인 삼각형을 찾습니다.

22 한 각이 직각인 삼각형은 가, 다, 바로 모두 3개입니다.

23 한 각이 직각인 삼각형을 그립니다.

준비 ㉠ 삼각형은 3개의 선분으로 둘러싸여 있습니다.
㉢ 삼각형의 모양은 꼭짓점의 위치와 변의 길이에 따라
다릅니다.

24 ㉡ 직각삼각형은 꼭짓점이 3개입니다.
㉢ 직각삼각형은 세 변의 길이가 같을 수 없습니다.

😊 내가 만드는 문제
25 한 각이 직각인 삼각형을 그립니다.
직각을 그릴 때 모눈의 직각인 부분을 이용하면 편리합니다.

준비 4개의 곧은 선으로 둘러싸여 있는 도형을 찾습니다.

26 네 각이 모두 직각인 도형은 나, 다, 라로 모두 3개입니다.

27 주어진 선분을 두 변으로 하는 네 각이 모두 직각인 사각
형을 그려 봅니다.

28 직사각형은 마주 보는 두 변의 길이가 같습니다.

29 네 각이 모두 직각인 사각형은 나, 마, 바, 사입니다.

30

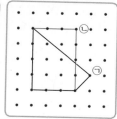

점 ⊙을 왼쪽으로 한 칸, 위쪽으로 세 칸 이동한 점 ⊙의 위치로 옮기면 직사각형이 됩니다.

31 모양과 크기가 같으면서 네 각이 직각인 직사각형 4개가 만들어지도록 선을 긋습니다.

32 네 각이 모두 직각이고 네 변의 길이가 모두 같은 사각형이 생깁니다.

😊 내가 만드는 문제
33 네 각이 모두 직각이고 네 변의 길이가 모두 같은 사각형을 그립니다.

34 네 각이 모두 직각이고 네 변의 길이가 모두 같은 사각형 4개가 되도록 선을 그어 봅니다.

35

①＋②, ⑤, ③＋④＋⑤＋⑥＋⑦로 찾을 수 있는 크고 작은 정사각형은 모두 3개입니다.

36

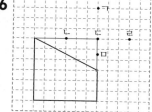

네 각이 모두 직각이고 네 변의 길이가 모두 같게 되는 꼭 짓점을 찾습니다.

서술형
37 변이 4개입니다. 마주 보는 두 변의 길이가 같습니다. 등 도 답이 될 수 있습니다.

단계	문제 해결 과정
①	직사각형과 정사각형의 공통점을 한 가지 썼나요?
②	직사각형과 정사각형의 공통점을 또 한 가지 썼나요?

38

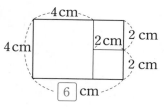

큰 정사각형의 한 변의 길이는 작은 정사각형을 2개 붙인 것과 길이가 같으므로 4 cm입니다.
따라서 □＝4＋2＝6 (cm)입니다.

STEP
3 실수하기 쉬운 유형   50~52쪽

1 1개   **2** 2개

3 2개   **4** 직사각형

5 직각삼각형   **6** 정사각형

7 ⓛ, ⓒ

8 사각형, 직사각형, 정사각형에 ○표

9 예 정사각형, 직사각형

10

11

12

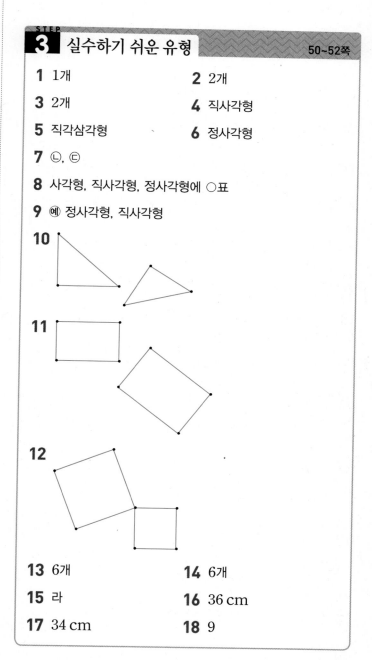

13 6개   **14** 6개

15 라   **16** 36 cm

17 34 cm   **18** 9

1 보라색 선이 선분입니다.

2 빨간색, 노란색 선이 직선입니다.

3 빨간색, 노란색 선이 반직선입니다.

5 한 각이 직각인 삼각형이므로 직각삼각형입니다.

6 변과 꼭짓점이 각각 4개인 도형은 사각형이고, 이 중 네 각이 모두 직각인 사각형은 직사각형입니다. 직사각형 중 네 변의 길이가 모두 같은 사각형은 정사각형입니다.

8 네 각이 모두 직각이고 네 변의 길이가 모두 같으므로 정사각형입니다.
정사각형은 직사각형, 사각형이라고 할 수 있습니다.

9 정사각형, 직사각형은 사각형이라고 할 수 있습니다.

10 한 각이 직각인 삼각형을 2개 그려 봅니다.

11 네 각이 모두 직각인 사각형을 2개 그려 봅니다.

12 네 각이 모두 직각이고 네 변의 길이가 모두 같은 사각형을 2개 그려 봅니다.

13 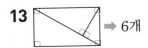 ➡ 6개

14 삼각자의 직각인 부분을 대어 보았을 때 꼭 맞게 겹쳐지는 각을 찾습니다.

 ➡ 6개

15

가 ➡ 5개   나 ➡ 3개

다 ➡ 6개   라 ➡ 8개

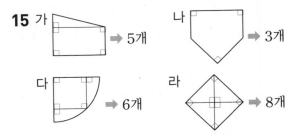

➡ 도형 라의 직각의 수가 가장 많습니다.

16 직사각형은 마주 보는 두 변의 길이가 같습니다.
(직사각형의 네 변의 길이의 합)
$=11+7+11+7=36\,(cm)$

17 직사각형은 마주 보는 두 변의 길이가 같습니다.
(직사각형의 네 변의 길이의 합)
$=9+8+9+8=34\,(cm)$

18 직사각형은 마주 보는 두 변의 길이가 같습니다.
$\square+5+\square+5=28$,
$\square+\square+10=28$,
$\square+\square=18$이므로 $\square=9$입니다.

STEP 4 상위권 도전 유형 53~56쪽

1 예

2 예

3 예

4 3개   **5** 6개
6 10개   **7** 6개
8 6개   **9** 6개
10 예   **11** 예
12 예
13 6개   **14** 4개
15 14개   **16** 24 cm
17 48 cm   **18** 80 cm
19 20 cm   **20** 32 cm
21 16 cm   **22** 7 cm
23 9 cm   **24** 8 cm

1 ★ 모양이 들어가는 한 각이 직각인 삼각형을 그립니다.

2 ♣ 모양 2개가 모두 들어가는 네 각이 직각인 사각형을 그립니다.

3 ♥ 모양 3개가 모두 들어가는 네 각이 직각이고 네 변의 길이가 같은 사각형을 그립니다.

4

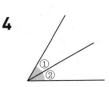

작은 각 1개짜리: ①, ② ➡ 2개
작은 각 2개짜리: ①+② ➡ 1개
따라서 크고 작은 각은 모두 2+1=3(개)입니다.

5

작은 각 1개짜리: ①, ②, ③ ➡ 3개
작은 각 2개짜리: ①+②, ②+③ ➡ 2개
작은 각 3개짜리: ①+②+③ ➡ 1개
따라서 크고 작은 각은 모두 3+2+1=6(개)입니다.

6

작은 각 1개짜리: ①, ②, ③, ④ ➡ 4개
작은 각 2개짜리: ①+②, ②+③, ③+④ ➡ 3개
작은 각 3개짜리: ①+②+③, ②+③+④ ➡ 2개
작은 각 4개짜리: ①+②+③+④ ➡ 1개
따라서 크고 작은 각은 모두 4+3+2+1=10(개)입니다.

7 한 점에서 다른 점과 이어 그을 수 있는 선분은 3개씩이므로 4×3=12(개)입니다.
이때 그은 선분이 2개씩 중복되므로 그을 수 있는 선분은 12개의 절반인 6개입니다.

8 한 점에서 다른 점과 이어 그을 수 있는 직선은 3개씩이므로 4×3=12(개)입니다.
이때 그은 직선이 2개씩 중복되므로 그을 수 있는 직선은 12개의 절반인 6개입니다.

9 한 점에서 다른 점과 이어 그을 수 있는 반직선은 2개씩이므로 3×2=6(개)입니다.

10 한 각이 직각인 삼각형이 3개가 되도록 선분 2개를 그어 봅니다.

11 네 각이 직각인 사각형이 6개가 되도록 선분 3개를 그어 봅니다.

12 한 각이 직각인 삼각형이 5개가 되도록 선분 3개를 그어 봅니다.

13
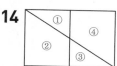

작은 직사각형 1개짜리: ①, ②, ③ ➡ 3개
작은 직사각형 2개짜리: ①+②, ②+③ ➡ 2개
작은 직사각형 3개짜리: ①+②+③ ➡ 1개
따라서 크고 작은 직사각형은 모두 3+2+1=6(개)입니다.

14

작은 도형 1개짜리: ①, ③ ➡ 2개
작은 도형 2개짜리: ①+④, ②+③ ➡ 2개
따라서 크고 작은 직각삼각형은 모두 2+2=4(개)입니다.

15

작은 정사각형 1개짜리: ①, ②, ③, ④, ⑤, ⑥, ⑦, ⑧,
⑨ ➡ 9개
작은 정사각형 4개짜리:
①+②+④+⑤, ②+③+⑤+⑥,
④+⑤+⑦+⑧, ⑤+⑥+⑧+⑨ ➡ 4개
작은 정사각형 9개짜리:
①+②+③+④+⑤+⑥+⑦+⑧+⑨ ➡ 1개
따라서 크고 작은 정사각형은 모두 9+4+1=14(개)입니다.

16 정사각형의 한 변의 길이는 3+3=6 (cm)입니다.
(정사각형의 네 변의 길이의 합)=6+6+6+6
=24 (cm)

17 정사각형의 한 변의 길이는 4+4+4=12 (cm)입니다.
(정사각형의 네 변의 길이의 합)=12+12+12+12
=48 (cm)

18 정사각형의 한 변의 길이는 5+5+5+5=20 (cm)입니다.
(정사각형의 네 변의 길이의 합)=20+20+20+20
=80 (cm)

19 만든 직사각형의 긴 변의 길이는 4+4=8 (cm),
짧은 변의 길이는 2 cm입니다.
따라서 직사각형의 네 변의 길이의 합은
8+2+8+2=20 (cm)입니다.

20

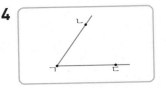

3 cm

5 cm

굵은 선의 길이는 긴 변의 길이가 5+5=10 (cm),
짧은 변의 길이가 3+3=6 (cm)인 직사각형의 네 변의
길이의 합과 같습니다.
따라서 굵은 선의 길이는
10+6+10+6=32 (cm)입니다.

21

2 cm

굵은 선의 길이는 한 변의 길이가 2+2=4 (cm)인 정
사각형의 네 변의 길이의 합과 같습니다.
따라서 굵은 선의 길이는 4+4+4+4=16 (cm)입니다.

22 (직사각형의 네 변의 길이의 합)=9+5+9+5
=28 (cm)
➡ 7+7+7+7=28이므로 정사각형의 한 변의 길이
는 7 cm입니다.

23 (직사각형의 네 변의 길이의 합)=6+12+6+12
=36 (cm)
➡ 9+9+9+9=36이므로 정사각형의 한 변의 길이
는 9 cm입니다.

24 (만든 직사각형의 네 변의 길이의 합)
=6+10+6+10=32 (cm)
➡ 8+8+8+8=32이므로 정사각형의 한 변의 길이
는 8 cm입니다.

수시 평가 대비 Level ❶

57~59쪽

1
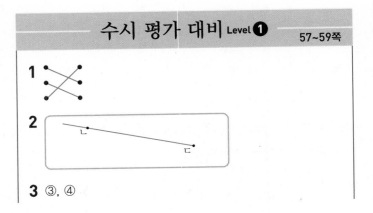

2

3 ③, ④

4
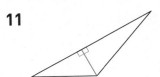

5 5개   **6** 점 ㅁ

7 20 cm

8 각 ㄱㅂㄴ (또는 각 ㄴㅂㄱ), 각 ㄷㅂㄹ (또는 각 ㄹㅂㄷ),
각 ㄹㅂㅁ (또는 각 ㅁㅂㄹ)

9 가, 다, 마, 바   **10** ②, ④, ⑤

11   **12** ①, ④

13 6개   **14** 8개

15 (위에서부터) 7, 6   **16** 10

17 2개   **18** 42 cm

19 가 / 예 가는 네 각이 모두 직각인 사각형이 아닙니다.

20 4 cm

1 반직선 ㄱㄴ: 점 ㄱ에서 시작하여 점 ㄴ으로 끝없이 늘인
곧은 선
직선 ㄱㄴ: 점 ㄱ과 점 ㄴ을 지나도록 끝없이 늘인 곧은 선
선분 ㄱㄴ: 점 ㄱ과 점 ㄴ을 곧게 이은 선

2 점 ㄷ에서 시작하여 점 ㄴ을 지나는 반직선을 긋습니다.

4 꼭짓점을 점 ㄱ으로 하여 각을 그립니다.

5 가: 2개, 나: 3개 ➡ 2+3=5(개)

6 빨간색 꼭짓점을 점 ㅁ으로 옮기면 네 각이 모두 직각인
사각형이 됩니다.

7 (정사각형의 네 변의 길이의 합)
=5+5+5+5=20 (cm)

9 한 각이 직각인 직각삼각형은 가, 다, 마, 바입니다.

10 네 각이 모두 직각이고 네 변의 길이가 모두 같으므로 정
사각형입니다. 정사각형은 사각형, 직사각형이라고 할 수
있습니다.

11 삼각자의 직각 부분을 이용하여 선분을 긋습니다.

12

13 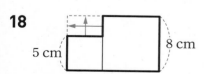 두 점을 곧은 선으로 이은 후 세어 보면 모두 6개입니다.

14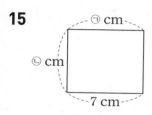

작은 직사각형 1개짜리: ①, ②, ③, ④ ➡ 4개
작은 직사각형 2개짜리: ①+②, ③+④ ➡ 2개
작은 직사각형 3개짜리: ①+②+③ ➡ 1개
작은 직사각형 4개짜리: ①+②+③+④ ➡ 1개
따라서 크고 작은 직사각형은 모두
$4+2+1+1=8$(개)입니다.

15

직사각형은 마주 보는 두 변의 길이가 같으므로 ㉠=7입니다.
$7+㉡+7+㉡=26$, $14+㉡+㉡=26$,
$㉡+㉡=12$에서 $6+6=12$이므로 ㉡=6입니다.

16 (직사각형의 네 변의 길이의 합)
$=12+8+12+8=40$ (cm)
정사각형은 네 변의 길이가 같습니다.
$10+10+10+10=40$이므로 □=10입니다.

17 한 변의 길이가 3 cm인 정사각형을 한 개 만드는 데 필요한 철사의 길이는 $3×4=12$ (cm)입니다.
따라서 $30-12-12=6$ (cm)이므로 정사각형을 2개까지 만들 수 있습니다.

18

굵은 선의 길이는 긴 변이 $5+8=13$ (cm), 짧은 변이 8 cm인 직사각형의 네 변의 길이의 합과 같습니다.
따라서 굵은 선의 길이는 $13+8+13+8=42$ (cm)입니다.

19

평가 기준	배점
직사각형이 아닌 도형을 찾았나요?	2점
직사각형이 아닌 까닭을 썼나요?	3점

20 예 (선분 ㅇㄷ)=(선분 ㄹㄷ)=(선분 ㄱㄴ)=16 cm,
(선분 ㅁㅂ)=(선분 ㄴㅇ)=28−16=12 (cm),
(선분 ㅅㅂ)=(선분 ㅁㅂ)=12 cm이므로
(선분 ㅂㅇ)=16−12=4 (cm)입니다.

평가 기준	배점
선분 ㅇㄷ의 길이를 구했나요?	1점
선분 ㅅㅂ의 길이를 구했나요?	2점
선분 ㅂㅇ의 길이를 구했나요?	2점

수시 평가 대비 Level ❷
60~62쪽

1 선분 ㅁㅂ (또는 선분 ㅂㅁ)

2

3 (○) (×) (○)

4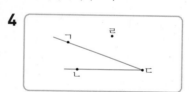

5 ④

6 9

7 가, 나, 다, 마, 바

8 가, 나, 바

9 예

10 정사각형, 4개

11 각 ㄱㅂㅁ (또는 각 ㅁㅂㄱ), 각 ㄴㅂㄷ (또는 각 ㄷㅂㄴ)

12 가, 나, 다, 사

13 ③

14 ㉢

15 5 cm

16 8개

17 8 cm

18 10개

19 예 직사각형은 네 각이 모두 직각인데 주어진 도형은 직각이 아닌 각이 있습니다.

20 24 cm

1 점 ㅁ과 점 ㅂ을 이은 선분이므로 선분 ㅁㅂ 또는 선분 ㅂㅁ 이라고 합니다.

2 점 ㅇ과 점 ㅈ을 지나도록 곧은 선을 긋습니다.

3 각은 한 점에서 그은 두 반직선으로 이루어진 도형입니다.

4 각 ㄴㄷㄱ에서 점 ㄷ이 가운데 있으므로 꼭짓점을 점 ㄷ으로 하여 각을 그립니다.

5 점 ㄴ과 점 ④를 이어야 삼각자의 직각 부분과 꼭 맞는 각이 됩니다.

6 정사각형은 네 변의 길이가 모두 같습니다.

7 네 각이 모두 직각인 사각형을 찾습니다.

8 네 각이 모두 직각이고 네 변의 길이가 모두 같은 사각형을 찾습니다.

9 한 점을 옮겨 한 각이 직각인 삼각형을 그려 봅니다.

10  ➡ 정사각형이 4개 생깁니다.

12 한 각이 직각인 삼각형은 가, 나, 다, 사입니다.

13 ① 직선은 시작점이 없습니다.
② 반직선이 직선의 일부입니다.
④ 반직선은 한쪽 방향으로만 늘어납니다.
⑤ 반직선은 시작점이 있습니다.

14 도형은 정사각형입니다.
© 정사각형은 직사각형이라고 할 수 있습니다.

15 정사각형은 네 변의 길이가 모두 같으므로 정사각형의 한 변의 길이를 □ cm라고 하면 □+□+□+□=20입니다.
5+5+5+5=20이므로 □=5입니다.

16

➡8개

17 정사각형은 네 변의 길이가 모두 같으므로 가장 큰 정사각형을 만들려면 정사각형의 한 변의 길이는 직사각형의 짧은 변의 길이인 8 cm로 해야 합니다.

18 한 점에서 다른 점과 이어 그을 수 있는 선분은 4개씩이므로 5×4=20(개)입니다.
이때 그은 선분은 2개씩 중복되므로 그을 수 있는 선분은 20개의 절반인 10개입니다.

19

평가 기준	배점
직사각형을 바르게 설명했나요?	2점
직사각형이 아닌 까닭을 썼나요?	3점

20 예 만든 직사각형의 긴 변의 길이는
3+3+3=9 (cm), 짧은 변의 길이는 3 cm입니다.
굵은 선의 길이는 직사각형의 네 변의 길이의 합과 같으므로 9+3+9+3=24 (cm)입니다.

평가 기준	배점
만든 직사각형의 긴 변과 짧은 변의 길이를 구했나요?	2점
굵은 선의 길이를 구했나요?	3점

3 나눗셈

나눗셈은 3학년에서 처음 배우는 개념으로 2학년까지 학습한 덧셈, 뺄셈, 곱셈구구의 개념을 모두 이용하여 이해할 수 있는 새로운 내용입니다.

3학년의 나눗셈은 곱셈구구의 역연산으로써만 학습하지만 3학년 이후의 나눗셈들은 나머지가 있는 것, 나누는 수와 나머지의 관계, 두 자리 수로 나누기 등 나눗셈의 기본 원리를 바탕으로 한 여러 가지 개념을 한꺼번에 배우게 되므로 처음 나눗셈을 학습할 때, 그 원리를 명확히 알 수 있도록 지도해 주세요.

또한 나눗셈이 가지는 분배법칙의 성질을 초등 수준에서 느껴 볼 수 있도록 문제를 구성하였습니다.

'분배법칙'이라는 용어를 사용하지 않아도 나누는 수를 분해하여 나눌 수 있음을 경험하게 되면 중등 과정에서 어려운 표현으로 연산의 법칙을 배우게 될 때 좀 더 쉽게 이해할 수 있습니다.

STEP 1 교과개념 1. 똑같이 나누기 65쪽

1 ① 8, 2 ② 16, 8 ③ 몫

2 ① 6개 ② 6

3 ① 9, 9, 9 ② 3명 ③ 9, 3

2 빵 12개를 접시 2개에 똑같이 나누어 담으면 한 접시에 6개씩입니다.
➡ $12 \div 2 = 6$

STEP 1 교과개념 2. 곱셈과 나눗셈의 관계 알아보기 67쪽

1 ① 24, 24개 ② 3, 3개 ③ 8, 8개

2 36, 4 / 36, 9

3 3, 21, 7, 21 / 21, 7, 3, 21, 3, 7

2

STEP 1 교과개념 3. 나눗셈의 몫 구하기 69쪽

1 4, 4

2 ① 9단 ② 4 ③ 4

3 ① 8 / 8 ② 7 / 7

1 $32 \div 8$의 몫을 구하려면 8단 곱셈구구에서 곱이 32인 곱셈식을 찾습니다.

3 ① $48 \div 6 = 8$ ② $28 \div 4 = 7$
　　　 $6 \times 8 = 48$　　　　 $4 \times 7 = 28$

STEP 2 꼭 나오는 유형 70~75쪽

1 (예) / 7, 3

2 3, 5 / 15, 3, 5

3 ㉡   4 ( )(○)

5 (예) 3 / 3, 4 / 3, 2   6 5마리

7 6   8 3

준비 4   9 6

10 ㉡   11 ㉠

12 4명   13 (1) 9개 (2) 3묶음

14 (1) (예) / 6, 6

(2) (예) / 8, 8

15 (1) 6, 5 (2) 6, 5   16 (1) 7 (2) 7

17 (예) ㉠에서 구한 몫은 한 묶음 안에 있는 모자의 수이고, ㉡에서 구한 몫은 2개씩 묶었을 때 묶음의 수입니다.

18 (1) 5, 5 (2) 3, 3

19 (1) 18, 6, 3 (2) 18, 3, 6

20 8, 32 / 4, 32

21 $4 \times 6 = 24$ / $24 \div 4 = 6$, $24 \div 6 = 4$

22 $9 \times 3 = 27$ (또는 9×3) / $27 \div 9 = 3$, $27 \div 3 = 9$

23 예 5, 7, 35 / 35, 5, 7 / 35, 7, 5

24 (   ) (○) **25** 6, 6

26 3, 3 **27**

28 6, 9, 6, 9 / 9개 **29** 3, 7 / 7, 21 / 7개

30 6 **31** (1) 7 (2) 6

준비 20 / 27

32 (1) 4, 5, 6 (2) 8, 7, 6

33 $24 \div 3 = 8$ (또는 $24 \div 3$) / 8명

34 예 혜연이는 고체 치약 24개를 6명에게 똑같이 나누어 주려고 합니다. 한 명에게 몇 개씩 줄 수 있나요? / 4개

35 18

36 (1) 예 4, 3 (2) 예 16, 2

1 공깃돌 21개를 7묶음으로 똑같이 나누면 한 묶음에 3개씩이므로 $21 \div 7 = 3$입니다.

2 귤 15개를 봉지 3개에 똑같이 나누어 담으면 한 봉지에 5개씩입니다. ➡ $15 \div 3 = 5$

3 ㉡ $16 \div 8 = 2$에서 2는 16을 8로 나눈 몫입니다.

4 바구니 3개에는 달걀 16개를 똑같이 나누어 담을 수 없습니다. 바구니 4개에는 달걀 16개를 4개씩 똑같이 나누어 담을 수 있습니다.

😊 내가 만드는 문제
5 사탕 12개와 과자 6개는 접시 2개, 3개, 6개에 똑같이 나누어 담을 수 있습니다.
예 접시 3개에 똑같이 나누어 담으면 한 접시에 사탕은 $12 \div 3 = 4$(개)씩, 과자는 $6 \div 3 = 2$(개)씩 담을 수 있습니다.

6 생선 한 두름은 $10 + 10 = 20$(마리)입니다.
생선 20마리를 4상자에 똑같이 나누어 담으면 $20 \div 4 = 5$이므로 한 상자에 5마리씩 담아야 합니다.

7 30에서 5를 6번 덜어 내면 0이 되므로 나눗셈식으로 나타내면 $30 \div 5 = 6$입니다.
참고 | 같은 수를 반복해서 더하는 것은 곱셈식으로 나타낼 수 있습니다.
$5 + 5 + 5 + 5 + 5 + 5 = 30$ ➡ $5 \times 6 = 30$

8 $\underset{3번}{12 - 4 - 4 - 4} = 0$ ➡ $12 \div 4 = 3$

준비 6 cm씩 4개이면 24 cm이므로 $6 \times 4 = 24$입니다.

9 48 cm를 똑같이 8 cm로 나누면 6도막이므로 $48 \div 8 = 6$입니다.

10 ㉠ 연필 20자루를 한 명에게 4자루씩 나누어 주면 $20 - 4 - 4 - 4 - 4 - 4 = 0$이므로 5명에게 나누어 줄 수 있습니다.

11 ㉠ $\underset{4번}{24 - 6 - 6 - 6 - 6} = 0$ ➡ $24 \div 6 = 4$
㉡ $\underset{3번}{24 - 8 - 8 - 8} = 0$ ➡ $24 \div 8 = 3$

서술형
12 방법 1 예 [뺄셈식으로 구하기]
$28 - 7 - 7 - 7 - 7 = 0$에서 7씩 4번 빼면 0이 되므로 4명에게 나누어 줄 수 있습니다.

방법 2 예 [나눗셈식으로 구하기] $28 \div 7 = 4$이므로 4명에게 나누어 줄 수 있습니다.

단계	문제 해결 과정
①	한 가지 방법으로 구했나요?
②	다른 한 가지 방법으로 구했나요?

13 (1) $18 \div 2 = 9$(개)
(2) $18 \div 6 = 3$(묶음)

14 (1) 축구공 12개를 2묶음으로 똑같이 나누면 한 묶음에 6개씩이므로 $12 \div 2 = 6$입니다.
(2) 야구공 16개를 한 묶음에 2개씩 묶으면 8묶음이 되므로 $16 \div 2 = 8$입니다.

16 (1) 14를 2칸으로 똑같이 나누면 한 칸에 7씩입니다.
(2) 14에서 2를 7번 빼면 0이 되므로 나눗셈식으로 나타내면 $14 \div 2 = 7$입니다.

서술형
17
단계	문제 해결 과정
①	㉠에서 구한 몫의 의미를 설명했나요?
②	㉡에서 구한 몫의 의미를 설명했나요?

19 $● \times ▲ = ■$ < $\begin{array}{l} ■ \div ● = ▲ \\ ■ \div ▲ = ● \end{array}$

20 $● \div ▲ = ■$ < $\begin{array}{l} ▲ \times ■ = ● \\ ■ \times ▲ = ● \end{array}$

21 딸기가 4개씩 6묶음으로 모두 24개입니다.
곱셈식으로 나타내면 $4 \times 6 = 24$이고 나눗셈식으로 나타내면 $24 \div 4 = 6$, $24 \div 6 = 4$입니다.

22 자동차가 9대씩 3줄이므로 모두 $9 \times 3 = 27$(대)입니다.
➡ $27 \div 9 = 3$, $27 \div 3 = 9$

23 곱셈식 $9 \times 7 = 63$
나눗셈식 $63 \div 9 = 7$, $63 \div 7 = 9$로 만들 수도 있습니다.

24 $24 \div 6 = 4$
    $6 \times 4 = 24$

27 $32 \div 8 = \square$ ➡ $8 \times 4 = 32$이므로 $\square = 4$입니다.
$63 \div 7 = \square$ ➡ $7 \times 9 = 63$이므로 $\square = 9$입니다.

28 $54 \div 6 = 9$
    $6 \times 9 = 54$

서술형
30 예 $48 \div \square = 8$ ➡ $\square \times 8 = 48$
$6 \times 8 = 48$이므로 $\square = 6$입니다.

단계	문제 해결 과정
①	곱셈과 나눗셈의 관계를 알고 있나요?
②	곱셈식을 이용하여 답을 구했나요?

31 (1) 4단 곱셈구구에서 $4 \times 7 = 28$이므로 $28 \div 4 = 7$입니다.
(2) 7단 곱셈구구에서 $7 \times 6 = 42$이므로 $42 \div 7 = 6$입니다.

준비 5단 곱셈구구와 9단 곱셈구구를 외워 봅니다.

32 (1) $9 \times 4 = 36$ ➡ $36 \div 9 = 4$
$9 \times 5 = 45$ ➡ $45 \div 9 = 5$
$9 \times 6 = 54$ ➡ $54 \div 9 = 6$
(2) $5 \times 8 = 40$ ➡ $40 \div 5 = 8$
$5 \times 7 = 35$ ➡ $35 \div 5 = 7$
$5 \times 6 = 30$ ➡ $30 \div 5 = 6$

참고 | (1) 나누는 수가 같을 때 나누어지는 수가 커질수록 몫도 커집니다.
(2) 나누는 수가 같을 때 나누어지는 수가 작아질수록 몫도 작아집니다.

33 (전체 고체 치약의 수)
÷ (한 명에게 나누어 주는 고체 치약의 수)
$= 24 \div 3 = 8$(명)

34 (전체 고체 치약의 수) ÷ (나누어 주려는 사람의 수)
$= 24 \div 6 = 4$(개)

35 $27 \div 3 = 9$이므로 구슬 1개의 무게는 $9\,g$입니다.
➡ $\square = 9 \times 2 = 18$ (g)

😊 내가 만드는 문제
36 (1) $12 \div 2 = 6$, $12 \div 3 = 4$, $12 \div 4 = 3$, $12 \div 6 = 2$
(2) $16 \div 2 = 8$, $24 \div 3 = 8$, $32 \div 4 = 8$, $40 \div 5 = 8$
등이 있습니다.

STEP **3** 실수하기 쉬운 유형 76~78쪽

1 ⓒ
2 $30 \div 6 = 5$
3 $40 - 8 - 8 - 8 - 8 - 8 = 0$ / $40 \div 8 = 5$
4 $4 \times 8 = 32$에 ○표
5 ⓒ
6 (1) 9 / 2, 9, 18 (2) 8 / 9, 8, 72
7 35
8 (1) 36 (2) 4
9 ⓒ
10 >
11 (1) < (2) <
12 (○) ( ) ( )
13 2, 6
14 3, 8
15 9, 4
16 6번
17 5번
18 9 cm

1 ㉠ $20 \underbrace{- 5 - 5 - 5 - 5}_{4번} = 0$ ➡ $20 \div 5 = 4$
ⓒ $20 \underbrace{- 4 - 4 - 4 - 4 - 4}_{5번} = 0$ ➡ $20 \div 4 = 5$

2 $30 \underbrace{- 6 - 6 - 6 - 6 - 6}_{5번} = 0$
30에서 6을 빼는 횟수가 몫이 되므로 $30 \div 6 = 5$입니다.

3 $40 \underbrace{- 8 - 8 - 8 - 8 - 8}_{5번} = 0$
40에서 8을 빼는 횟수가 몫이 되므로 $40 \div 8 = 5$입니다.

4 4단 곱셈구구를 이용하여 곱이 32인 곱셈식을 찾으면 $4 \times 8 = 32$입니다.

5 3단 곱셈구구를 이용하여 곱이 24인 곱셈식을 찾으면 $3 \times 8 = 24$입니다.

6 (1) 2단 곱셈구구를 이용하여 곱이 18인 곱셈식을 찾으면 $2 \times 9 = 18$이므로 $18 \div 2 = 9$입니다.
(2) 9단 곱셈구구를 이용하여 곱이 72인 곱셈식을 찾으면 $9 \times 8 = 72$이므로 $72 \div 9 = 8$입니다.

7 $\square \div 5 = 7$ ➡ $5 \times 7 = \square$, $\square = 35$

8 (1) $\square \div 9 = 4$ ➡ $9 \times 4 = \square$, $\square = 36$
(2) $24 \div \square = 6$ ➡ $24 \div 6 = \square$, $\square = 4$

9 ㉠ $15 \div \square = 3$ ➡ $15 \div 3 = \square$, $\square = 5$
㉡ $20 \div \square = 5$ ➡ $20 \div 5 = \square$, $\square = 4$
㉢ $35 \div \square = 7$ ➡ $35 \div 7 = \square$, $\square = 5$
㉣ $45 \div \square = 9$ ➡ $45 \div 9 = \square$, $\square = 5$
따라서 $\square$ 안에 알맞은 수가 다른 하나는 ㉡입니다.

11 (1) 나누는 수가 같을 때에는 나누어지는 수가 클수록 몫이 큽니다.
(2) 나누어지는 수가 같을 때에는 나누는 수가 작을수록 몫이 큽니다.

12 나누어지는 수가 같을 때에는 나누는 수가 작을수록 몫이 큽니다.

13 몫이 가장 크려면 나누는 수에는 가장 작은 수를 넣어야 합니다. ➡ $12 \div 2 = 6$

14 몫이 가장 크려면 나누는 수에 가장 작은 수를 넣어야 합니다. ➡ $24 \div 3 = 8$

15 몫이 가장 작아지려면 나누는 수에 가장 큰 수를 넣어야 합니다. ➡ $36 \div 9 = 4$

16 (도막 수) $= 42 \div 6 = 7$(도막)
(자른 횟수) $=$ (도막 수) $- 1$이므로 $7 - 1 = 6$(번) 잘라야 합니다.

17 (도막 수) $= 54 \div 9 = 6$(도막)
(자른 횟수) $=$ (도막 수) $- 1$이므로 $6 - 1 = 5$(번) 잘라야 합니다.

18 (자른 횟수) $=$ (도막 수) $- 1$이므로
(도막 수) $= 6 + 1 = 7$(도막)입니다.
➡ (한 도막의 길이) $= 63 \div 7 = 9$ (cm)

STEP 4 상위권 도전 유형 79~82쪽

1 24	**2** 5
3 18, 12	**4** 20, 7
5 6	**6** 3
7 9	**8** 4
9 9, 3	**10** 8, 4
11 4, 36	**12** 8
13 0	**14** 1
15 6개	**16** 8분
17 9분	**18** 2개
19 8 cm	**20** 18개
21 7개	**22** 8그루
23 18개	**24** 20, 32
25 16, 64	**26** 4개

1 $12 \div 4 = 3$이므로 $\square \div 8 = 3$입니다.
$\square \div 8 = 3$ ➡ $8 \times 3 = \square$이므로 $\square = 24$입니다.

2 $14 \div 7 = 2$이므로 $10 \div \square = 2$입니다.
$10 \div \square = 2$ ➡ $10 \div 2 = \square$이므로 $\square = 5$입니다.

3 $36 \div 6 = 6$이므로 $\square \div 3 = 6$, $\square \div 2 = 6$입니다.
$\square \div 3 = 6$ ➡ $3 \times 6 = \square$이므로 $\square = 18$입니다.
$\square \div 2 = 6$ ➡ $2 \times 6 = \square$이므로 $\square = 12$입니다.

4 $45 \div 9 = 5$이므로 $\square \div 4 = 5$, $35 \div \square = 5$입니다.
$\square \div 4 = 5$ ➡ $4 \times 5 = \square$이므로 $\square = 20$입니다.
$35 \div \square = 5$ ➡ $35 \div 5 = \square$이므로 $\square = 7$입니다.

5 어떤 수를 $\square$라고 하여 잘못 계산한 식을 세우면
$\square \div 4 = 9$입니다.
➡ $4 \times 9 = \square$, $\square = 36$
따라서 바르게 계산하면 $36 \div 6 = 6$입니다.

6 어떤 수를 $\square$라고 하여 잘못 계산한 식을 세우면
$\square \div 6 = 4$입니다.
➡ $6 \times 4 = \square$, $\square = 24$
따라서 바르게 계산하면 $24 \div 8 = 3$입니다.

7 어떤 수를 $\square$라고 하여 잘못 계산한 식을 세우면
$\square \div 3 = 6$입니다. ➡ $3 \times 6 = \square$, $\square = 18$
따라서 바르게 계산하면 $18 \div 2 = 9$입니다.

8 어떤 수를 □라고 하여 잘못 계산한 식을 세우면
□÷8=2입니다. ➡ 8×2=□, □=16
따라서 바르게 계산하면 16÷4=4입니다.

9 72÷★=8에서 72÷8=★이므로 ★=9입니다.
★÷3=■에서 9÷3=■이므로 ■=3입니다.

10 곱해서 32가 되는 경우는 8×4 또는 4×8입니다. 이 중에서 ◆÷●의 몫이 2인 경우는 ◆=8, ●=4입니다.

11 16-4-4-4-4=0이므로 ▲=4입니다.
♥÷9=4에서 9×4=♥이므로 ♥=36입니다.

12 8단 곱셈구구에서 십의 자리 수가 4인 곱은
8×5=40, 8×6=48이므로 40÷8=5,
48÷8=6입니다.
따라서 몫이 6일 때 가장 크므로 □ 안에 알맞은 수는 8
입니다.

13 5단 곱셈구구에서 십의 자리 수가 3인 곱은
5×6=30, 5×7=35이므로 30÷5=6,
35÷5=7입니다.
따라서 몫이 6일 때 가장 작으므로 □ 안에 알맞은 수는
0입니다.

14 6단 곱셈구구에서 일의 자리 수가 2인 곱은
6×2=12, 6×7=42이므로 12÷6=2,
42÷6=7입니다.
따라서 몫이 2일 때 가장 작으므로 □ 안에 알맞은 수는
1입니다.

15 3시간 동안 식빵 18개를 만드므로 1시간 동안 만들 수 있는 식빵은 18÷3=6(개)입니다.

16 5분 동안 장난감 40개를 만드므로 1분 동안 만들 수 있는 장난감은 40÷5=8(개)입니다. 따라서 장난감 64개를 만드는 데 64÷8=8(분)이 걸립니다.

17 1분 동안 ㉮와 ㉯ 기계가 만드는 열쇠고리는 모두
3+5=8(개)입니다. 따라서 열쇠고리 72개를 만드는
데 72÷8=9(분)이 걸립니다.

18 가로, 세로가 각각 6 cm의 몇 배인지 알아봅니다.
12÷6=2(배), 6÷6=1(배)이므로 정사각형을 가로로 2개 만들 수 있습니다.

19 2×2=4이므로 정사각형을 가로로 2개씩 2줄 만든 것입니다. 따라서 만든 정사각형의 한 변의 길이는
16÷2=8 (cm)입니다.

20 가로, 세로가 각각 9 cm의 몇 배인지 알아봅니다.
54÷9=6(배), 27÷9=3(배)이므로 정사각형을 가로로 6개씩 3줄 만들 수 있습니다.
따라서 만들 수 있는 정사각형은 6×3=18(개)입니다.

21 (가로등 사이의 간격 수)=42÷7=6(군데)
(도로 한쪽에 필요한 가로등 수)=6+1=7(개)

22 (나무 사이의 간격 수)=35÷5=7(군데)
(도로 한쪽에 필요한 나무 수)=7+1=8(그루)

23 (화분 사이의 간격 수)=32÷4=8(군데)
(도로 한쪽에 필요한 화분 수)=8+1=9(개)
➡ (도로 양쪽에 필요한 화분 수)=9×2=18(개)

24 만들 수 있는 두 자리 수는 20, 23, 30, 32입니다.
20÷4=5, 32÷4=8이므로 4로 나누어지는 수는
20, 32입니다.

25 만들 수 있는 두 자리 수는 14, 16, 41, 46, 61, 64입니다.
16÷8=2, 64÷8=8이므로 8로 나누어지는 수는
16, 64입니다.

26 만들 수 있는 두 자리 수는 34, 35, 36, 43, 45, 46,
53, 54, 56, 63, 64, 65입니다.
36÷9=4, 45÷9=5, 54÷9=6, 63÷9=7이므
로 9로 나누어지는 수는 36, 45, 54, 63입니다.
따라서 9로 나누어지는 수는 모두 4개입니다.

수시 평가 대비 Level ❶
83~85쪽

1 15÷3=5 **2** 6
3 7, 7, 7, 0 **4**

5 5×6=30 / 30÷5=6, 30÷6=5
6 ㉠
7 20, 5, 4 / 10, 5, 2 / 35, 5, 7
8 16, 32, 48 **9** (위에서부터) 6, 2, 9, 3
10 48÷6=8 (또는 48÷6) / 8개
11 (1) < (2) > **12** 16
13 7, 8, 9 **14** ㉣

15 3

16 8 cm

17 9대

18 8

19 54분

20 3개

1 ● 나누기 ■는 ▲와 같습니다. ➡ ● ÷ ■ = ▲

2 나비 12마리를 2마리씩 묶으면 6묶음이 되므로
$12 \div 2 = 6$입니다.

3 $21 \div 7 = 3$을 뺄셈식으로 나타내면 21에서 7을 3번 빼면 0이 되는 식인 $21 - 7 - 7 - 7 = 0$입니다.

4 · $18 \div 3 = \square$ ➡ $3 \times \square = 18$
  ➡ $3 \times 6 = 18$이므로 $\square = 6$
· $24 \div 6 = \square$ ➡ $6 \times \square = 24$
  ➡ $6 \times 4 = 24$이므로 $\square = 4$
· $20 \div 4 = \square$ ➡ $4 \times \square = 20$
  ➡ $4 \times 5 = 20$이므로 $\square = 5$

5 5개씩 6묶음이므로 30개입니다.
곱셈식으로 나타내면 $5 \times 6 = 30$이고,
나눗셈식으로 나타내면 $30 \div 5 = 6$, $30 \div 6 = 5$입니다.

6 ㉠ $42 \div 6 = 7$ ㉡ $42 \div 7 = 6$

7 각 공의 수를 상자의 수로 나누는 식으로 나타냅니다.

8 8단 곱셈구구에서 $8 \times 2 = 16$, $8 \times 4 = 32$,
$8 \times 6 = 48$이므로 $16 \div 8 = 2$, $32 \div 8 = 4$,
$48 \div 8 = 6$입니다.

9 $54 \div 9 = 6$, $6 \div 3 = 2$, $54 \div 6 = 9$, $9 \div 3 = 3$

10 (필요한 상자 수) $= 48 \div 6 = 8$(개)

11 (1) $36 \div 9 = 4$, $18 \div 3 = 6$ ➡ $4 < 6$
(2) $35 \div 5 = 7$, $40 \div 8 = 5$ ➡ $7 > 5$

12 $\square \div 2 = 8$
➡ $2 \times 8 = \square$에서 $2 \times 8 = 16$이므로 $\square = 16$입니다.

13 $30 \div 5 = 6$이므로 $6 < \square$입니다.
따라서 $\square$ 안에 들어갈 수 있는 수는 7, 8, 9입니다.

14 ㉠ $14 \div \square = 2$ ➡ $14 \div 2 = \square$, $\square = 7$
㉡ $28 \div \square = 4$ ➡ $28 \div 4 = \square$, $\square = 7$
㉢ $63 \div \square = 9$ ➡ $63 \div 9 = \square$, $\square = 7$
㉣ $36 \div \square = 6$ ➡ $36 \div 6 = \square$, $\square = 6$
따라서 $\square$ 안에 알맞은 수가 다른 하나는 ㉣입니다.

15 어떤 수를 $\square$라고 하면
$\square \div 6 = 2$ ➡ $6 \times 2 = \square$, $\square = 12$입니다.
따라서 바르게 계산하면 $12 \div 4 = 3$입니다.

16 사용하고 남은 색 테이프의 길이는 $70 - 6 = 64$ (cm)입니다.
따라서 한 도막의 길이는 $64 \div 8 = 8$ (cm)입니다.

17 두발자전거의 바퀴는 2개, 세발자전거의 바퀴는 3개입니다.
(두발자전거의 바퀴 수의 합) $= 2 \times 8 = 16$(개)이므로
(세발자전거의 바퀴 수의 합) $= 43 - 16 = 27$(개)입니다.
따라서 세발자전거는 $27 \div 3 = 9$(대)입니다.

18 $1\square \div 3 = ●$ ➡ $3 \times ● = 1\square$이므로 3단 곱셈구구에서 곱의 십의 자리 수가 1인 경우를 모두 찾습니다.
$3 \times 4 = 12$, $3 \times 5 = 15$, $3 \times 6 = 18$이므로 ●가 가장 클 때 $● = 6$이고 $\square$ 안에 알맞은 수는 8입니다.

서술형
19 예 공원을 한 바퀴 도는 데 걸리는 시간은
$42 \div 7 = 6$(분)입니다.
따라서 같은 빠르기로 공원을 9바퀴 도는 데 걸리는 시간은 $6 \times 9 = 54$(분)입니다.

평가 기준	배점
공원을 한 바퀴 도는 데 걸리는 시간을 구했나요?	3점
공원을 9바퀴 도는 데 걸리는 시간을 구했나요?	2점

서술형
20 예 만들 수 있는 두 자리 수는 20, 23, 24, 30, 32, 34, 40, 42, 43이므로 이 중에서 5단 곱셈구구의 곱이 되는 수를 모두 찾습니다.
$5 \times 4 = 20$ ➡ $20 \div 5 = 4$,
$5 \times 6 = 30$ ➡ $30 \div 5 = 6$,
$5 \times 8 = 40$ ➡ $40 \div 5 = 8$
따라서 5로 나누어지는 수는 20, 30, 40으로 모두 3개입니다.

평가 기준	배점
만들 수 있는 두 자리 수를 모두 구했나요?	2점
만든 두 자리 수 중에서 5로 나누어지는 수는 모두 몇 개인지 구했나요?	3점

1 4

2 40−8−8−8−8−8=0

3 5 / 5, 7   **4** 5, 5

5 ㉡

6 (1) 7, 6, 5   (2) 7, 8, 9

7 6

8 2×5=10 / 10÷2=5, 10÷5=2

9 지현   **10** 8마리

11 2, 3, 1   **12** (1) 27   (2) 9

13 5   **14** 4개

15 ㉣   **16** 8

17 8   **18** 56, 64

19 4줄   **20** 16그루

---

1 병아리 8마리를 2곳으로 똑같이 나누면 한 곳에 4마리씩
이므로 8÷2=4입니다.

2 40÷8=5를 뺄셈식으로 나타내면 40에서 8을 5번 빼
면 0이 되는 것과 같습니다.

3 ■×▲=● $<$ ●÷■=▲
                  ●÷▲=■

4 6단 곱셈구구에서 6×5=30이므로 30÷6=5입니다.

5 ㉠ 3단 곱셈구구에서 3×6=18 ➡ 18÷3=6
   ㉡ 8단 곱셈구구에서 8×2=16 ➡ 16÷8=2
   ㉢ 2단 곱셈구구에서 2×7=14 ➡ 14÷2=7

6 (1) 7×7=49 ➡ 49÷7=7
      7×6=42 ➡ 42÷7=6
      7×5=35 ➡ 35÷7=5
   (2) 3×7=21 ➡ 21÷3=7
      3×8=24 ➡ 24÷3=8
      3×9=27 ➡ 27÷3=9
   참고 | (1) 나누는 수가 같을 때 나누어지는 수가 작아질수록 몫도
         작아집니다.
        (2) 나누는 수가 같을 때 나누어지는 수가 커질수록 몫도 커
         집니다.

7 54÷□=9
        ↓   ↑
       □×9=54
   따라서 6×9=54이므로 □=6입니다.

9 지현: 구슬 15개를 3명이 똑같이 나누어 가지면 한 명이
        15÷3=5(개)를 가집니다.
   승희: 구슬 24개를 6명이 똑같이 나누어 가지면 한 명이
        24÷6=4(개)를 가집니다.
   따라서 5>4이므로 지현이가 구슬을 더 많이 가지고 있
   습니다.

10 24÷3=8(마리)

11 64÷8=8, 49÷7=7, 45÷5=9
   ➡ 9>8>7

12 (1) 36÷4=9이므로 □÷3=9입니다.
        □÷3=9 ➡ 3×9=□이므로 □=27입니다.
   (2) 42÷6=7이므로 63÷□=7입니다.
        63÷□=7 ➡ 63÷7=□이므로 □=9입니다.

13 36÷6=6이므로 6>□입니다.
   따라서 □ 안에 들어갈 수 있는 수는 1, 2, 3, 4, 5이고,
   이 중에서 가장 큰 수는 5입니다.

14 24개를 상자 6개에 똑같이 나누면 한 상자에
   24÷6=4(개)씩 담으면 됩니다.

15 ㉠ 72÷9=8, □=8
   ㉡ 24÷□=3 ➡ 24÷3=□, □=8
   ㉢ 32÷□=4 ➡ 32÷4=□, □=8
   ㉣ 45÷5=9, □=9
   따라서 □ 안에 알맞은 수가 다른 하나는 ㉣입니다.

16 6단 곱셈구구에서 십의 자리 수가 4인 곱은
   6×7=42, 6×8=48입니다.
   8단 곱셈구구에서 십의 자리 수가 4인 곱은
   8×5=40, 8×6=48입니다.
   따라서 □ 안에 알맞은 수는 8입니다.

17 어떤 수를 □라고 하면
   □÷4=6 ➡ 4×6=□이므로 □=24입니다.
   따라서 바르게 계산하면 24÷3=8입니다.

18 만들 수 있는 두 자리 수는 45, 46, 54, 56, 64, 65입니다.

$56 \div 8 = 7$, $64 \div 8 = 8$이므로 8로 나누어지는 수는 56, 64입니다.

서술형
19 ⓔ (전체 장난감 자동차 수)

÷(한 줄에 놓는 장난감 자동차 수)

$= 32 \div 8 = 4$(줄)

평가 기준	배점
장난감 자동차를 놓을 수 있는 줄 수를 구하는 식을 세웠나요?	3점
장난감 자동차를 놓을 수 있는 줄 수를 구했나요?	2점

서술형
20 ⓔ (나무 사이의 간격 수)$= 28 \div 4 = 7$(군데)

(도로 한쪽에 필요한 나무 수)$= 7 + 1 = 8$(그루)

➡ (도로 양쪽에 필요한 나무 수)$= 8 \times 2 = 16$(그루)

평가 기준	배점
나무 사이의 간격 수를 구했나요?	2점
도로 한쪽에 필요한 나무 수를 구했나요?	2점
도로 양쪽에 필요한 나무 수를 구했나요?	1점

4 곱셈

(두 자리 수)×(한 자리 수)의 곱셈을 배우는 단원입니다.

2학년에서 배운 곱셈구구를 바탕으로 곱하는 수가 커지는 만큼 곱의 크기도 커짐을 이해해야 단원 전체의 내용을 알 수 있습니다.

또한, 두 자리 수를 몇십과 몇으로 분해하여 곱하는 원리의 이해도 반드시 필요합니다.

그러므로 두 자리 수의 분해를 통한 곱셈의 원리를 잘 이해하지 못하는 경우 한 자리 수의 분해를 통한 곱셈의 예를 통해 충분히 이해한 후 두 자리 수의 곱셈 원리와 방법을 알 수 있도록 지도해 주세요.

$$2 \times 3 = 6$$
$$4 \times 3 = 12$$
$$6 \times 3 = 18$$

이후 학년에서는 같은 곱셈의 원리로 더 큰 수들의 곱셈을 배우게 되므로 이번 단원의 학습 목표를 완벽하게 성취할 수 있도록 합니다.

수의 크기와 관계 없이 적용되는 곱셈의 교환법칙, 결합법칙 등에 대한 3학년 수준의 문제들도 구성하였으므로 곱셈의 계산 방법 뿐만 아니라 연산의 법칙들도 느껴볼 수 있게 하여 중등 과정에서의 학습과도 연계될 수 있습니다.

STEP 1 교과개념 **1. (몇십)×(몇), (몇십몇)×(몇)(1)** 91쪽

1 2, 6 / 6, 60 / 60

2 ① 4 / 4 ② 12 / 12

3 84 / 4, 84

4 ① 8 / 4, 8 ② 6 / 3, 6

STEP 1 교과개념 **2. (몇십몇)×(몇)(2)** 93쪽

1 3, 6 / 5, 10 / 10, 6, 106

2 ① (위에서부터) 9 / 1, 5, 0 / 1, 5, 9

  ② (위에서부터) 3, 2, 0 / 8 / 3, 2, 8

3 8 / 1, 4, 8

4 ① 140, 7 / 147 ② 240, 8 / 248

STEP 1 교과개념 3. (몇십몇) × (몇)(3) 95쪽

1 6, 18 / 2, 6 / 6, 18, 78

2 ① (위에서부터) 3, 0 / 6, 0 / 9, 0
   ② (위에서부터) 6, 0 / 2, 4 / 8, 4

3 1, 4 / 1, 7, 4

4 ① 60, 16 / 76　② 60, 21 / 81

STEP 1 교과개념 4. (몇십몇) × (몇)(4) 97쪽

1 7, 28 / 3, 12 / 12, 28, 148

2 ① (위에서부터) 2, 1 / 1, 2, 0 / 1, 4, 1
   ② (위에서부터) 3, 2, 0 / 1, 2 / 3, 3, 2

3 2, 4 / 2, 2, 2, 4

4 ① 140, 35 / 175　② 240, 12 / 252

STEP 2 꼭 나오는 유형 98~102쪽

1 (1) 320　(2) 350　(3) 80　(4) 300

2 3, 180

3 (1) 140 / 280 / 560　(2) 150 / 300 / 450

4 6 / 4 / 60　　준비 8 / 8 / 4, 8

5 ㉣

6 20×8=160 (또는 20×8) / 160 kg

7 90점

8 (1) 86　(2) 55　(3) 28　(4) 96

9 (1) 4 / 84　(2) 6 / 68　　**10** 3, 69

11 (1) 7 / 70 / 77　(2) 9 / 90 / 99

12 (　)(　)(○)　　**13**

14 11×8=88 (또는 11×8) / 88살

15 42, 84

---

16 (1) 488　(2) 276　(3) 208　(4) 166

17 123, 164, 205　　**18** 70, 140 / 4, 8 / 148

19 (1) 186 / 186　(2) 168 / 168

준비 5 / 4 / 3 / 2　　**20** (1) 62　(2) 31

㉑ 예

22 21, 5, 105

23 (1) 96　(2) 75　(3) 78　(4) 60

24 90 / 2, 90 / 10, 90

25 (1) 24 / 60 / 84　(2) 39 / 52 / 91

26 (1) <　(2) >　　**㉗** 예 19, 76

28 (1) 16　(2) 40　　**29** 72시간

30 (1) 259　(2) 225　(3) 318　(4) 292

31 (1) 3 / 480, 18, 498　(2) 3 / 249, 249, 498

32 (위에서부터) 150 / 50

33 (1) 152, 38　(2) 264, 44

34 180, 165, 175　　**㉟** 예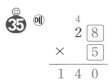

36 42개

---

1 (몇십)×(몇)은 (몇)×(몇)을 계산한 값에 0을 1개 붙입니다.

2 60씩 3번 뛰어 세었으므로
60+60+60=60×3=180입니다.

3 곱하는 수가 ■배가 되면 곱도 ■배가 됩니다.

4 곱해서 120이 되는 곱셈식을 만들어야 하므로
(몇)×(몇)이 12가 되는 두 수를 생각해 봅니다.
20×6=120, 30×4=120, 60×2=120

5 ㉠ 90×2=180 ㉡ 30×6=180
㉢ 60×3=180 ㉣ 40×4=160
참고 | ■씩 ●묶음 ➡ ■×●
　　　 ■를 ▲번 더한 것 ➡ ■×▲

7 10점짜리 2개, 20점짜리 2개, 30점짜리 1개를 맞혔습니다.
10×2=20, 20×2=40, 30×1=30이므로 아영이가 얻은 점수는 20+40+30=90(점)입니다.

10 $\underbrace{23+23+23}_{3번}=23\times ③=69$

12 $21\times2=42$, $12\times3=36$, $13\times2=26$
$26<36<42$이므로 계산 결과가 가장 작은 것은
13×2입니다.

13 $\begin{array}{c}12\times4=48\\{\scriptstyle\times2}\downarrow\quad\uparrow{\scriptstyle\times2}\\24\times2=48\end{array}$ $\begin{array}{c}11\times6=66\\{\scriptstyle\times3}\downarrow\quad\uparrow{\scriptstyle\times3}\\33\times2=66\end{array}$ $\begin{array}{c}22\times4=88\\{\scriptstyle\times2}\downarrow\quad\uparrow{\scriptstyle\times2}\\44\times2=88\end{array}$

14 (선우 할머니의 나이)=(선우의 나이)$\times8$
$=11\times8=88$(살)

15 $21\times2=42$, $42\times2=84$

17 곱하는 수가 1씩 커질 때마다 계산 결과는 41씩 커집니다.

18 74를 70과 4로 나누어 각각 2를 곱한 후 두 곱을 더합니다.

19 곱해지는 수가 커진 만큼 곱하는 수가 작아지면 두 곱셈
식의 계산 결과는 같습니다.

20 (1) $62\times4=\underbrace{62+62+62}_{62\times3}+62$

(2) $31\times9=\underbrace{31+\cdots+31}_{\substack{10번\\\downarrow\\31\times10}}-31$

😊 내가 만드는 문제
㉑ 예 구슬 3개의 무게는 $51\times3=153$ (g)입니다.

22 21개씩 5줄이므로 21×5로 나타냅니다.

23 (1) $\begin{array}{r}{\scriptstyle1}\\4\ 8\\\times\quad2\\\hline9\ 6\end{array}$ (2) $\begin{array}{r}{\scriptstyle1}\\2\ 5\\\times\quad3\\\hline7\ 5\end{array}$

(3) $\begin{array}{r}{\scriptstyle1}\\3\ 9\\\times\quad2\\\hline7\ 8\end{array}$ (4) $\begin{array}{r}{\scriptstyle2}\\1\ 5\\\times\quad4\\\hline6\ 0\end{array}$

24 $18\times5=9\times2\times5=9\times10=90$

25 (1) $12\times7 < \begin{array}{l}12\times2\\12\times5\end{array}$ (2) $13\times7 < \begin{array}{l}13\times3\\13\times4\end{array}$

26 (1) $26\times2=52$, $19\times3=57$ ➡ $52<57$
(2) $14\times7=98$, $17\times5=85$ ➡ $98>85$

😊 내가 만드는 문제
㉗ 예 시작이 19이면 $19\times2=38$이고, $38<50$이므로
2를 한 번 더 곱하면 $38\times2=76$입니다.
76은 50보다 크므로 끝은 76입니다.

28 (1) 24×4를 20×4와 4×4로 나누어 계산합니다.
(2) 18×5를 10×5와 8×5로 나누어 계산합니다.

서술형
㉙ 예 나무늘보는 하루에 18시간씩 자므로 나무늘보가
4일 동안 잠을 자는 시간은 18의 4배입니다.
(4일 동안 잠을 자는 시간)$=18\times4=72$(시간)

단계	문제 해결 과정
①	나무늘보가 4일 동안 잠을 몇 시간 자는지 구하는 식을 세웠나요?
②	나무늘보가 4일 동안 잠을 몇 시간 자는지 구했나요?

30 (1) $\begin{array}{r}{\scriptstyle4}\\3\ 7\\\times\quad7\\\hline2\ 5\ 9\end{array}$ (2) $\begin{array}{r}{\scriptstyle2}\\4\ 5\\\times\quad5\\\hline2\ 2\ 5\end{array}$

(3) $\begin{array}{r}{\scriptstyle1}\\5\ 3\\\times\quad6\\\hline3\ 1\ 8\end{array}$ (4) $\begin{array}{r}{\scriptstyle1}\\7\ 3\\\times\quad4\\\hline2\ 9\ 2\end{array}$

31 (1) $83\times6 \Rightarrow \begin{array}{r}80\times6=480\\3\times6=\ \ 18\\\hline83\times6=498\end{array}$

(2) $83\times6 \Rightarrow \begin{array}{r}83\times3=249\\83\times3=249\\\hline83\times6=498\end{array}$

참고 | 곱해지는 수 또는 곱하는 수를 가르기하여 계산할 수 있습니다.

32 $25\times\;⑥\;=150$
$\underbrace{25\times2}_{50}\times③=150$

33 곱셈에서 두 수를 바꾸어 곱해도 곱은 같습니다.

34 $\begin{array}{r}{\scriptstyle2}\\3\ 5\\\times\quad5\\\hline1\ 7\ 5\end{array}$ $\begin{array}{r}{\scriptstyle2}\\4\ 5\\\times\quad4\\\hline1\ 8\ 0\end{array}$ $\begin{array}{r}{\scriptstyle1}\\5\ 5\\\times\quad3\\\hline1\ 6\ 5\end{array}$

😊 내가 만드는 문제
㉟ 예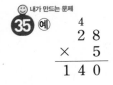
$\begin{array}{r}{\scriptstyle4}\\2\ 8\\\times\quad5\\\hline1\ 4\ 0\end{array}$

36 예 강의실에 둔 공기 정화 식물은 $12 \times 9 = 108$(개)입니다. 따라서 남은 공기 정화 식물은 $150 - 108 = 42$(개)입니다.

단계	문제 해결 과정
①	강의실에 둔 공기 정화 식물은 몇 개인지 구했나요?
②	남은 공기 정화 식물은 몇 개인지 구했나요?

STEP 3 실수하기 쉬운 유형
103~106쪽

1 66 / 88 / 154

2 99 / 99 / 6, 198

3 69, 46 / 115

4 ㉠

5 ㉠

6 ㉢

7
```
    1
    3 6
  ×   3
  ─────
  1 0 8
```

8
```
    2
    4 7
  ×   4
  ─────
  1 8 8
```

9
```
    6
    5 7
  ×   9
  ─────
  5 1 3
```

10 6

11 9

12 8 / 12

13 52×4에 ○표

14 62×3에 ○표

15 72×9, 93×7에 ○표

16 80살

17 84살

18 45살

19 (위에서부터) 126, 210, 5

20 (위에서부터) 2, 65, 48, 120

21 (위에서부터) 4, 64, 512

22 1

23 3

24 (위에서부터) 8 / 0

3 23×5 ➡
$$23 \times 3 = 69$$
$$23 \times 2 = 46$$
$$23 \times 5 = 115$$

4 ㉠ 23씩 7묶음 → $23 \times 7 = 161$
   ㉡ $32 \times 5 = 160$
   ➡ ㉠ > ㉡

5 ㉠ 34의 6배 → $34 \times 6 = 204$
   ㉡ $38 + 38 + 38 + 38 = 38 \times 4 = 152$
   ➡ ㉠ > ㉡

6 ㉠ 31씩 5묶음 → $31 \times 5 = 155$
   ㉡ 45의 3배 → $45 \times 3 = 135$
   ㉢ 80과 2의 곱 → $80 \times 2 = 160$
   ➡ ㉢ > ㉠ > ㉡

7 일의 자리 계산 $6 \times 3 = 18$에서 십의 자리 수 1은 십의 자리로 올림하여 $3 \times 3 = 9$에 더합니다.

8 일의 자리 계산 $7 \times 4 = 28$에서 십의 자리 수 2는 십의 자리로 올림하여 $4 \times 4 = 16$에 더합니다.

9 일의 자리 계산 $7 \times 9 = 63$에서 십의 자리 수 6은 십의 자리로 올림하여 $5 \times 9 = 45$에 더합니다.

10 12×2 ➡ 4×6
    ($12 = 4 \times 3$, 2×3)

11 27×3 ➡ 9×9
    ($27 = 9 \times 3$, 3×3)

12 18×4 ➡ 9×8 18×4 ➡ 6×12
    (9×2)   (6×3)

13 일의 자리에서 올림이 없으므로 십의 자리 계산만 봐도 곱이 200보다 큰 수를 찾을 수 있습니다.
    ⑤$1 \times ③$ ➡ 150, ⑤$2 \times ④$ ➡ 200, ③$0 \times ⑥$ ➡ 180

14 일의 자리에서 올림이 없으므로 십의 자리 계산만 봐도 곱이 180보다 큰 수를 찾을 수 있습니다.
    ④$1 \times ④$ ➡ 160, ⑤$3 \times ③$ ➡ 150, ⑥$2 \times ③$ ➡ 180

15 ・ $70 \times 9 = 630$이므로 십의 자리 계산만 봐도 곱이 600보다 큰 수임을 알 수 있습니다.
    ・ $50 \times 8 = 400$이므로 일의 자리에서 올림이 있어도 곱이 600보다 작습니다.
    ・ $90 \times 7 = 630$이므로 십의 자리 계산만 봐도 곱이 600보다 큰 수임을 알 수 있습니다.
    ・ 일의 자리에서 올림이 없고 $60 \times 9 = 540$이므로 십의 자리 계산만 봐도 곱이 600보다 작습니다.

16 (어머니의 나이) = (수진이의 나이) $\times 5$
    $= 8 \times 5 = 40$(살)
    (할머니의 나이) = (어머니의 나이) $\times 2$
    $= 40 \times 2 = 80$(살)

17 (아버지의 나이)=(윤아의 나이)×6
  =7×6=42(살)
  (할아버지의 나이)=(아버지의 나이)×2
  =42×2=84(살)

18 (수연이 언니의 나이)=(수연이의 나이)+5
  =10+5=15(살)
  (고모의 나이)=(수연이 언니의 나이)×3
  =15×3=45(살)

19
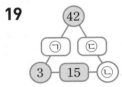
양쪽 꼭짓점에 있는 두 수의 곱을 사이에 쓰는 규칙입니다.
㉠=42×3=126
3×㉡=15, ㉡=5
㉢=42×5=210

20
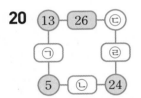
양쪽 꼭짓점에 있는 두 수의 곱을 사이에 쓰는 규칙입니다.
㉠=13×5=65
㉡=5×24=24×5=120
13×㉢=26, ㉢=2
㉣=2×24=24×2=48

21
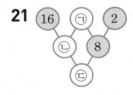
위의 두 수의 곱을 아래에 쓰는 규칙입니다.
㉠×2=8, ㉠=4
㉡=16×4=64
㉢=64×8=512

22 일의 자리 계산에서 2×6=12입니다.
  십의 자리 계산에서 □×6+1=7, □×6=6, □=1
  입니다.

23 8×□의 일의 자리 수가 4가 되는 □는 3 또는 8입니다.
  □=3일 때 28×3=84이고,
  □=8일 때 28×8=224이므로 □=3입니다.

24
$$\begin{array}{r} 2\ 6 \\ \times\quad ㉠ \\ \hline 2\ ㉡\ 8 \end{array}$$
일의 자리 계산에서 6×㉠의 일의 자리 수가 8이 되는
㉠은 3 또는 8입니다.
㉠=3일 때 26×3=78이고,
㉠=8일 때 26×8=208이므로 ㉠=8, ㉡=0입니다.

STEP 4 상위권 도전 유형 107~110쪽

1 120 cm	**2** 128 cm	
3 90 cm	**4** 1, 2, 3, 4	
5 7, 8, 9	**6** 4, 5, 6	
7 78	**8** 357	
9 135	**10** 112	
11 52, 7, 364	**12** 48, 3, 144	

13 65, 9, 585 / 56, 2, 112

14 50 cm	**15** 130 cm
16 175 cm	**17** 104 m
18 175 m	**19** 115 m
20 56	**21** 73
22 72, 81, 90	**23** 6
24 8	**25** 5

1 굵은 선의 길이는 작은 삼각형의 한 변의 길이의 6배이므로 20×6=120 (cm)입니다.

2 굵은 선의 길이는 정사각형의 한 변의 길이의 8배이므로 16×8=128 (cm)입니다.

3 굵은 선의 길이는 정사각형의 한 변의 길이의 10배이므로 9×10=90 (cm)입니다.

4 12×5=60이므로 □ 안에 들어갈 수 있는 수는 5보다 작은 수인 1, 2, 3, 4입니다.

5 36×4=144이므로 24×□>144입니다.
24×6=144이므로 □ 안에 들어갈 수 있는 수는 6보다 큰 수인 7, 8, 9입니다.

6 64를 60으로 생각하면 $60 \times 3 = 180$, $60 \times 7 = 420$이 므로 □ 안에 3, 4, 5, 6, 7을 넣어 봅니다.
$64 \times 3 = 192$, $64 \times 4 = 256$, $64 \times 5 = 320$,
$64 \times 6 = 384$, $64 \times 7 = 448$이므로 200과 400 사이 에 있는 수는 256, 320, 384입니다.
따라서 □ 안에 들어갈 수 있는 수는 4, 5, 6입니다.

7 어떤 수를 □라고 하면 □$+3 = 29$, □$= 29 - 3$, □$= 26$입니다.
따라서 바르게 계산하면 $26 \times 3 = 78$입니다.

8 어떤 수를 □라고 하면 □$-7 = 44$, □$= 44 + 7$, □$= 51$입니다.
따라서 바르게 계산하면 $51 \times 7 = 357$입니다.

9 어떤 수를 □라고 하면 □$+5 = 32$, $32 - 5 =$□, □$= 27$입니다.
따라서 바르게 계산하면 $27 \times 5 = 135$입니다.

10 어떤 수를 □라고 하면 □$\div 4 = 7$, □$= 7 \times 4$, □$= 28$입니다.
따라서 바르게 계산하면 $28 \times 4 = 112$입니다.

11 $7 > 5 > 2$이므로 한 자리 수는 가장 큰 수인 7로 하고, 나머지 수로 가장 큰 두 자리 수를 만들면 52입니다.
따라서 곱이 가장 큰 곱셈식은 $52 \times 7 = 364$입니다.

12 $3 < 4 < 8$이므로 한 자리 수는 가장 작은 수인 3으로 하 고, 나머지 수로 가장 작은 두 자리 수를 만들면 48입니다.
따라서 곱이 가장 작은 곱셈식은 $48 \times 3 = 144$입니다.

13 • 곱이 가장 큰 곱셈식: $9 > 6 > 5 > 2$이므로 한 자리 수 는 가장 큰 수인 9로 하고, 나머지 수로 가장 큰 두 자 리 수를 만들면 65입니다.
➡ $65 \times 9 = 585$
• 곱이 가장 작은 곱셈식: $2 < 5 < 6 < 9$이므로 한 자리 수는 가장 작은 수인 2로 하고, 나머지 수로 가장 작은 두 자리 수를 만들면 56입니다.
➡ $56 \times 2 = 112$

14 (색 테이프 3장의 길이)$= 20 \times 3 = 60$ (cm)
겹쳐진 부분은 2군데이므로 겹쳐진 부분의 길이의 합은 $5 \times 2 = 10$ (cm)입니다.
➡ (이어 붙인 색 테이프의 전체 길이)
$= 60 - 10 = 50$ (cm)

15 (색 테이프 7장의 길이)$= 22 \times 7 = 154$ (cm)
겹쳐진 부분은 6군데이므로 겹쳐진 부분의 길이의 합은 $4 \times 6 = 24$ (cm)입니다.

➡ (이어 붙인 색 테이프의 전체 길이)
$= 154 - 24 = 130$ (cm)

16 (색 테이프 6장의 길이)$= 35 \times 6 = 210$ (cm)
겹쳐진 부분은 5군데이므로 겹쳐진 부분의 길이의 합은 $7 \times 5 = 35$ (cm)입니다.
➡ (이어 붙인 색 테이프의 전체 길이)
$= 210 - 35 = 175$ (cm)

17 나무 9그루를 심었으므로 나무 사이의 간격은 $9 - 1 = 8$(군데)입니다.
➡ (도로의 길이)$= 13 \times 8 = 104$ (m)

18 나무 8그루를 심었으므로 나무 사이의 간격은 $8 - 1 = 7$(군데)입니다.
➡ (도로의 길이)$= 25 \times 7 = 175$ (m)

19 (호수의 둘레)
$=$ (나무 사이의 간격의 길이) $\times$ (간격 수)
$= 23 \times 5 = 115$ (m)

20 두 자리 수를 5□라 하면 5□$\times 4 = 224$입니다.
$50 \times 4 = 200$이므로 □$\times 4 = 24$, □$= 6$입니다.
따라서 조건을 모두 만족시키는 두 자리 수는 56입니다.

21 두 자리 수를 7□라 하면 7□$\times 5 = 365$입니다.
$70 \times 5 = 350$이므로 □$\times 5 = 15$, □$= 3$입니다.
따라서 조건을 모두 만족시키는 두 자리 수는 73입니다.

22 십의 자리 수와 일의 자리 수의 합이 9인 두 자리 수 18, 27, 36, 45, 54, 63, 72, 81, 90 중에서 십의 자리 수 가 일의 자리 수보다 더 큰 수는 54, 63, 72, 81, 90입 니다.
$54 \times 6 = 324$, $63 \times 6 = 378$, $72 \times 6 = 432$,
$81 \times 6 = 486$, $90 \times 6 = 540$이므로 6배가 400보다 큰 수는 72, 81, 90입니다.

23 곱의 일의 자리 수가 6이므로 □는 4 또는 6입니다.
$44 \times 4 = 176$, $66 \times 6 = 396$이므로 □ 안에 알맞은 수 는 6입니다.

24 곱의 일의 자리 수가 4이므로 □는 2 또는 8입니다.
$22 \times 2 = 44$, $88 \times 8 = 704$이므로 □ 안에 알맞은 수 는 8입니다.

25 곱하는 수가 5이므로 곱의 일의 자리 수는 0 또는 5입니 다. $55 \times 5 = 275$이므로 □ 안에 알맞은 수는 5입니다.

수시 평가 대비 Level ❶ 111~113쪽

1 30, 5, 150 **2** 60, 9, 69

3 (1) 205 (2) 81 **4** 104, 106, 108

5
$$\begin{array}{r} \overset{1}{9\ 2} \\ \times\quad 6 \\ \hline 5\ 5\ 2 \end{array}$$

6 (선으로 연결된 그림)

7 120 **8** (1) > (2) <

9 248 **10** ㉢, ㉠, ㉡, ㉣

11 841 **12** 127

13 지용, 12장 **14** (위에서부터) 3, 4

15 42, 2 / 12, 7 **16** 6

17 891 **18** 61, 70

19 189 m **20** 648 / 158

---

1 30을 5번 더한 것을 곱셈식으로 나타내면
$30 \times 5 = 150$입니다.

2 23을 20과 3으로 나누어 각각 3을 곱한 결과를 더합니다.

4 $52 \times 2 = 104$, $53 \times 2 = 106$, $54 \times 2 = 108$

5 일의 자리 계산 $2 \times 6 = 12$에서 십의 자리 수 1은 십의 자리로 올림하여 $9 \times 6 = 54$에 더합니다.

6 $65 \times 4 = 260$, $90 \times 4 = 360$, $74 \times 2 = 148$

7 눈금 한 칸의 크기가 24이므로 눈금 5칸의 크기는 $24 \times 5 = 120$입니다.

8 (1) $12 \times 4 = 48$, $14 \times 3 = 42$ ➡ $48 > 42$
(2) $35 \times 7 = 245$, $42 \times 6 = 252$ ➡ $245 < 252$

9 $31 > 17 > 9 > 8$이므로 가장 큰 수는 31이고 가장 작은 수는 8입니다.
➡ $31 \times 8 = 248$

10 ㉠ $16 \times 6 = 96$ ㉡ $31 \times 5 = 155$
㉢ $22 \times 4 = 88$ ㉣ $40 \times 2 = 80$
➡ ㉡ > ㉠ > ㉢ > ㉣

11 ㉠ $80 \times 5 = 400$ ㉡ $63 \times 7 = 441$
➡ ㉠ + ㉡ $= 400 + 441 = 841$

12 $18 \times 7 = 126$, $32 \times 4 = 128$
126과 128 사이에 있는 세 자리 수는 127입니다.

13 (윤성이가 사용한 색종이의 수) $= 20 \times 3 = 60$(장)
(지용이가 사용한 색종이의 수) $= 18 \times 4 = 72$(장)
따라서 $60 < 72$이므로 지용이가 $72 - 60 = 12$(장) 더 많이 사용하였습니다.

14
$$\begin{array}{r} ㉡\ 9 \\ \times\quad ㉠ \\ \hline 1\ 5\ 6 \end{array}$$
$9 \times ㉠$의 일의 자리 수가 6이므로 $9 \times 4 = 36$에서 ㉠$=4$입니다.
㉡$\times 4 + 3 = 15$에서 ㉡$\times 4 = 12$이므로 ㉡$=3$입니다.

15 몇십몇을 정한 다음 곱이 84가 되는 몇을 찾아봅니다.

16 $26 \times 5 = 130$이므로 $19 \times \square < 130$입니다.
$\square = 6$일 때 $19 \times 6 = 114 < 130$,
$\square = 7$일 때 $19 \times 7 = 133 > 130$이므로
$\square$ 안에 들어갈 수 있는 수는 7보다 작은 수이고 그중에서 가장 큰 수는 6입니다.

17 어떤 수를 $\square$라고 하면 $\square \div 9 = 11$이므로
$11 \times 9 = \square$, $\square = 99$입니다.
따라서 바르게 계산하면 $99 \times 9 = 891$입니다.

18 일의 자리 수와 십의 자리 수의 합이 7인 두 자리 수 중에서 일의 자리 수가 더 작은 수는 43, 52, 61, 70입니다.
이 수들을 5배 하면 $43 \times 5 = 215$, $52 \times 5 = 260$, $61 \times 5 = 305$, $70 \times 5 = 350$입니다.
따라서 조건을 만족시키는 수는 61, 70입니다.

서술형
19 예) 가로등 사이의 간격은 3군데입니다.
따라서 처음과 마지막에 세운 가로등 사이의 거리는 $63 \times 3 = 189$ (m)입니다.

평가 기준	배점
가로등 사이의 간격의 수를 구했나요?	2점
처음과 마지막에 세운 가로등 사이의 거리를 구했나요?	3점

서술형
20 예) 수 카드의 수의 크기를 비교하면 $9 > 7 > 2$입니다.
곱이 가장 큰 경우는 $72 \times 9 = 648$입니다.
곱이 가장 작은 경우는 $79 \times 2 = 158$입니다.

평가 기준	배점
곱이 가장 큰 경우의 곱을 구했나요?	3점
곱이 가장 작은 경우의 곱을 구했나요?	2점

수시 평가 대비 Level ❷

1 4, 52

2 84, 84

3 60 / 14 / 74

4 108 / 108

5 ㉡

6 62×4 $\begin{cases} 60 \times 4 = 240 \\ 82 \times 4 = 158 \end{cases}$ 248

7 (1) 30×7에 ○표 (2) 70×5에 ○표

8 ㉢, ㉣, ㉠, ㉡

9
$$\begin{array}{r} \overset{2}{6}\ 7 \\ \times\quad 4 \\ \hline 2\ 6\ 8 \end{array}$$

10 ㉡, 56개

11 88, 89

12 190 m

13 ㉣

14 6

15 (위에서부터) 8, 4

16 2, 1

17 126 cm

18 72

19 배

20 222

---

1 13씩 4묶음은 십 모형 4개, 일 모형 12개이므로 십 모형 5개, 일 모형 2개와 같습니다. ➡ $13 \times 4 = 52$

3 두 자리 수를 몇십과 몇으로 나누어 각각 곱셈을 한 후 더합니다.
$30 \times 2 = 60$, $7 \times 2 = 14$
➡ $37 \times 2 = 60 + 14 = 74$

4 곱해지는 수는 18에서 36으로 2배가 되었고 곱하는 수는 6에서 3으로 반이 되었으므로 곱은 같습니다.

5 ㉠ $33 + 33 = 66$
㉡ $33 \times 3 = 99$
㉢ $33 \times 2 = 66$
㉣ $30 + 30 + 3 + 3 = 60 + 6 = 66$

6 62를 60과 2로 나누어 각각 4를 곱한 후 두 곱을 더합니다.

7 (1) 32를 어림하면 30쯤이므로 32×7을 어림하여 구하면 약 $30 \times 7 = 210$입니다.
(2) 69를 어림하면 70쯤이므로 69×5를 어림하여 구하면 약 $70 \times 5 = 350$입니다.

8 ㉠ $16 \times 4 = 64$ ㉡ $21 \times 3 = 63$
㉢ $53 \times 2 = 106$ ㉣ $12 \times 6 = 72$
➡ ㉢>㉣>㉠>㉡

9 올림은 1만 있는 것이 아닙니다.
일의 자리 계산 $7 \times 4 = 28$에서 십의 자리 수 2는 십의 자리로 올림하여 $6 \times 4 = 24$에 더합니다.

10 ㉠ $16 + 5 = 21$(개)
㉡ $14 \times 4 = 56$(개)

11 $29 \times 3 = 87$이고 $18 \times 5 = 90$이므로 87과 90 사이에 있는 두 자리 수는 88, 89입니다.

12 (수하가 걸은 거리)
= (집에서 문구점까지의 거리) $\times$ 2
= $95 \times 2 = 190$ (m)

13 ㉠ $20 \times 4 = 80$
㉡ $15 \times 6 = 90$
㉢ $17 \times 8 = 136$
㉣ $12 \times 9 = 108$
따라서 100과의 차가 가장 작은 곱을 찾으면 ㉣입니다.
참고 | 100과의 차가 작을수록 100에 가까운 수입니다.

14 $18 \times 8 = 144$이므로 $24 \times \square = 144$입니다.
$4 \times \square$의 일의 자리 수가 4가 되는 $\square$는 1 또는 6입니다.
$24 \times 1 = 24$이고 $24 \times 6 = 144$이므로 $\square$ 안에 알맞은 수는 6입니다.

15
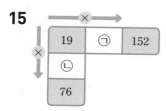

$19 \times ㉠ = 152$에서 $19 \times 8 = 152$이므로 ㉠=8입니다.
$19 \times ㉡ = 76$에서 $19 \times 4 = 76$이므로 ㉡=4입니다.

16 ㉠ $\times$ 5의 일의 자리 수가 0이므로 ㉠이 될 수 있는 수는 0, 2, 4, 6, 8입니다.
$40 \times 5 = 200$, $42 \times 5 = 210$, $44 \times 5 = 220$,
$46 \times 5 = 230$, $48 \times 5 = 240$이므로 ㉠=2, ㉡=1입니다.

17 굵은 선의 길이는 작은 삼각형의 한 변의 길이의 9배이므로 $14 \times 9 = 126$ (cm)입니다.

18 어떤 두 자리 수를 ■▲라고 하면 이 수의 십의 자리 수
와 일의 자리 수를 바꾼 수는 ▲■이고
▲■×6=162입니다.
■×6의 일의 자리 수가 2가 되는 ■는 2 또는 7이므로
▲2×6=162 또는 ▲7×6=162입니다.
▲2×6=162에서 ▲×6+1=16이 되는 ▲는 없
습니다.
▲7×6=162에서 ▲×6+4=16이므로
▲×6=12, ▲=2입니다.
따라서 어떤 두 자리 수 ■▲는 72입니다.

19 ^{서술형} 예 사과는 32개씩 5상자 있으므로 32×5=160(개)
입니다.
배는 42개씩 4상자 있으므로 42×4=168(개)입니다.
160<168이므로 배가 더 많이 있습니다.

평가 기준	배점
사과의 수와 배의 수를 각각 구했나요?	4점
더 많이 있는 것을 구했나요?	1점

20 ^{서술형} 예 만들 수 있는 가장 작은 두 자리 수는 36이고 둘째로
작은 두 자리 수는 37입니다.
따라서 나머지 수 카드의 수는 6이므로 두 수의 곱은
37×6=222입니다.

평가 기준	배점
둘째로 작은 두 자리 수를 만들었나요?	2점
만들 수 있는 둘째로 작은 두 자리 수와 나머지 수 카드의 수의 곱을 구했나요?	3점

5 길이와 시간

길이와 시간은 일상생활과 가장 밀접한 단원입니다. 신발
의 치수는 cm보다 작은 단위인 mm를 사용하고 이동 거
리를 계산할 때는 km와 m의 단위를 사용합니다. 또 밥
먹는 데 걸리는 시간은 분 단위를 사용하고, 영화 보는 데
걸리는 시간은 시간 등의 단위를 사용합니다.
이와 같이 일상생활 속 다양한 길이, 시간 단위를 통해 학생
들이 수학의 유용성을 인식하고 수학에 대한 흥미를 느낄
수 있도록 해 주세요. 특히 1분은 60초, 1시간은 60분임
을 이용하여 시간의 덧셈, 뺄셈에서 받아올림과 받아내림은
60을 기준으로 한다는 것이 기존의 자연수의 덧셈과 뺄셈
의 차이점이라는 것을 확실히 알 수 있도록 지도해 주세요.

STEP 1 교과 개념 **1. 1cm보다 작은 단위, 1m보다 큰 단위** 119쪽

1 10

2 ① 2 센티미터 6 밀리미터 ② 8 킬로미터 750 미터

3 ① 3, 4, 34 ② 4, 7, 47

4 ① 3 ② 5

3 ① 3cm보다 4mm 더 긴 길이는
3cm 4mm=34mm입니다.
② 1cm가 4번 들어가므로 4cm, 작은 눈금 7칸이므로
7mm입니다.
따라서 물건의 길이는 4cm 7mm=47mm입니다.

STEP 1 교과 개념 **2. 길이와 거리를 어림하고 재어 보기** 121쪽

1 30

2 예 약 5cm / 4cm 5mm

3 ① mm에 ○표 ② cm에 ○표 ③ km에 ○표
④ m에 ○표

4 약 4km

4 경찰서에서 소방서까지의 거리는 경찰서에서 학교까지의
거리의 4배이므로 약 4km로 어림합니다.

3. 1분보다 작은 단위

123쪽

1 ① 1초 ② 60, 1

2 ① 38 ② 10

3 ① 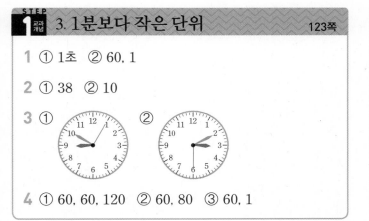 ②

4 ① 60, 60, 120 ② 60, 80 ③ 60, 1

3 ① 5초는 초침이 숫자 1을 가리키게 그립니다.
② 30초는 초침이 숫자 6을 가리키게 그립니다.

4. 시간의 덧셈과 뺄셈

125쪽

1 ① 27, 43 ② 17, 30

2

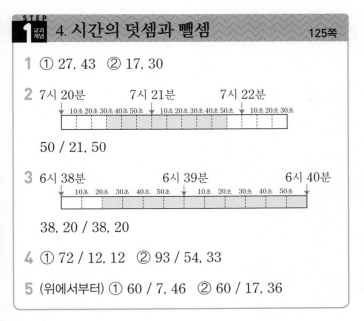

7시 20분   7시 21분   7시 22분

50 / 21, 50

3

6시 38분   6시 39분   6시 40분

38, 20 / 38, 20

4 ① 72 / 12, 12 ② 93 / 54, 33

5 (위에서부터) ① 60 / 7, 46 ② 60 / 17, 36

꼭 나오는 유형

126~131쪽

1 (1) 63 밀리미터 (2) 8 센티미터 4 밀리미터

2 (1) 60 (2) 91 (3) 7 (4) 8, 3

준비 4   **3** 5, 7, 57

4 (1) 6, 4, 64 (2) 14, 7, 147

5 186 mm   **6** 6 cm 6 mm

7 4 킬로미터 700 미터

8 (1) 7 (2) 4, 200 (3) 8000 (4) 3900

9

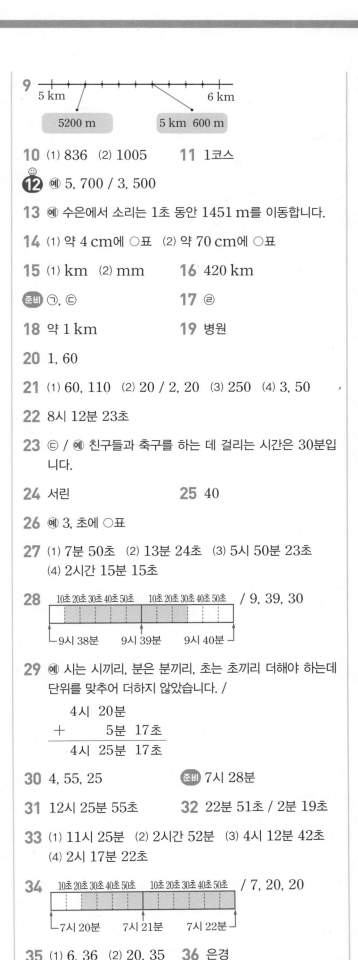

5 km   6 km

5200 m   5 km 600 m

10 (1) 836 (2) 1005   **11** 1코스

12 예 5, 700 / 3, 500

13 예 수은에서 소리는 1초 동안 1451 m를 이동합니다.

14 (1) 약 4 cm에 ○표 (2) 약 70 cm에 ○표

15 (1) km (2) mm   **16** 420 km

준비 ㉠, ㉢   **17** ㉣

18 약 1 km   **19** 병원

20 1, 60

21 (1) 60, 110 (2) 20 / 2, 20 (3) 250 (4) 3, 50

22 8시 12분 23초

23 ㉢ / 예 친구들과 축구를 하는 데 걸리는 시간은 30분입니다.

24 서린   **25** 40

26 예 3, 초에 ○표

27 (1) 7분 50초 (2) 13분 24초 (3) 5시 50분 23초
(4) 2시간 15분 15초

28

10초 20초 30초 40초 50초   10초 20초 30초 40초 50초   / 9, 39, 30

9시 38분   9시 39분   9시 40분

29 예 시는 시끼리, 분은 분끼리, 초는 초끼리 더해야 하는데 단위를 맞추어 더하지 않았습니다. /

```
      4시  20분
  +        5분  17초
      4시  25분  17초
```

30 4, 55, 25   준비 7시 28분

31 12시 25분 55초   **32** 22분 51초 / 2분 19초

33 (1) 11시 25분 (2) 2시간 52분 (3) 4시 12분 42초
(4) 2시 17분 22초

34

10초 20초 30초 40초 50초   10초 20초 30초 40초 50초   / 7, 20, 20

7시 20분   7시 21분   7시 22분

35 (1) 6, 36 (2) 20, 35   **36** 은경

37 오후 9시 20분 21초

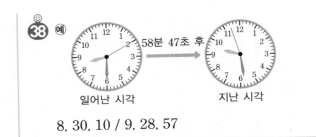

38 (예)

58분 47초 후

일어난 시각 / 지난 시각

8, 30, 10 / 9, 28, 57

1 mm는 밀리미터, cm는 센티미터라고 읽습니다.

2 (1) 1 cm=10 mm이므로 6 cm=60 mm입니다.
(2) 9 cm 1 mm=90 mm+1 mm=91 mm
(3) 10 mm=1 cm이므로 70 mm=7 cm입니다.
(4) 83 mm=80 mm+3 mm=8 cm 3 mm

3 연필의 길이를 자로 재어 보면 5 cm보다 7 mm 더 길 므로 5 cm 7 mm입니다.
5 cm 7 mm=50 mm+7 mm=57 mm

4 (1) 왼쪽 끝이 눈금 0에 맞추어져 있고 오른쪽 끝은 6 cm에서 작은 눈금 4칸 더 간 곳이므로 6 cm 4 mm입니다.
(2) 왼쪽 끝이 눈금 0에 맞추어져 있고 오른쪽 끝은 14 cm에서 작은 눈금 7칸 더 간 곳이므로 14 cm 7 mm입니다.

서술형
5 (예) 18 cm보다 6 mm 더 긴 길이는 18 cm 6 mm입 니다.
18 cm 6 mm=180 mm+6 mm=186 mm
따라서 빨대의 길이는 186 mm입니다.

단계	문제 해결 과정
①	빨대의 길이는 몇 cm 몇 mm인지 구했나요?
②	빨대의 길이는 몇 mm인지 구했나요?

6 2 cm+2 cm+2 cm=6 cm,
3 mm+3 mm=6 mm입니다.
따라서 이어 붙인 색 테이프의 전체 길이는 6 cm 6 mm입니다.

7 km는 킬로미터, m는 미터라고 읽습니다.

8 (1) 1000 m=1 km이므로 7000 m=7 km입니다.
(2) 4200 m=4000 m+200 m=4 km 200 m
(3) 1 km=1000 m이므로 8 km=8000 m입니다.
(4) 3 km 900 m=3000 m+900 m=3900 m

9 5 km와 6 km 사이, 즉 1 km=1000 m를 똑같이 작은 눈금 10칸으로 나누었으므로 작은 눈금 한 칸의 크 기는 100 m입니다.

10 (1) 1836 m=1000 m+836 m=1 km 836 m
(2) 1 km 5 m=1000 m+5 m=1005 m

11 3100 m=3 km 100 m
따라서 3 km 100 m>3 km 11 m이므로 길이가 더 긴 코스는 1코스입니다.

내가 만드는 문제
12 4600 m=4 km 600 m이므로 4 km 600 m보다 긴 길이와 짧은 길이를 써 봅니다.

14 (1) 딸기의 길이는 약 4 cm입니다.
(2) 책상의 높이는 약 70 cm입니다.

16 서울에서 부산까지의 거리는 먼 거리이므로 서울에서 부 산까지 고속도로의 길이는 약 420 km입니다.

준비 좁쌀의 길이와 바늘의 두께는 1 cm보다 짧습니다.

17 ㉣ 백두산의 높이는 1 km보다 긴 길이입니다.

18 (도서관에서 우체국까지의 거리)=약 500 m
(우체국에서 병원까지의 거리)=약 500 m
(도서관에서 병원까지의 거리)=약 1000 m
                              =약 1 km

19 (민서네 집에서 도서관까지의 거리)=약 500 m
(민서네 집에서 마트까지의 거리)=약 500 m
(민서네 집에서 우체국까지의 거리)=약 1000 m
                                =약 1 km
(민서네 집에서 병원까지의 거리)=약 1500 m
                              =약 1 km 500 m

20 초침이 시계를 한 바퀴 도는 동안 분침은 작은 눈금 한 칸 을 움직이므로 1분=60초입니다.

21 (3) 4분 10초=60초+60초+60초+60초+10초
            =250초
(4) 230초=60초+60초+60초+50초=3분 50초

22 시침이 숫자 8과 9 사이에 있고 분침은 숫자 2(10분)에 서 작은 눈금 2칸과 3칸 사이를 가리키고 초침은 숫자 4(20초)에서 작은 눈금 3칸 더 간 곳을 가리키므로 8시 12분 23초입니다.

23 30초는 축구를 하기에 너무 짧은 시간입니다.

24 1분 45초＝60초＋45초＝105초
따라서 105＞98이므로 더 오래 매달린 사람은 서린입니다.

25 1분＝60초이므로 20초＋□초＝60초, □＝40

26 박수를 1번 치는 시간은 매우 짧은 시간입니다.

27 시는 시끼리, 분은 분끼리, 초는 초끼리 계산합니다.

^{서술형}
29

단계	문제 해결 과정
①	잘못된 곳을 찾아 까닭을 썼나요?
②	바르게 계산했나요?

30
```
   1시   35분  20초
+ 3시간  20분   5초
─────────────────
   4시   55분  25초
```

(준비) 시침이 숫자 7과 8 사이에 있고 분침이 숫자 5에서 작은 눈금 3칸 더 간 곳을 가리키므로 7시 28분입니다.

31
```
   10시   15분  24초
+ 2시간   10분  31초
─────────────────
   12시   25분  55초
```

32 합: 12분 35초＋10분 16초＝22분 51초
차: 12분 35초－10분 16초＝2분 19초

33 (3)
```
        1
   3시  50분  27초
+       22분  15초
─────────────────
   4시  12분  42초
```
(4)
```
       10      60
   11시    2분  43초
−  8시간  45분  21초
─────────────────
    2시   17분  22초
```
참고 | 60초＝1분, 60분＝1시간이므로 덧셈은 60을 1로 받아올림하고, 뺄셈은 1을 60으로 받아내림합니다.

35 (1)
```
        1
   2시간  51분
+  3시간  45분
─────────────
   6시간  36분
```
(2)
```
       49    60
       50분  25초
−      29분  50초
─────────────
       20분  35초
```

36 (은경이의 기록 단축 시간)
＝(첫째 날 달린 시간)－(둘째 날 달린 시간)
＝42분 9초－41분 18초＝51초
(민희의 기록 단축 시간)
＝(첫째 날 달린 시간)－(둘째 날 달린 시간)
＝43분 6초－42분 19초＝47초
단축 시간이 더 긴 사람이 기록이 더 많이 좋아진 것입니다.
따라서 은경이가 기록이 더 많이 좋아졌습니다.

37 후반전이 시작한 시각은 오후 8시 10분에서 45＋15＝60(분)이 지난 시각입니다. 후반전 시작 시각은 오후 8시 10분＋60분＝오후 9시 10분이고, 골을 넣은 시각은 후반전 시작 후 10분 21초 후이므로 오후 9시 10분＋10분 21초＝오후 9시 20분 21초입니다.

☺내가 만드는 문제
38 (예) 일어난 시각: 8시 30분 10초
(58분 47초 후의 시각)
＝8시 30분 10초＋58분 47초
＝9시 28분 57초

STEP 3 실수하기 쉬운 유형 132~134쪽

1 (1) 8, 670 (2) 8, 67 (3) 8, 6

2 (1) 4135 (2) 4035 (3) 4003

3 (연결선 교차)

4 (1) ＜ (2) ＞

5 ㄹ

6 ㄹ, ㄴ, ㄷ, ㄱ

7 경민

8 수현

9 동준

10 (위에서부터) 3500 / 1, 500

11 (위에서부터) 1, 600 / 200

12 (위에서부터) 6500 / 5, 250

13 3시간 10분

14 3시간 22분

15 4시간 37분

16 55

17 1, 55

18 37

1 (1) 8670 m＝8000 m＋670 m＝8 km 670 m
(2) 8067 m＝8000 m＋67 m＝8 km 67 m
(3) 8006 m＝8000 m＋6 m＝8 km 6 m

2 (1) 4 km 135 m＝4000 m＋135 m＝4135 m
(2) 4 km 35 m＝4000 m＋35 m＝4035 m
(3) 4 km 3 m＝4000 m＋3 m＝4003 m

3 5089 m＝5000 m＋89 m＝5 km 89 m
5080 m＝5000 m＋80 m＝5 km 80 m
5008 m＝5000 m＋8 m＝5 km 8 m

4 (1) 176 mm＝17 cm 6 mm
    ➡ 17 cm 6 mm＜17 cm 9 mm
    ➡ 176 mm＜17 cm 9 mm
  (2) 2 km 50 m＝2050 m
    ➡ 2050 m＞2027 m
    ➡ 2 km 50 m＞2027 m

5 ㉠ 130 mm＝13 cm ㉡ 13 cm 2 mm
  ㉢ 12 cm 8 mm ㉣ 134 mm＝13 cm 4 mm
  ➡ ㉣＞㉡＞㉠＞㉢

6 ㉠ 4 km 700 m ㉡ 4007 m＝4 km 7 m
  ㉢ 4070 m＝4 km 70 m ㉣ 4 km
  ➡ ㉣＜㉡＜㉢＜㉠

7 2분 7초＝60초＋60초＋7초＝127초
  따라서 134초＞127초이므로 더 빨리 달린 사람은 경민입니다.

8 9분 33초＝540초＋33초＝573초
  따라서 573초＜695초이므로 더 빨리 도착한 사람은 수현입니다.

9 352초＝300초＋52초＝5분 52초
  따라서 5분 26초＜5분 52초＜6분 4초이므로 가장 빨리 먹은 사람은 동준입니다.

10 0과 1 km 사이, 즉 1 km＝1000 m를 똑같이 작은 눈금 2칸으로 나누었으므로 작은 눈금 한 칸의 크기는 500 m입니다.

11 0과 1 km 사이, 즉 1 km＝1000 m를 똑같이 작은 눈금 5칸으로 나누었으므로 작은 눈금 한 칸의 크기는 200 m입니다.

12 5 km와 6 km 사이, 즉 1 km＝1000 m를 똑같이 작은 눈금 4칸으로 나누었으므로 작은 눈금 한 칸의 크기는 250 m입니다.

13 오후 2시 30분＝14시 30분
  ➡ 14시 30분－11시 20분＝3시간 10분

14 오후 1시 12분＝13시 12분
  ➡ 13시 12분－9시 50분＝3시간 22분

15 오후 3시 7분＝15시 7분
  ➡ 15시 7분－10시 30분＝4시간 37분

16 2시 25분＋□분＝3시 20분
  ➡ □분＝3시 20분－2시 25분

$$\begin{array}{r} \overset{2}{}\quad\overset{60}{} \\ \cancel{3}시\ 20분 \\ -\ 2시\ 25분 \\ \hline 55분 \end{array}$$

17 4분 20초＋□분 □초＝6분 15초
  ➡ □분 □초＝6분 15초－4분 20초

$$\begin{array}{r} \overset{5}{}\quad\overset{60}{} \\ \cancel{6}분\ 15초 \\ -\ 4분\ 20초 \\ \hline 1분\ 55초 \end{array}$$

18 왼쪽 시계: 9시 28분, 오른쪽 시계: 10시 5분
  9시 28분＋□분＝10시 5분
  ➡ □분＝10시 5분－9시 28분

$$\begin{array}{r} \overset{9}{}\quad\overset{60}{} \\ \cancel{10}시\ 5분 \\ -\ 9시\ 28분 \\ \hline 37분 \end{array}$$

STEP 4 상위권 도전 유형
135~138쪽

1 3 cm 5 mm   **2** 2 cm 4 mm

3 5 cm 8 mm   **4** 약 2 km

5 약 3 km   **6** 약 8 km

7 7 cm 2 mm   **8** 3 m 50 cm

9 25 cm 2 mm

10 (위에서부터) 4, 25 / 20

11 (위에서부터) 21 / 7, 54

12 (위에서부터) 12 / 45 / 2

13 3시 23분 50초   **14** 11시 2분 16초

15 5시 39분 3초   **16** 12시간 55분 31초

17 11시간 25분 11초   **18** 11시간 4분 55초

19 약 30걸음   **20** 약 1200걸음

21 약 2000걸음   **22** 오후 6시 59분 10초

23 오후 4시 58분 30초   **24** 오후 2시 58분 12초

1 1 cm가 3번 들어가므로 3 cm, 작은 눈금이 5칸이므로 5 mm입니다.
따라서 사탕의 길이는 3 cm 5 mm입니다.

2 1 cm가 2번 들어가므로 2 cm, 작은 눈금이 4칸이므로 4 mm입니다.
따라서 클립의 길이는 2 cm 4 mm입니다.

3 1 cm가 5번 들어가므로 5 cm, 작은 눈금이 8칸이므로 8 mm입니다.
따라서 크레파스의 길이는 5 cm 8 mm입니다.

4 학교에서 도서관까지의 거리는 준수네 집에서 은행까지의 거리의 약 4배입니다.
$500 \times 4 = 2000$ (m) ➡ 2 km이므로 학교에서 도서관까지의 거리는 약 2 km입니다.

5 현우네 집에서 우체국까지 가는 가장 짧은 거리는 현우네 집에서 문구점까지의 거리의 약 3배이므로 약 3 km입니다.

6 어느 길로 가든지 가로로 3칸, 세로로 2칸 지나가는 것이 가장 짧은 거리입니다.
$2 \times 3 = 6$ (km), $1 \times 2 = 2$ (km)이고
$6 + 2 = 8$ (km)이므로 시청에서 슈퍼마켓까지 가는 가장 짧은 거리는 약 8 km입니다.

7 지우개 9개의 높이는 $8 \times 9 = 72$ (mm)입니다.
➡ 72 mm = 70 mm + 2 mm = 7 cm 2 mm

8 상자 7개의 높이는 $50 \times 7 = 350$ (cm)입니다.
➡ 350 cm = 300 cm + 50 cm = 3 m 50 cm

9 $2 \times 6 = 12$이므로 블록 12개의 높이는 블록 2개의 높이의 6배입니다.
따라서 블록 12개의 높이는 $42 \times 6 = 252$ (mm)이므로 25 cm 2 mm입니다.

10 초 단위의 계산: $\square + 38 - 60 = 3$, $\square + 38 = 63$, $\square = 25$
분 단위의 계산: $1 + 45 + \square - 60 = 6$, $46 + \square = 66$, $\square = 20$
시 단위의 계산: $1 + \square + 7 = 12$, $\square = 4$

11 초 단위의 계산: $60 + 30 - \square = 36$, $90 - \square = 36$, $\square = 54$
분 단위의 계산: $60 + \square - 1 - 40 = 40$, $60 + \square - 1 = 80$, $60 + \square = 81$, $\square = 21$
시 단위의 계산: $15 - 1 - \square = 7$, $14 - \square = 7$, $\square = 7$

12 초 단위의 계산: $60 + 28 - \square = 43$, $88 - \square = 43$, $\square = 45$
분 단위의 계산: $60 + \square - 1 - 58 = 13$, $60 + \square - 1 = 71$, $60 + \square = 72$, $\square = 12$
시 단위의 계산: $5 - 1 - 2 = \square$, $\square = 2$

13 (동요 2곡의 재생 시간의 합)
= 1분 45초 + 2분 5초 = 3분 50초
(동요 2곡을 다 들었을 때의 시각)
= 3시 20분 + 3분 50초 = 3시 23분 50초

14 (동영상 2개의 재생 시간의 합)
= 3분 26초 + 1분 50초 = 5분 16초
(동영상 2개를 다 보았을 때의 시각)
= 10시 57분 + 5분 16초 = 11시 2분 16초

15 145초 = 2분 25초, 105초 = 1분 45초
가장 긴 동요는 2분 25초인 구름 사탕이고, 가장 짧은 동요는 1분 38초인 양떼 목장입니다.
(동요 2곡의 재생 시간의 합)
= 2분 25초 + 1분 38초 = 4분 3초
(동요 2곡을 다 들었을 때의 시각)
= 5시 35분 + 4분 3초 = 5시 39분 3초

16 오후 7시 1분 55초 = 19시 1분 55초
(낮의 길이) = 19시 1분 55초 - 6시 6분 24초
= 12시간 55분 31초

17 오후 7시 15분 24초 = 19시 15분 24초
(낮의 길이) = 19시 15분 24초 - 6시 40분 35초
= 12시간 34분 49초
(밤의 길이) = 24시간 - 12시간 34분 49초
= 11시간 25분 11초

18 오후 6시 54분 15초 = 18시 54분 15초
(낮의 길이) = 18시 54분 15초 - 5시 59분 10초
= 12시간 55분 5초
(밤의 길이) = 24시간 - 12시간 55분 5초
= 11시간 4분 55초

19 1 m＝100 cm이므로 1 m는 10 cm의 10배입니다.
강아지가 1 m를 가려면 약 10걸음을 걸어야 하므로
3 m는 약 30걸음을 걸어야 합니다.

20 1 m＝100 cm이고 100＝25×4이므로 1 m는
25 cm의 4배입니다. 명선이가 1 m를 가려면 약 4걸음
을 걸어야 하므로 100 m는 약 400걸음, 300 m는 약
1200걸음을 걸어야 합니다.

21 1 m＝100 cm이고 100＝50×2이므로 1 m는
50 cm의 2배입니다. 삼촌이 1 m를 가려면 약 2걸음을
걸어야 하므로 100 m는 약 200걸음,
1000 m＝1 km는 약 2000걸음을 걸어야 합니다.

22 오후 2시부터 오후 7시까지는 5시간이므로 시계는
10×5＝50(초) 늦어집니다.
따라서 이날 오후 7시에 이 시계가 가리키는 시각은
오후 7시－50초＝오후 6시 59분 10초입니다.

23 오전 11시부터 오후 5시까지는 6시간이므로 시계는
15×6＝90(초) ➡ 1분 30초 늦어집니다.
따라서 이날 오후 5시에 이 시계가 가리키는 시각은
오후 5시－1분 30초＝오후 4시 58분 30초입니다.

24 오전 9시부터 오후 3시까지는 6시간이므로 시계는
18×6＝108(초) ➡ 1분 48초 늦어집니다.
따라서 이날 오후 3시에 이 시계가 가리키는 시각은
오후 3시－1분 48초＝오후 2시 58분 12초입니다.

수시 평가 대비 Level ❶
139~141쪽

1 5 cm 9 mm   **2** 5시 57분 11초

3 ㉡, ㉣   **4** 6 cm 8 mm

5   **6** ③, ④

7 ㉠, ㉣   **8** (1) mm (2) cm

9 (위에서부터) 4700, 4, 400

10 ㉡   **11** 52분 10초

---

12 은행   **13** 4시 10분 30초

14 (위에서부터) 15, 3, 30   **15** 1시간 34분 3초

16 약 3000걸음   **17** 오전 11시 20분

18 14시간 15분 15초   **19** 78 mm

20 9시 51분

---

1 색연필의 길이는 5 cm보다 9 mm 더 긴 길이이므로
5 cm 9 mm입니다.

4 2 cm＋2 cm＋2 cm＝6 cm
4 mm＋4 mm＝8 mm
➡ 6 cm보다 8 mm 더 긴 길이는 6 cm 8 mm입니다.

5 6 km 350 m＝6000 m＋350 m＝6350 m
6 km 35 m＝6000 m＋35 m＝6035 m
6 km 305 m＝6000 m＋305 m＝6305 m

6 ① 1분 40초＝60초＋40초＝100초
② 1분 15초＝60초＋15초＝75초
⑤ 280초＝240초＋40초＝4분 40초

7 1 km＝1000 m보다 긴 것은 ㉠ 한라산의 높이, ㉣ 서
울에서 부산까지의 거리입니다.

9 4 km와 5 km 사이, 즉 1000 m를 똑같이 10칸으로
나누었으므로 수직선에서 작은 눈금 한 칸은 100 m를
나타냅니다.

10 ㉠ 10025 m＝10 km 25 m
㉢ 9740 m＝9 km 740 m
➡ 10 km 80 m＞10 km 25 m＞9 km 740 m

11 (오전에 자전거를 탄 시간)＋(오후에 자전거를 탄 시간)
＝21분 45초＋30분 25초＝52분 10초

12 1 km 500 m＝1500 m이므로 민호네 집에서 거리가
약 500 m의 3배쯤 되는 곳은 은행입니다.

13 시계가 나타내는 시각은 2시 45분 10초입니다.
2시 45분 10초＋1시간 25분 20초＝4시 10분 30초

14
$$\begin{array}{r} 6\text{시} \quad \text{ⓛ분} \quad 20\text{초} \\ - \text{ⓒ시간} \quad 45\text{분} \quad \text{⑤초} \\ \hline 2\text{시} \quad 29\text{분} \quad 50\text{초} \end{array}$$

초 단위의 계산: $60+20-\text{⑤}=50,\ 80-\text{⑤}=50,$
　　　　　　　　$\text{⑤}=30$
분 단위의 계산: $60+\text{ⓛ}-1-45=29,$
　　　　　　　　$14+\text{ⓛ}=29,\ \text{ⓛ}=15$
시 단위의 계산: $6-1-\text{ⓒ}=2,\ 5-\text{ⓒ}=2,\ \text{ⓒ}=3$

15 피아노 연습을 시작한 시각은 3시 16분 5초이고 끝낸 시각은 4시 50분 8초입니다.
따라서 피아노 연습을 한 시간은
4시 50분 8초−3시 16분 5초=1시간 34분 3초입니다.

16 윤지의 걸음으로 1 m를 가려면 약 5걸음을 걸어야 합니다. 100 m는 약 500걸음, 600 m는 약 3000걸음을 걸어야 합니다.

17 (2교시 시작 시각)=8시 50분+40분+10분
　　　　　　　　　　=9시 40분
　　(3교시 시작 시각)=9시 40분+40분+10분
　　　　　　　　　　=10시 30분
　　(4교시 시작 시각)=10시 30분+40분+10분
　　　　　　　　　　=11시 20분

18 (낮의 길이)=오후 5시 14분 30초−오전 7시 29분 45초
　　　　　　=17시 14분 30초−7시 29분 45초
　　　　　　=9시간 44분 45초
　　(밤의 길이)=24시간−9시간 44분 45초
　　　　　　=14시간 15분 15초

서술형
19 예 막대의 길이는 7 cm보다 8 mm 더 긴 길이이므로
7 cm 8 mm입니다.
7 cm 8 mm=78 mm이므로 막대의 길이는
78 mm입니다.

평가 기준	배점
막대의 길이가 몇 cm 몇 mm인지 구했나요?	2점
막대의 길이가 몇 mm인지 구했나요?	3점

서술형
20 예 가는 데 걸린 시간은
1시간 27분+45분=2시간 12분입니다.
따라서 출발한 시각은
12시 3분−2시간 12분=9시 51분입니다.

평가 기준	배점
가는 데 걸린 시간을 구했나요?	2점
출발한 시각을 구했나요?	3점

수시 평가 대비 Level ❷　142~144쪽

1 4시 42분 5초　　　**2** (1) 60, 90　(2) 3, 30

3 (1) 5　(2) 70　(3) 4, 5　(4) 36

4 　　　　　**5** 6, 8, 68

6 ⓒ

7 (1) 11시 31분 53초　(2) 6시간 27분 6초

8 (1) 7 mm　(2) 1 km 700 m　(3) 1 m 70 cm

9 지수　　　　　　**10** 지효

11 시장　　　　　　**12** 1, 3, 2

13 (1) (위에서부터) 7800 / 7, 300
　　(2) (위에서부터) 3, 600 / 2200

14 50분 15초　　　**15** 31분 52초

16 (위에서부터) 7, 18 / 30　**17** 약 2000걸음

18 오후 12시 58분 40초　**19**

20 도서관

---

2 (2) 210초=60초+60초+60초+30초
　　　　=3분 30초

3 10 mm=1 cm

4 7분 30초=420초+30초=450초
9분 18초=540초+18초=558초
8분 35초=480초+35초=515초

5 못의 길이는 6 cm보다 8 mm 더 길므로
6 cm 8 mm입니다.
6 cm 8 mm=60 mm+8 mm=68 mm

7 (1)
$$\begin{array}{r} 7\text{시} \quad 25\text{분} \quad 45\text{초} \\ + \ 4\text{시간} \quad 6\text{분} \quad 8\text{초} \\ \hline 11\text{시} \quad 31\text{분} \quad 53\text{초} \end{array}$$

(2)
$$\begin{array}{r} 9\text{시} \quad 32\text{분} \quad 16\text{초} \\ - \ 3\text{시} \quad 5\text{분} \quad 10\text{초} \\ \hline 6\text{시간} \quad 27\text{분} \quad 6\text{초} \end{array}$$

9 5 km 40 m＝5040 m
6 km 70 m＝6070 m
따라서 바르게 말한 사람은 지수입니다.

10 114초＝60초＋54초＝1분 54초
따라서 1분 54초＞1분 23초이므로 지효가 더 빨리 달렸습니다.

11 학교　　공원　　병원　　㉠ 시장
학교에서 병원까지의 거리는 약 600 m, ㉠까지의 거리는 약 900 m이므로 학교에서 약 1 km 떨어진 곳은 시장입니다.

12 1566 m＝1 km 566 m
따라서 1 km 915 m＞1 km 566 m＞1 km 58 m
이므로 지리산, 태백산, 속리산의 차례로 높습니다.

13 (1) 7 km와 8 km 사이, 즉 1 km＝1000 m를 똑같이 작은 눈금 10칸으로 나누었으므로 작은 눈금 한 칸의 크기는 100 m입니다.
(2) 2 km와 3 km 사이, 즉 1 km＝1000 m를 똑같이 작은 눈금 5칸으로 나누었으므로 작은 눈금 한 칸의 크기는 200 m입니다.

14 (오전에 줄넘기를 한 시간)＋(오후에 줄넘기를 한 시간)
＝18분 55초＋31분 20초＝50분 15초

15 (신비의 바다 상영 시간)－(햄스터 나라 모험 상영 시간)
＝2시간 10분 12초－1시간 38분 20초
＝31분 52초

16 초 단위의 계산: 60＋□－57＝21, 60＋□＝78, □＝18
분 단위의 계산: 60＋28－1－□＝57, 87－□＝57, □＝30
시 단위의 계산: □－1－4＝2, □－1＝6, □＝7

17 1 m＝100 cm이고 100＝25×4이므로 1 m는 25 cm의 4배입니다. 시우가 1 m를 가려면 약 4걸음을 걸어야 하므로 100 m는 약 400걸음, 500 m는 약 2000걸음을 걸어야 합니다.

18 오전 9시부터 오후 1시까지는 4시간이므로 시계는
20×4＝80(초) ➡ 1분 20초 늦어집니다.
따라서 이날 오후 1시에 이 시계가 가리키는 시각은
오후 1시－1분 20초＝오후 12시 58분 40초입니다.

19 예 10시 34분 15초에서 1시간 45분 55초 후의 시각은
10시 34분 15초＋1시간 45분 55초
＝12시 20분 10초입니다.

평가 기준	배점
1시간 45분 55초 후의 시각을 구했나요?	3점
시계에 시각을 바르게 그려 넣었나요?	2점

20 예 (민서네 집에서 학교까지의 거리)
＝1 km 100 m＝1100 m
900＜1100＜1200이므로 민서네 집에서 가장 가까운 곳은 도서관입니다.

평가 기준	배점
민서네 집에서 학교까지의 거리를 m로 나타냈나요?	3점
민서네 집에서 가장 가까운 곳을 찾았나요?	2점

6 분수와 소수

일상생활에서 피자나 케이크를 똑같이 나누는 경우를 통해서 전체를 등분할하는 경우, 또 길이나 무게를 잴 때 더 정확하게 재기 위해 소수점으로 나타내는 경우를 학생들은 이미 경험해 왔습니다. 이와 같이 자연수로는 정확하게 나타낼 수 없는 양을 표현하기 위해 분수와 소수가 등장하였습니다. 이때 분수와 소수를 수직선으로 나타내봄으로써 같은 수를 분수와 소수로 나타낼 수 있음을 알게 합니다. (예) $\frac{1}{10}=0.1$, $\frac{2}{10}=0.2$, …) 분수와 소수를 단절시켜 각각의 수로 인식하지 않도록 주의합니다.

분수와 소수의 크기 비교는 수를 보고 비교하는 것보다는 시각적으로 나타내어 색칠한 부분이 몇 칸 더 많은지, 0.1이 몇 개 더 많은지 비교하면 쉽게 이해할 수 있습니다. 시각적으로 보여준 후 원리를 찾아내어 수만으로 크기 비교를 할 수 있도록 지도해 주세요.

STEP 1 교과개념 · 1. 똑같이 나누기, 분수 알아보기 — 147쪽

1 가, 마

2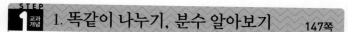

3 ① 1, 1 / 2분의 1 ② 4, 2, $\frac{2}{4}$ / 4분의 2

2 전체를 똑같이 5로 나눈 것 중의 3을 $\frac{3}{5}$이라 쓰고 5분의 3이라고 읽습니다.

 전체를 똑같이 6으로 나눈 것 중의 3을 $\frac{3}{6}$이라 쓰고 6분의 3이라고 읽습니다.

 전체를 똑같이 4로 나눈 것 중의 2를 $\frac{2}{4}$라 쓰고 4분의 2라고 읽습니다.

STEP 1 교과개념 · 2. 단위분수 알아보기 — 149쪽

1 $\frac{1}{2}$, $\frac{1}{5}$에 ○표

2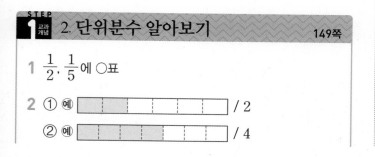
① 예 ▢▢▢ / 2
② 예 ▢▢▢▢ / 4

---

3 8, 3 / 8, 5

4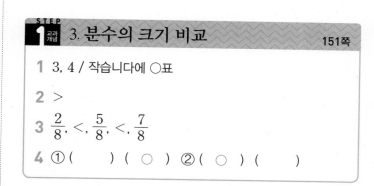
① 예   ② 예

1 분자가 1인 분수가 단위분수입니다.

4 ① 분자가 1이고, 그림에 1칸이 그려져 있습니다. 분모가 4이므로 전체가 4칸이 되도록 모양과 크기가 똑같은 도형을 3칸 더 그립니다.
  ② 분자가 1이고, 그림에 1칸이 그려져 있습니다. 분모가 5이므로 전체가 5칸이 되도록 모양과 크기가 똑같은 도형을 4칸 더 그립니다.

STEP 1 교과개념 · 3. 분수의 크기 비교 — 151쪽

1 3, 4 / 작습니다에 ○표

2 >

3 $\frac{2}{8}$, <, $\frac{5}{8}$, <, $\frac{7}{8}$

4 ① (   ) (○) ② (○) (   )

3 분모가 같은 분수는 분자가 클수록 더 큽니다.

4 ① $\frac{2}{4}<\frac{3}{4}$ ② $\frac{1}{15}<\frac{1}{13}$

STEP 1 교과개념 · 4. 소수 알아보기 — 153쪽

1 ① $\frac{4}{10}$ / 0.4 ② $\frac{6}{10}$ / 0.6

2 (위에서부터) $\frac{5}{10}$, $\frac{9}{10}$ / 0.3, 0.7

3 ① 0.7 ② 1.7 / 일 점 칠

4 ① 0.5 ② 0.7 ③ 8 ④ 9

5 ① 35 ② 76

1 ① 전체를 똑같이 10으로 나눈 것 중의 4이므로 $\frac{4}{10}$이고, 소수로 나타내면 0.4입니다.

② 전체를 똑같이 10으로 나눈 것 중의 6이므로 $\frac{6}{10}$이고, 소수로 나타내면 0.6입니다.

STEP 1 교과개념 **5. 소수의 크기 비교** 155쪽

1 >

2 [1.4]

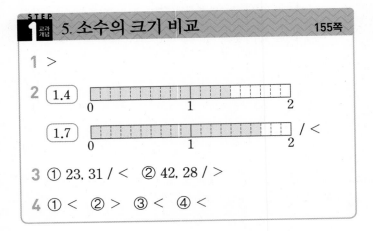

[1.7] / <

3 ① 23, 31 / <　② 42, 28 / >

4 ① <　② >　③ <　④ <

---

1 색칠한 부분을 비교하면 0.7이 0.5보다 더 넓으므로 0.7>0.5입니다.

3 ① 23<31이므로 2.3<3.1입니다.
② 42>28이므로 4.2>2.8입니다.

4 ① 0.2 $\bigcirc$ 0.7
 └─2<7
② 0.9 $\bigcirc$ 0.8
 └─9>8

③ 4.8 $\bigcirc$ 6.1
 └─4<6
④ 9.3 $\bigcirc$ 9.6
 └─3<6

STEP 2 **꼭 나오는 유형** 156~162쪽

1 가, 다, 마

2 (1) 2개　(2) 3개

3 루마니아, 룩셈부르크 / 모리셔스

4 나, 라

5 예
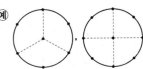

---

6 예
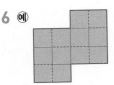

7

8 (1) $\frac{2}{4}$　(2) $\frac{4}{9}$

9 ©

10 $\frac{4}{6}$, $\frac{2}{6}$

11 예
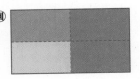

12 혜진 / 예 $\frac{1}{6}$은 전체를 똑같이 6으로 나눈 것 중의 1만큼 색칠해야 하는데 혜진이는 전체를 똑같이 6으로 나누지 않았기 때문입니다.

13 (1) 2　(2) 5

14 $\frac{1}{2}$, $\frac{1}{6}$에 ○표

15 예
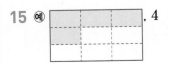
, 4

16 (1) 3　(2) $\frac{1}{6}$

17 다

18

19 예
(그림: 점판 위의 도형 2개)

20 (1) 예
(직사각형 2개) >

(2) 예
(삼각형 2개) <

21 6, 4, $\frac{6}{7}$

22 (1) <　(2) >

23 $\frac{3}{13}$에 △표, $\frac{11}{13}$에 ○표

24 $\frac{3}{20}$, $\frac{6}{20}$, $\frac{9}{20}$, $\frac{11}{20}$, $\frac{15}{20}$

25 $\frac{5}{9}$, $\frac{6}{9}$, $\frac{7}{9}$

준비 503, <, 508

26 $\frac{2}{7}$, <, $\frac{5}{7}$

27 예  >

28 예 , 2   **29** (1) < (2) >

30 예 8 / 4   **31** $\frac{1}{2}$, $\frac{1}{5}$, $\frac{1}{9}$, $\frac{1}{10}$

32 채영   **33** $\frac{1}{6}$, $\frac{1}{7}$

34

35 (1) $\frac{2}{10}$, 0.2 (2) $\frac{7}{10}$, 0.7

36 예   **37** 0.9

38 2.4 / 이 점 사   **39** (1) 1.7 (2) 53

40 ⓒ / 예 109 mm＝10 cm 9 mm

41 4, 8 / 48 / 4.8

42 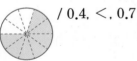 / <

43 56, 53, >   **44** (1) < (2) >

45 예 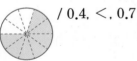 / 0.4, <, 0.7

46 세빈, 주린, 민호

47 (1) 6, 7, 8, 9에 ○표   (2) 1, 2, 3, 4, 5에 ○표

48 ⓒ

1 가, 다, 마: 나눈 조각들의 모양과 크기가 같으므로 전체를 똑같이 나눈 도형입니다.

2 모양과 크기가 같은 조각들이 몇 개인지 세어 봅니다.

3 체코도 전체를 셋으로 나누었지만 나눈 조각들의 모양과 크기가 같지 않습니다.

---

4 모양과 크기가 같은 조각들이 5개인 도형은 나, 라입니다.

5 주어진 점을 이용하여 나눈 조각들의 모양과 크기가 같게 나눕니다.

6 전체가 12칸이므로 한 조각이 3칸이 되도록 모양과 크기가 똑같게 선을 그어 나눕니다.

7 전체를 똑같이 6으로 나눈 것 중의 5
➡ 쓰기: $\frac{5}{6}$, 읽기: 6분의 5

전체를 똑같이 5로 나눈 것 중의 4
➡ 쓰기: $\frac{4}{5}$, 읽기: 5분의 4

전체를 똑같이 8로 나눈 것 중의 5
➡ 쓰기: $\frac{5}{8}$, 읽기: 8분의 5

8 (1) 색칠한 부분은 전체를 똑같이 4로 나눈 것 중의 2
➡ $\frac{2}{4}$

(2) 색칠한 부분은 전체를 똑같이 9로 나눈 것 중의 4
➡ $\frac{4}{9}$

9 색칠한 부분을 분수로 나타내면 ㉠ $\frac{4}{8}$, ㉡ $\frac{4}{8}$, ㉢ $\frac{5}{8}$입니다.
따라서 색칠한 부분이 나타내는 분수가 다른 것은 ㉢입니다.

10 남은 부분은 전체를 똑같이 6으로 나눈 것 중의 4이므로 $\frac{4}{6}$입니다.

먹은 부분은 전체를 똑같이 6으로 나눈 것 중의 2이므로 $\frac{2}{6}$입니다.

11 빨간색은 전체 4칸 중 1칸, 파란색은 전체 4칸 중 2칸, 노란색은 전체 4칸 중 1칸만큼 색칠합니다.

서술형
12

단계	문제 해결 과정
①	잘못 색칠한 사람을 찾았나요?
②	까닭을 바르게 썼나요?

14 단위분수는 분자가 1인 분수입니다.
➡ $\frac{1}{2}$, $\frac{1}{6}$

15 $\frac{4}{9}$ 는 전체를 똑같이 9로 나눈 것 중의 4이므로 4칸만큼 색칠합니다.

$\frac{4}{9}$ 는 $\frac{1}{9}$ 이 4개입니다.

17 나눈 조각들의 모양과 크기가 모두 같으므로 전체를 똑같이 6으로 나눈 도형을 찾습니다.

18 전체는 $\frac{1}{●}$ 이 ●개입니다.

☺ 내가 만드는 문제
19 주어진 점을 이용하여 전체를 똑같이 4로 나눈 다음 그중의 1만큼 색칠합니다.

20 (1) $\frac{4}{5}$ 는 전체 5칸 중 4칸 색칠하고, $\frac{2}{5}$ 는 전체 5칸 중 2칸 색칠하므로 $\frac{4}{5} > \frac{2}{5}$ 입니다.

(2) $\frac{3}{6}$ 은 전체 6칸 중 3칸 색칠하고, $\frac{5}{6}$ 는 전체 6칸 중 5칸 색칠하므로 $\frac{3}{6} < \frac{5}{6}$ 입니다.

21 분모가 같은 분수는 분자가 클수록 더 큽니다.

22 분모가 같은 분수는 분자가 클수록 더 큽니다.

(1) 분자의 크기를 비교하면 $3 < 7$ 이므로 $\frac{3}{8} < \frac{7}{8}$ 입니다.

(2) 분자의 크기를 비교하면 $10 > 9$ 이므로 $\frac{10}{14} > \frac{9}{14}$ 입니다.

23 분모가 13으로 같으므로 분자의 크기를 비교하면 $11 > 9 > 7 > 5 > 3$ 입니다.

따라서 가장 큰 분수는 $\frac{11}{13}$ 이고 가장 작은 분수는 $\frac{3}{13}$ 입니다.

24 분모가 20으로 같으므로 분자의 크기를 비교하면 $3 < 6 < 9 < 11 < 15$ 입니다.

따라서 작은 분수부터 차례로 쓰면 $\frac{3}{20}$, $\frac{6}{20}$, $\frac{9}{20}$, $\frac{11}{20}$, $\frac{15}{20}$ 입니다.

25 $\frac{4}{9} < \frac{\square}{9} < \frac{8}{9}$ 일 때 분모가 같으므로 분자의 크기를 비교하면 $4 < \square < 8$ 입니다.

따라서 □ 안에 들어갈 수 있는 수는 5, 6, 7이므로 $\frac{4}{9}$ 보다 크고 $\frac{8}{9}$ 보다 작은 분수는 $\frac{5}{9}$, $\frac{6}{9}$, $\frac{7}{9}$ 입니다.

26 0부터 1까지를 똑같이 작은 눈금 7칸으로 나누었으므로 작은 눈금 한 칸의 크기는 $\frac{1}{7}$ 입니다.

전체 7칸 중의 2칸은 $\frac{2}{7}$, 5칸은 $\frac{5}{7}$ 입니다.

수직선에서는 오른쪽에 있는 수가 더 큰 수이므로 $\frac{2}{7} < \frac{5}{7}$ 입니다.

27 색칠한 부분의 크기를 비교하면 $\frac{1}{5}$ 이 $\frac{1}{6}$ 보다 더 넓으므로 $\frac{1}{5} > \frac{1}{6}$ 입니다.

28 아래 색칠된 칸을 위로 한 칸 옮기면 전체를 똑같이 2로 나눈 것 중의 1만큼 색칠한 것과 같으므로 $\frac{1}{2}$ 입니다.

29 단위분수는 분모가 작을수록 더 큽니다.

(1) 분모의 크기를 비교하면 $7 > 3$ 이므로 $\frac{1}{7} < \frac{1}{3}$ 입니다.

(2) 분모의 크기를 비교하면 $4 < 8$ 이므로 $\frac{1}{4} > \frac{1}{8}$ 입니다.

☺ 내가 만드는 문제
30 서아는 전체의 $\frac{1}{■}$ 만큼, 지우는 전체의 $\frac{1}{▲}$ 만큼 먹었을 때 지우가 더 많이 먹었으므로 $\frac{1}{■} < \frac{1}{▲}$ 입니다.

따라서 ■ > ▲인 수를 각각 써넣습니다.

서술형
31 예) 단위분수는 분모가 작을수록 더 크므로 분모의 크기를 비교하면 $2 < 5 < 9 < 10$ 입니다.

따라서 큰 분수부터 차례로 쓰면 $\frac{1}{2}$, $\frac{1}{5}$, $\frac{1}{9}$, $\frac{1}{10}$ 입니다.

단계	문제 해결 과정
①	단위분수의 크기를 비교하는 방법을 설명했나요?
②	큰 분수부터 차례로 썼나요?

32 색 테이프를 주하는 전체의 $\frac{1}{6}$, 동석이는 전체의 $\frac{1}{7}$, 채영이는 전체의 $\frac{1}{4}$ 만큼 사용했습니다.

$\dfrac{1}{6}$, $\dfrac{1}{7}$, $\dfrac{1}{4}$ 중에서 가장 큰 분수는 $\dfrac{1}{4}$이므로 색 테이프를 가장 많이 사용한 사람은 채영입니다.

33 단위분수는 분모가 작을수록 더 크므로 $\dfrac{1}{8}$보다 큰 단위분수는 $\dfrac{1}{7}$, $\dfrac{1}{6}$, $\dfrac{1}{5}$, …이고 이 중에서 분모가 5보다 큰 분수는 $\dfrac{1}{6}$, $\dfrac{1}{7}$입니다.

34 $\dfrac{5}{10}=0.5$(영 점 오), $\dfrac{3}{10}=0.3$(영 점 삼), $\dfrac{8}{10}=0.8$(영 점 팔)

35 (1) 전체를 똑같이 10으로 나눈 것 중의 2만큼 색칠하였으므로 $\dfrac{2}{10}=0.2$입니다.
(2) 전체를 똑같이 10으로 나눈 것 중의 7만큼 색칠하였으므로 $\dfrac{7}{10}=0.7$입니다.

36 0.6은 $\dfrac{6}{10}$이므로 전체를 똑같이 10으로 나눈 것 중의 6만큼 색칠합니다.

37 1 cm를 똑같이 10칸으로 나누었으므로 1칸은 0.1 cm입니다.

38 2와 전체를 똑같이 10으로 나눈 것 중의 4이므로 2와 0.4만큼인 2.4(이 점 사)입니다.

39 0.1이 10개이면 1입니다.

40 ㉠ 19 mm=1 cm 9 mm로 고쳐도 정답입니다.

41 ■ cm ▲ mm=■▲ mm=■.▲ cm

42 수직선에서는 오른쪽에 있는 수가 더 큰 수이므로 1.5<1.8입니다.

43 56>53이므로 5.6>5.3입니다.

44 (1) 소수점 왼쪽 부분이 같으므로 소수 부분을 비교하면 5<8입니다. ➡ 3.5<3.8
(2) 소수점 왼쪽 부분을 비교하면 2>1입니다. ➡ 2.6>1.8

😊 내가 만드는 문제
㊺ 색칠한 칸 수가 많을수록 더 큰 수입니다.

46 228 mm=22.8 cm
23 cm 5 mm=23.5 cm
따라서 23.9>23.5>22.8이므로 발길이가 긴 사람부터 차례로 이름을 쓰면 세빈, 주린, 민호입니다.

47 (1) 소수점 왼쪽 부분이 0으로 같으므로 소수 부분을 비교하면 5<□입니다. 따라서 □ 안에 들어갈 수 있는 수는 6, 7, 8, 9입니다.
(2) 소수점 왼쪽 부분이 7로 같으므로 소수 부분을 비교하면 □<6입니다. 따라서 □ 안에 들어갈 수 있는 수는 1, 2, 3, 4, 5입니다.

서술형
48 예 ㉠ 6.4, ㉡ 6.5, ㉢ 6.6, ㉣ 5.7
소수점 왼쪽 부분이 가장 작은 5.7이 가장 작고 6.4, 6.5, 6.6의 소수 부분을 비교하면 6>5>4이므로 6.6이 가장 큽니다. 따라서 가장 큰 수는 ㉢입니다.

단계	문제 해결 과정
①	㉠, ㉡, ㉢, ㉣을 각각 소수로 나타냈나요?
②	가장 큰 수를 찾아 기호를 썼나요?

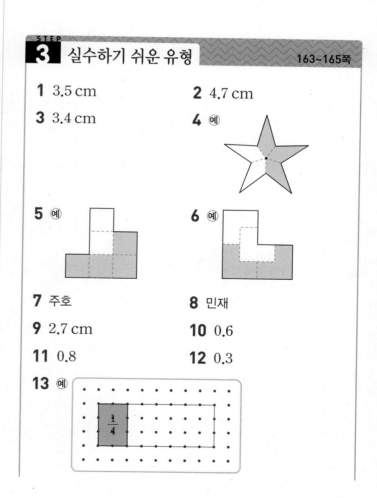

STEP **3** 실수하기 쉬운 유형   163~165쪽

1 3.5 cm   **2** 4.7 cm
3 3.4 cm   **4** 예
5 예   **6** 예
7 주호   **8** 민재
9 2.7 cm   **10** 0.6
11 0.8   **12** 0.3
13 예

14 예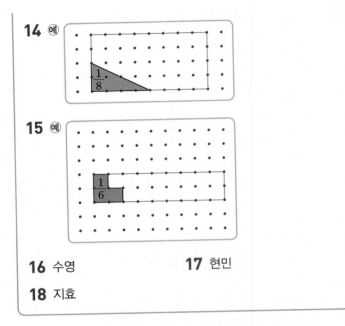

15 예

16 수영   **17** 현민

18 지효

1 자의 눈금 1부터 쟀으므로 눈금의 수를 세어 봅니다.
큰 눈금 3칸과 작은 눈금 5칸이므로 크레파스의 길이는
3 cm 5 mm입니다.
1 mm=0.1 cm이므로 5 mm=0.5 cm입니다.
따라서 3 cm 5 mm=3.5 cm입니다.

2 색 테이프의 길이는 자의 큰 눈금 4칸과 작은 눈금 7칸이
므로 4 cm 7 mm입니다.
1 mm=0.1 cm이므로 7 mm=0.7 cm입니다.
따라서 4 cm 7 mm=4.7 cm입니다.

3 분필의 길이는 자의 큰 눈금 3칸과 작은 눈금 4칸이므로
3 cm 4 mm입니다.
1 mm=0.1 cm이므로 4 mm=0.4 cm입니다.
따라서 3 cm 4 mm=3.4 cm입니다.

4 전체를 똑같이 5로 나누고 그중 3만큼 색칠합니다.

5 전체를 똑같이 6으로 나누고 그중 4만큼 색칠합니다.

6 전체를 똑같이 4로 나누고 그중 2만큼 색칠합니다.

7 8 cm보다 4 mm 더 긴 길이는 8 cm 4 mm입니다.
1 mm=0.1 cm이므로 8 cm 4 mm=8.4 cm입니
다.
따라서 8.4<8.7이므로 주호의 색연필이 더 깁니다.

8 6 cm보다 7 mm 더 긴 길이는 6 cm 7 mm입니다.
1 mm=0.1 cm이므로 6 cm 7 mm=6.7 cm입니
다.
따라서 6.8>6.7이므로 민재의 철사가 더 깁니다.

9 8 cm 3 mm−56 mm
=83 mm−56 mm=27 mm
1 mm=0.1 cm이므로 27 mm=2.7 cm입니다.
따라서 진수는 지혜보다 털실을 2.7 cm 더 많이 사용했
습니다.

10 마신 주스는 전체를 똑같이 10으로 나눈 것 중의 4이므
로 남은 주스는 전체를 똑같이 10으로 나눈 것 중의
10−4=6입니다.
따라서 남은 주스의 양은 전체의 0.6입니다.

11

먹은 피자는 전체를 똑같이 10으로 나눈 것 중의 2이므
로 남은 피자는 전체를 똑같이 10으로 나눈 것 중의
10−2=8입니다.
따라서 남은 피자의 양은 전체의 0.8입니다.

12

케이크 한 개를 똑같이 10으로 나눈 것 중에서 영훈이는
3을, 수민이는 4를 먹었으므로 남은 케이크는 전체를 똑
같이 10으로 나눈 것 중의 10−3−4=3입니다.
따라서 남은 케이크의 양은 전체의 0.3입니다.

13 모양과 크기가 같은 도형을 3개 더 그립니다.

14 모양과 크기가 같은 도형을 7개 더 그립니다.

15 모양과 크기가 같은 도형을 5개 더 그립니다.

16 분모가 같으므로 분자의 크기를 비교하면
$4>2 \Rightarrow \frac{4}{6}>\frac{2}{6}$입니다.
따라서 남긴 주스의 양이 영철이가 더 많으므로 수영이가
주스를 더 많이 마셨습니다.

17 분자가 1로 같으므로 분모의 크기를 비교하면
$5<7 \Rightarrow \frac{1}{5}>\frac{1}{7}$입니다.
따라서 남긴 우유의 양이 성아가 더 많으므로 현민이가
우유를 더 많이 마셨습니다.

18 분자가 1로 같으므로 분모의 크기를 비교하면
$3<6<9 \Rightarrow \frac{1}{3}>\frac{1}{6}>\frac{1}{9}$입니다.
따라서 남긴 요구르트의 양이 지효가 가장 적으므로 지효
가 요구르트를 가장 많이 마셨습니다.

1 3, 4, 5에 ○표

2 7, 8, 9

3 5, 6, 7

4 1.1

5 0.6

6 $\dfrac{6}{10}$, 1.5

7 $\dfrac{1}{2}$

8 $\dfrac{1}{3}$ / $\dfrac{1}{9}$

9 $\dfrac{8}{17}$ / $\dfrac{2}{17}$

10 3조각

11 2조각

12 6조각

13 예  / 0.8

14 예 / 0.4

15  / 0.6

16 $\dfrac{1}{8}$, $\dfrac{1}{6}$, $\dfrac{4}{6}$

17 $\dfrac{7}{9}$, $\dfrac{5}{9}$, $\dfrac{1}{9}$, $\dfrac{1}{12}$

18 $\dfrac{1}{18}$, $\dfrac{1}{16}$, $\dfrac{1}{15}$, $\dfrac{8}{15}$, $\dfrac{11}{15}$

19 2.5

20 4.8

21 5.8

22 3 cm

23 18 cm

24 40 cm

---

1 소수점 왼쪽 부분이 같으므로 소수 부분을 비교하면
6>□입니다.
따라서 □ 안에 들어갈 수 있는 수는 3, 4, 5, 6, 7, 8 중
3, 4, 5입니다.

2 소수 부분을 비교하면 3<7이므로 □ 안에는 7과 같거
나 7보다 큰 수가 들어갈 수 있습니다.
따라서 □ 안에 들어갈 수 있는 수는 7, 8, 9입니다.

3 소수점 왼쪽 부분이 같으므로 소수 부분을 비교하면
4<□<8입니다.
따라서 □ 안에 들어갈 수 있는 수는 5, 6, 7입니다.

4 $\dfrac{4}{10}$=0.4이므로 1.1>0.8>$\dfrac{4}{10}$입니다.
따라서 가장 큰 수는 1.1입니다.

5 $\dfrac{9}{10}$=0.9, $\dfrac{7}{10}$=0.7이므로
0.6<$\dfrac{7}{10}$<$\dfrac{9}{10}$<3.5입니다.
따라서 가장 작은 수는 0.6입니다.

6 $\dfrac{5}{10}$=0.5이고 $\dfrac{6}{10}$=0.6, $\dfrac{3}{10}$=0.3이므로
$\dfrac{3}{10}$<0.4< $\dfrac{5}{10}$ <$\dfrac{6}{10}$<1.5< 1.8 <2.1입니다.
따라서 $\dfrac{5}{10}$보다 크고 1.8보다 작은 수는 $\dfrac{6}{10}$, 1.5입니다.

7 단위분수는 분모가 작을수록 더 큽니다. 수 카드의 수의
크기를 비교하면 2<5<8이므로 만들 수 있는 가장 큰
분수는 $\dfrac{1}{2}$입니다.

8 단위분수는 분모가 작을수록 더 큽니다. 수 카드의 수의
크기를 비교하면 3<6<7<9이므로 만들 수 있는 가
장 큰 분수는 $\dfrac{1}{3}$이고 가장 작은 분수는 $\dfrac{1}{9}$입니다.

9 분모가 같은 분수는 분자가 클수록 더 큽니다. 수 카드의
수의 크기를 비교하면 8>5>4>2이므로 만들 수 있는
가장 큰 분수는 $\dfrac{8}{17}$이고 가장 작은 분수는 $\dfrac{2}{17}$입니다.

10 와플을 똑같이 6으로 나눈 후 전체의 $\dfrac{1}{2}$만큼 먹었으므로
3조각 먹었습니다.

11
먹은 양 →

피자를 똑같이 8로 나눈 후 전체의 $\dfrac{1}{4}$만큼 먹었으므로 2
조각 먹었습니다.

12

먹은 양
남은 양

떡을 똑같이 9로 나눈 후 전체의 $\dfrac{1}{3}$만큼 먹었으므로 3조
각 먹고 6조각 남았습니다.

13 전체를 똑같이 5로 나눈 것에서 선을 하나 더 그어 똑같
이 10칸으로 나눕니다. 색칠한 부분은 전체를 똑같이 10
으로 나눈 것 중의 8이므로 $\dfrac{8}{10}$=0.8입니다.

14 전체를 똑같이 5로 나눈 것에서 선을 5개 더 그어 똑같이 10칸으로 나눕니다. 색칠한 부분은 전체를 똑같이 10으로 나눈 것 중의 4이므로 $\frac{4}{10}=0.4$입니다.

15 선을 4개 더 그어 똑같이 10칸으로 나눕니다. 색칠한 부분은 전체를 똑같이 10으로 나눈 것 중의 6이므로 $\frac{6}{10}=0.6$입니다.

16 $\frac{1}{6}$과 $\frac{4}{6}$의 크기를 비교하면 $\frac{1}{6}<\frac{4}{6}$이고,

$\frac{1}{6}$과 $\frac{1}{8}$의 크기를 비교하면 $\frac{1}{6}>\frac{1}{8}$이므로

$\frac{1}{8}<\frac{1}{6}<\frac{4}{6}$입니다.

17 분모가 9인 분수의 크기를 비교하면 $\frac{7}{9}>\frac{5}{9}>\frac{1}{9}$이고,

단위분수의 크기를 비교하면 $\frac{1}{9}>\frac{1}{12}$이므로

$\frac{7}{9}>\frac{5}{9}>\frac{1}{9}>\frac{1}{12}$입니다.

18 분모가 15인 분수의 크기를 비교하면 $\frac{1}{15}<\frac{8}{15}<\frac{11}{15}$

이고, 단위분수의 크기를 비교하면 $\frac{1}{18}<\frac{1}{16}<\frac{1}{15}$이

므로 $\frac{1}{18}<\frac{1}{16}<\frac{1}{15}<\frac{8}{15}<\frac{11}{15}$입니다.

19 0.1이 15개이면 1.5이고, 0.1의 10배인 수는 1입니다. 따라서 구하는 수는 1.5보다 1만큼 더 큰 수이므로 2.5 입니다.

참고 | 0.1의 10배인 수 ➡ 0.1이 10개인 수 ➡ 1

20 0.1이 42개이면 4.2이고, 0.2의 3배인 수는 0.6입니다. 따라서 구하는 수는 4.2보다 0.6만큼 더 큰 수이므로 4.8입니다.

참고 | 0.2의 3배인 수 ➡ 0.1의 6배인 수 ➡ 0.1이 6개인 수
➡ 0.6

21 0.1이 53개이면 5.3이고, $\frac{1}{10}$의 5배인 수는 0.1의 5배

인 수이므로 0.5입니다.
따라서 구하는 수는 5.3보다 0.5만큼 더 큰 수이므로 5.8입니다.

22 0.3은 전체를 똑같이 10으로 나눈 것 중의 3입니다. 10 cm를 똑같이 10으로 나눈 것 중의 1은 1 cm이므로 10 cm의 0.3만큼은 3 cm입니다.

23 0.6은 전체를 똑같이 10으로 나눈 것 중의 6입니다. 30 cm를 똑같이 10으로 나눈 것 중의 1은 3 cm이므로 30 cm의 0.6만큼은 $3\times6=18$ (cm)입니다.

24 0.8은 전체를 똑같이 10으로 나눈 것 중의 8입니다. 50 cm를 똑같이 10으로 나눈 것 중의 1은 5 cm이므로 50 cm의 0.8만큼은 $5\times8=40$ (cm)입니다.

수시 평가 대비 Level ❶ 170~172쪽

1 ㉢	**2** 0.3 / 영 점 삼
3 (1) 48 (2) 1.3	**4** (1) < (2) >
5 8.7 cm	**6** ㉢
7 $\frac{3}{8}$ / $\frac{5}{8}$	**8** 1.6 km
9 $\frac{5}{6}$에 ○표, $\frac{1}{8}$에 △표	**10** ①, ③
11 예 , 3	**12** ④
13 나, 라	**14** 0.7
15 1, 2, 3, 4, 5	**16** 3개
17 2배	**18** 28 cm
19 $\frac{1}{4}$	**20** 광주

1 넷으로 나누어진 도형을 점선을 따라 잘라서 겹쳐 보았을 때 모양과 크기가 같은 것은 ㉢입니다.

2 전체를 똑같이 10으로 나눈 것 중의 3이므로 $\frac{3}{10}=0.3$이고 영 점 삼이라고 읽습니다.

3 (1) 4.8은 0.1이 48개입니다.
(2) 0.1이 13개이면 1.3입니다.

4 (1) 분자를 비교하면 $5<7$이므로 $\dfrac{5}{8}<\dfrac{7}{8}$입니다.

(2) 분모를 비교하면 $6<9$이므로 $\dfrac{1}{6}>\dfrac{1}{9}$입니다.

5 $8\,\text{cm}$보다 $7\,\text{mm}$ 더 긴 길이는 $8\,\text{cm}\ 7\,\text{mm}$입니다.
$1\,\text{mm}=0.1\,\text{cm}$이고 $8\,\text{cm}\ 7\,\text{mm}=87\,\text{mm}$이므로 $87\,\text{mm}$는 $0.1\,\text{cm}$가 87개인 $8.7\,\text{cm}$입니다.

6 ㉠ $\dfrac{3}{4}$ ㉡ $\dfrac{3}{4}$ ㉢ $\dfrac{3}{5}$ ㉣ $\dfrac{3}{4}$
따라서 색칠한 부분이 나타내는 분수가 다른 하나는 ㉢입니다.

7 먹은 부분은 전체를 똑같이 8로 나눈 것 중의 3이므로 $\dfrac{3}{8}$이고, 남은 부분은 전체를 똑같이 8로 나눈 것 중의 5이므로 $\dfrac{5}{8}$입니다.

8 $1\,\text{km}$와 $1\,\text{km}$를 똑같이 10으로 나눈 것 중의 6이므로 1과 0.6만큼인 $1.6\,\text{km}$입니다.

9 분모가 6인 분수의 크기를 비교하면 $\dfrac{5}{6}>\dfrac{1}{6}$이고 단위분수의 크기를 비교하면 $\dfrac{1}{6}>\dfrac{1}{8}$입니다.
따라서 $\dfrac{5}{6}>\dfrac{1}{6}>\dfrac{1}{8}$입니다.

10 ③ $\dfrac{9}{10}=0.9$ ④ $\dfrac{5}{10}=0.5$
➡ $0.3<0.4<\dfrac{5}{10}<0.6<\dfrac{9}{10}<2.1$

11 전체를 똑같이 9로 나눈 것 중의 3은 전체를 똑같이 3으로 나눈 것 중의 1과 같습니다.

12 단위분수는 분모가 작을수록 더 큽니다.
따라서 □ 안에는 14보다 작은 수가 들어가야 합니다.

13 높이가 $3.6\,\text{m}$이거나 $3.6\,\text{m}$보다 높은 자동차는 터널을 통과할 수 없습니다.
3.6보다 크거나 같은 수는 4.1, 3.7이므로 터널을 통과할 수 없는 자동차는 나, 라입니다.

14 마신 주스의 양은 $0.3=\dfrac{3}{10}$입니다.
남은 주스의 양은 전체를 똑같이 10으로 나눈 것 중의 $10-3=7$이므로 $\dfrac{7}{10}$이고 소수로 나타내면 0.7입니다.

15 소수점 왼쪽 부분이 같으므로 소수 부분의 크기를 비교하면 □ <6입니다.
따라서 □ 안에 들어갈 수 있는 수는 1, 2, 3, 4, 5입니다.

16 $\dfrac{7}{14}$보다 크고 $\dfrac{11}{14}$보다 작은 분모가 14인 분수의 분자는 7보다 크고 11보다 작으므로 8, 9, 10입니다.
따라서 조건을 만족시키는 분수는 $\dfrac{8}{14}$, $\dfrac{9}{14}$, $\dfrac{10}{14}$으로 모두 3개입니다.

17

석진이가 먹은 피자의 양은 전체의 $\dfrac{2}{7}$입니다.
$\dfrac{2}{7}$는 $\dfrac{1}{7}$이 2개이므로 석진이가 먹은 피자는 서하가 먹은 피자의 2배입니다.

18 0.7은 전체를 똑같이 10으로 나눈 것 중의 7입니다.
$40\,\text{cm}$를 똑같이 10으로 나눈 것 중의 1은 $4\,\text{cm}$이므로 $40\,\text{cm}$의 0.7만큼은 $4\times7=28\,(\text{cm})$입니다.

서술형
19 예 단위분수는 분모가 작을수록 크므로 가장 큰 단위분수를 만들려면 분모에 가장 작은 수를 넣어야 합니다.
따라서 만들 수 있는 가장 큰 분수는 $\dfrac{1}{4}$입니다.

평가 기준	배점
가장 큰 단위분수를 만드는 방법을 알고 있나요?	2점
가장 큰 분수를 구했나요?	3점

서술형
20 예 $\dfrac{9}{10}\,\text{cm}=0.9\,\text{cm}$, $1\,\text{cm}\ 5\,\text{mm}=1.5\,\text{cm}$입니다.
따라서 $1.5>1.3>0.9$이므로 비가 가장 많이 내린 도시는 광주입니다.

평가 기준	배점
단위를 같게 하여 크기를 비교했나요?	3점
비가 가장 많이 내린 도시를 구했나요?	2점

수시 평가 대비 Level ❷

173~175쪽

1 2개

2 6, 2, $\dfrac{2}{6}$

3 $\dfrac{2}{5}$ / 5분의 2

4 예

5 (1) < (2) >

6

7 42, 36, 4.2

8 1.4, 일 점 사

9 0.6

10 2개

11 2.7 km

12 ⓛ, ⓔ, ⓒ, ㉠

13 $\dfrac{1}{9}$, $\dfrac{1}{7}$, $\dfrac{1}{5}$, $\dfrac{1}{2}$

14 ⓒ

15 시영

16 4, 5, 6, 7

17 0.5, 0.6

18 24 cm

19 약 1.8 cm

20 ⓛ

---

1 나눈 조각들의 모양과 크기가 같은 것은 , 으로 2개입니다.

2 전체를 똑같이 6으로 나눈 것 중의 2만큼 색칠하였으므로 $\dfrac{2}{6}$입니다.

3 색칠하지 않은 부분은 전체를 똑같이 5로 나눈 것 중의 2 이므로 분수로 나타내면 $\dfrac{2}{5}$이고 5분의 2라고 읽습니다.

4 전체를 똑같이 9로 나눈 것 중의 4만큼 색칠합니다.

5 (1) 분모가 같은 분수는 분자가 클수록 더 큽니다.
분자의 크기를 비교하면 5<10이므로 $\dfrac{5}{12}<\dfrac{10}{12}$입니다.
(2) 단위분수는 분모가 작을수록 더 큽니다.
분모의 크기를 비교하면 7<9이므로 $\dfrac{1}{7}>\dfrac{1}{9}$입니다.

6 $\dfrac{5}{10}=0.5$, $\dfrac{3}{10}=0.3$, $\dfrac{8}{10}=0.8$

7 42>36이므로 4.2>3.6입니다.

8 1과 전체를 똑같이 10으로 나눈 것 중의 4이므로 1과 0.4만큼인 1.4(일 점 사)입니다.

9 전체를 똑같이 10으로 나눈 것 중의 6이므로 $\dfrac{6}{10}=0.6$입니다.

10 분모가 같은 분수는 분자가 클수록 더 큽니다.
따라서 $\dfrac{8}{17}$보다 큰 분수는 $\dfrac{9}{17}$, $\dfrac{11}{17}$로 모두 2개입니다.

11 1 km를 똑같이 작은 눈금 10칸으로 나누었으므로 작은 눈금 한 칸의 크기는 0.1 km입니다.
소방서는 2 km에서 작은 눈금 7칸 더 간 곳이므로 지아네 집에서 소방서까지의 거리는 2.7 km입니다.

12 ㉠ 32 mm=3.2 cm ⓛ 5.1 cm ⓒ 3.8 cm
ⓔ 4 cm 5 mm=4.5 cm
따라서 5.1>4.5>3.8>3.2이므로 길이가 긴 것부터 차례로 기호를 쓰면 ⓛ, ⓔ, ⓒ, ㉠입니다.

13 단위분수는 분모가 클수록 더 작습니다.
따라서 분모의 크기를 비교하면 9>7>5>2이므로
$\dfrac{1}{9}<\dfrac{1}{7}<\dfrac{1}{5}<\dfrac{1}{2}$입니다.

14 ㉠ 5.2 ⓛ 6 ⓒ 2.7 ⓔ 2.9
➡ 2.7<2.9<5.2<6

15 분자가 1로 같으므로 분모의 크기를 비교하면
5>4 ➡ $\dfrac{1}{5}<\dfrac{1}{4}$입니다.
따라서 남긴 탄산수의 양이 시영이가 더 많으므로 시영이가 탄산수를 더 적게 마셨습니다.

16 소수점 왼쪽 부분이 같으므로 소수 부분을 비교하면
3<□<8입니다.
따라서 □ 안에 들어갈 수 있는 수는 4, 5, 6, 7입니다.

17 0.3과 0.9 사이의 수 ■.▲는 0.4, 0.5, 0.6, 0.7, 0.8 이고 이 중에서 $\dfrac{4}{10}=0.4$보다 큰 수는 0.5, 0.6, 0.7, 0.8입니다.
따라서 0.1이 7개인 수(0.7)보다 작은 수는 0.5, 0.6입니다.

18 0.4는 전체를 똑같이 10으로 나눈 것 중의 4입니다.
60 cm를 똑같이 10으로 나눈 것 중의 1은 6 cm이므로 60 cm의 0.4만큼은 $6 \times 4 = 24$ (cm)입니다.

^{서술형}
19 예 1푼이 약 3 mm이므로 6푼은
약 $3 \times 6 = 18$ (mm)입니다.
1 mm=0.1 cm이므로 18 mm=1.8 cm입니다.

평가 기준	배점
6푼이 약 몇 mm인지 구했나요?	2점
측우기에 찬 물의 양이 약 몇 cm인지 소수로 나타냈나요?	3점

^{서술형}
20 예 $\dfrac{5}{6}$는 $\dfrac{1}{6}$이 5개이므로 ㉠$=\dfrac{1}{6}$입니다.

$\dfrac{3}{5}$은 $\dfrac{1}{5}$이 3개이므로 ㉡$=\dfrac{1}{5}$입니다.

$\dfrac{7}{8}$은 $\dfrac{1}{8}$이 7개이므로 ㉢$=\dfrac{1}{8}$입니다.

따라서 $\dfrac{1}{5} > \dfrac{1}{6} > \dfrac{1}{8}$이므로 가장 큰 분수는 ㉡입니다.

평가 기준	배점
㉠, ㉡, ㉢이 나타내는 분수를 각각 구했나요?	2점
가장 큰 분수를 찾아 기호를 썼나요?	3점

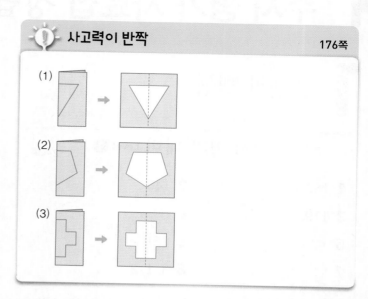

사고력이 반짝   176쪽

원래의 모양은 한쪽에 그대로 두고, 그 모양을 접힌 선을 기준으로 다른 쪽으로 뒤집어 그려서 자르고 남은 부분을 펼친 모양을 완성합니다.

1 덧셈과 뺄셈

다시 점검하는 수시 평가 대비 Level ❶

2~4쪽

1 782	**2** 140
3 1198	**4** ㉠, ㉣
5 <	**6** 251
7 ╳	**8** 3, 1, 2
9 384	**10** 1156 m
11 172대	**12** 1420
13 489명	**14** 750개

15 (위에서부터) 0, 6, 9

16 295, 392, 548(또는 392, 295, 548) / 139

17 852	**18** 17
19 놀이터, 18 m	**20** 1174

1 $285+497=782$

2 ㉠은 백의 자리에서 받아내림한 수와 십의 자리에 남은 수의 합이므로 14이고 실제로 나타내는 값은 140입니다.

$$\begin{array}{r} {\scriptstyle 6\ 14\ 10} \\ 7\ 5\ 3 \\ -\ 3\ 9\ 8 \\ \hline 3\ 5\ 5 \end{array}$$

3 $546+652=1198$

4 몇백몇십쯤으로 어림하여 계산해 봅니다.
㉠ $346+268$ ➡ 약 $350+270=620$
㉡ $422+137$ ➡ 약 $420+140=560$
㉢ $912-324$ ➡ 약 $910-320=590$
㉣ $831-219$ ➡ 약 $830-220=610$
따라서 600보다 큰 것은 ㉠, ㉣입니다.

5 $757+489=1246$, $295+968=1263$
➡ $1246<1263$

6 $852-601=251$

7 $907-322=585$, $853-298=555$,
$724-155=569$

8
$$\begin{array}{r} {\scriptstyle 1\ 1} \\ 2\ 3\ 9 \\ +\ 3\ 7\ 9 \\ \hline 6\ 1\ 8 \end{array} \quad \begin{array}{r} {\scriptstyle 1} \\ 4\ 6\ 0 \\ +\ 1\ 9\ 4 \\ \hline 6\ 5\ 4 \end{array} \quad \begin{array}{r} {\scriptstyle 8\ 11\ 10} \\ 9\ 2\ 4 \\ -\ 2\ 8\ 7 \\ \hline 6\ 3\ 7 \end{array}$$
➡ $654>637>618$

9 가장 큰 수: 913, 가장 작은 수: 529
➡ $913-529=384$

10 (현주가 걸은 거리)$=578+578=1156$ (m)

11 (나 공장에서 만든 선풍기 수)$=920-374=546$(대)
➡ $546-374=172$(대)

12 100이 4개, 10이 26개, 1이 2개인 수는
$400+260+2=662$입니다.
따라서 662보다 758만큼 더 큰 수는
$662+758=1420$입니다.

13 (지금 기차에 타고 있는 사람 수)
$=602-329+216$
$=273+216=489$(명)

14 (연서가 접은 종이학의 수)$=286+178=464$(개)
➡ (재학이가 접은 종이학의 수)
$+$(연서가 접은 종이학의 수)
$=286+464=750$(개)

15 일의 자리 계산: $10+5-6=\square$, $\square=9$
십의 자리 계산: $10+\square-1-4=5$,
$10-\square=10$, $\square=0$
백의 자리 계산: $8-1-\square=1$, $7-\square=1$, $\square=6$

16 계산 결과가 가장 작으려면 가장 작은 수와 둘째로 작은 수의 합에서 가장 큰 수를 빼야 합니다.
따라서 $295<392<486<548$이므로
$295+392-548=687-548=139$입니다.

17 $514⊙176=514-176+514$
$=338+514=852$

18 $392+51\square=909$일 때
$909-392=517$이므로 $\square=7$입니다.
따라서 $392+51\square>909$이려면 $\square$는 7보다 커야 하므로 $\square$ 안에 들어갈 수 있는 수는 8, 9입니다.
➡ $8+9=17$

19 예 (도서관을 지나서 가는 거리)
$\quad=273+337=610\,(\text{m})$
(놀이터를 지나서 가는 거리)
$\quad=398+194=592\,(\text{m})$
따라서 $610>592$이므로 놀이터를 지나서 가는 것이 $610-592=18\,(\text{m})$ 더 가깝습니다.

평가 기준	배점(5점)
진성이네 집에서 학교까지 도서관과 놀이터를 지나서 가는 거리를 각각 구했나요?	3점
어느 곳을 지나서 가는 것이 몇 m 더 가까운지 구했나요?	2점

20 예 어떤 수를 $\square$라고 하면 $\square-296=582$이므로 $\square=582+296=878$입니다.
따라서 바르게 계산한 값은 $878+296=1174$입니다.

평가 기준	배점(5점)
어떤 수를 구했나요?	3점
바르게 계산한 값을 구했나요?	2점

다시 점검하는 수시 평가 대비 Level ❷

5~7쪽

1 ③		**2** 786	
3 >		**4** 951 / 587	
5 (위에서부터) 1520 / 1046 / 288, 186			
6 1463개		**7** 497개	
8 1211, 537		**9** 644	
10 179		**11** 1134 m	
12 7		**13** 244	
14 496, 839(또는 839, 496)			
15 295번		**16** 185 m	
17 950		**18** 588 cm	
19 1221		**20** 486	

---

1 ㉠은 백의 자리이므로 실제로 100을 나타내고 ㉡은 십의 자리이므로 실제로 10을 나타냅니다.
따라서 ㉠과 ㉡이 실제로 나타내는 값의 차는 $100-10=90$입니다.

$$\begin{array}{r} {\scriptstyle 1\ 1}\\ 4\ 6\ 9\\ +\ 7\ 3\ 5\\ \hline 1\ 2\ 0\ 4 \end{array}$$

2 $371+415=786$

3 $940-395=545$ ➡ $545>539$

4 합: $182+769=951$
차: $769-182=587$

5 $945+575=1520$, $657+389=1046$
$945-657=288$, $575-389=186$

6 (두 반 학생들이 딴 딸기의 수)
$\quad=$(지영이네 반 학생들이 딴 딸기의 수)
$\qquad+$(시후네 반 학생들이 딴 딸기의 수)
$\quad=774+689=1463$(개)

7 (더 모아야 할 빈 병의 수)$=874-377=497$(개)

8
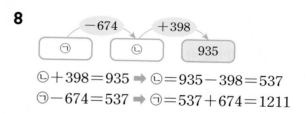
$㉡+398=935$ ➡ $㉡=935-398=537$
$㉠-674=537$ ➡ $㉠=537+674=1211$

9 어떤 수를 $\square$라고 하면 $\square+268=912$이므로
$\square=912-268=644$입니다.
따라서 어떤 수는 644입니다.

10 $72\underline{5}$ ➡ 5, $\underline{5}46$ ➡ 500, $2\underline{5}6$ ➡ 50
숫자 5가 나타내는 값이 가장 큰 수는 546이고 가장 작은 수는 725이므로 두 수의 차는 $725-546=179$입니다.

11 (사각형의 네 변의 길이의 합)
$\quad=372+195+372+195=1134\,(\text{m})$

12 $10+㉠-7=6$, $10+㉠=13$, $㉠=3$
$10+0-1-㉡=5$, $9-㉡=5$, $㉡=4$
➡ $㉠+㉡=3+4=7$

13 $553+\square=862$ ➡ $862-553=\square$, $\square=309$
따라서 두 수의 차는 $553-309=244$입니다.

14 두 수의 합의 일의 자리 수가 5인 두 수는 587과 778, 496과 839입니다.

따라서 587+778=1365(×), 496+839=1335(○) 이므로 ☐ 안에 알맞은 두 수는 496과 839입니다.

15 명선이가 토요일에 한 줄넘기 횟수를 ☐번이라고 하면

176+☐+259=730이므로

435+☐=730, ☐=730−435=295입니다.

따라서 명선이가 토요일에 한 줄넘기 횟수는 295번입니다.

16 (민주네 집~도서관)

=(공원~도서관)+(민주네 집~학교)−(공원~학교)

=397+426−638

=823−638=185 (m)

17 ■+327=600, ■=600−327=273

▲−293=384, ▲=384+293=677

➡ ■+▲=273+677=950

18 (색 테이프 3장의 길이의 합)

=284+284+284

=568+284

=852 (cm)

(겹쳐진 부분의 길이의 합)

=132+132=264 (cm)

➡ (이어 붙인 색 테이프의 전체 길이)

=852−264=588 (cm)

서술형
19 ⓐ 수 카드로 만들 수 있는 가장 큰 세 자리 수는 865이고 가장 작은 세 자리 수는 356입니다.

따라서 두 수의 합은 865+356=1221입니다.

평가 기준	배점(5점)
가장 큰 세 자리 수와 가장 작은 세 자리 수를 각각 구했나요?	2점
두 수의 합을 구했나요?	3점

서술형
20 ⓐ 294+378=672이므로 ☐+185<672입니다.

☐+185=672일 때 ☐=672−185, ☐=487이므로 ☐+185<672이려면 ☐는 487보다 작아야 합니다.

따라서 ☐ 안에 들어갈 수 있는 가장 큰 수는 486입니다.

평가 기준	배점(5점)
☐ 안에 들어갈 수 있는 수의 범위를 구했나요?	3점
☐ 안에 들어갈 수 있는 가장 큰 수를 구했나요?	2점

2 평면도형

다시 점검하는 수시 평가 대비 Level ❶
8~10쪽

1 ⑤

2

3

4 직사각형

5 , 8개

6 40 cm

7 각 ㄴㄱㄷ (또는 각 ㄷㄱㄴ), 각 ㄷㄱㄹ (또는 각 ㄹㄱㄷ), 각 ㄴㄱㄹ (또는 각 ㄹㄱㄴ)

8 5개

9 8개

10 ②

11 ㉠, ㉡, ㉢

12 4 cm

13 5개

14 48 cm

15 ⓐ

16 5개

17 3개

18 48 cm

19 36 cm

20 2 cm

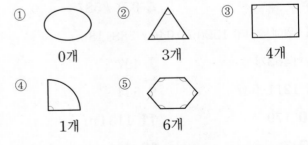

1
① 0개
② 3개
③ 4개
④ 1개
⑤ 6개

2 반직선 ㄱㄴ: 점 ㄱ에서 시작하여 점 ㄴ을 지나는 끝없이 늘인 곧은 선

직선 ㄱㄴ: 점 ㄱ과 점 ㄴ을 지나는 양쪽으로 끝없이 늘인 곧은 선

선분 ㄱㄴ: 점 ㄱ과 점 ㄴ을 곧게 이은 선

3 점 ㄴ을 꼭짓점으로 하는 각을 그립니다.

4 네 각이 모두 직각인 사각형은 직사각형입니다.

6 직사각형은 마주 보는 변의 길이가 서로 같습니다.
➡ (직사각형의 네 변의 길이의 합)
$= 14 + 6 + 14 + 6$
$= 40 \, (cm)$

7 각을 읽을 때에는 각의 꼭짓점이 가운데 오도록 읽습니다.

8

점선을 따라 자르면 직각삼각형은 ㉠, ㉡, ㉣, ㉤, ㉥으로 모두 5개 생깁니다.

9 가

➡ 5개

나

➡ 3개

따라서 찾을 수 있는 직각은 모두 $5 + 3 = 8$(개)입니다.

10 네 각이 모두 직각이 아니므로 직사각형이 아닙니다.

11 ㉠ 4개   ㉡ 2개   ㉢ 1개

12 정사각형은 네 변의 길이가 모두 같으므로 가장 큰 정사각형의 한 변을 직사각형의 세로인 $4 \, cm$로 해야 합니다.

13 작은 정사각형 1개짜리: 4개
작은 정사각형 4개짜리: 1개
➡ $4 + 1 = 5$(개)

14 직사각형 모양의 종이를 접고 자른 후 펼쳤을 때 만들어지는 도형은 네 각이 모두 직각이고 네 변의 길이가 모두 $12 \, cm$로 같으므로 정사각형입니다.
따라서 정사각형의 네 변의 길이의 합은
$12 + 12 + 12 + 12 = 48 \, (cm)$입니다.

15 직사각형의 네 각은 모두 직각임을 이용하여 한 각이 직각인 삼각형이 2개 만들어지도록 선분을 긋습니다.

16
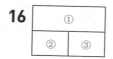

작은 직사각형 1개짜리: ①, ②, ③ → 3개
작은 직사각형 2개짜리: ②+③ → 1개
작은 직사각형 3개짜리: ①+②+③ → 1개
➡ $3 + 1 + 1 = 5$(개)

17 한 변의 길이가 $4 \, cm$인 정사각형을 한 개 만드는 데 필요한 철사의 길이는 $4 + 4 + 4 + 4 = 16 \, (cm)$입니다.
따라서 $50 - 16 - 16 - 16 = 2 \, (cm)$이므로 정사각형을 3개까지 만들 수 있습니다.

18
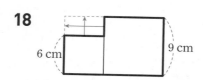

그림과 같이 굵은 선을 옮기면 굵은 선의 길이는 긴 변이 $6 + 9 = 15 \, (cm)$, 짧은 변이 $9 \, cm$인 직사각형의 네 변의 길이의 합과 같습니다.
➡ (굵은 선의 길이) $= 15 + 9 + 15 + 9$
$= 48 \, (cm)$

서술형
19 예 (삼각형 가의 한 변의 길이) $= 9 \, cm$
삼각형 가의 한 변의 길이와 정사각형 나의 한 변의 길이가 같으므로 정사각형 나의 한 변의 길이는 $9 \, cm$입니다.
(정사각형 나의 네 변의 길이의 합)
$= 9 + 9 + 9 + 9 = 36 \, (cm)$

평가 기준	배점(5점)
정사각형 나의 한 변의 길이를 구했나요?	2점
정사각형 나의 네 변의 길이의 합을 구했나요?	3점

서술형
20 예 (선분 ㅇㄷ)=(선분 ㄹㄷ)$= 17 \, cm$입니다.
(선분 ㅁㅂ)=(선분 ㄴㅇ)$= 32 - 17 = 15 \, (cm)$이고, (선분 ㅅㅂ)=(선분 ㅁㅂ)$= 15 \, cm$이므로
(선분 ㅂㅇ)$= 17 - 15 = 2 \, (cm)$입니다.

평가 기준	배점(5점)
선분 ㅇㄷ의 길이를 구했나요?	1점
선분 ㅁㅂ의 길이를 구했나요?	2점
선분 ㅂㅇ의 길이를 구했나요?	2점

1 ②

2 예 양쪽으로 끝없이 늘인 곧은 선이 아닙니다. / 반직선 ㄹㄷ

3 ①, ④　　　　　　**4** 10개

5 3개　　　　　　　**6** ㉡

7 정사각형　　　　　**8** 32 cm

9

10 예
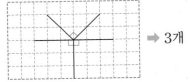

11 나 / 예 네 각이 모두 직각인 사각형이 아닙니다.

12 55 cm　　　　　　**13** ④

14 15개　　　　　　　**15** 32 cm

16 8　　　　　　　　**17** 24 cm

18 12개　　　　　　　**19** 34 cm

20 78 cm

2 점 ㄹ에서 시작하여 점 ㄷ을 지나는 반직선이므로 반직선 ㄹㄷ이라고 합니다.

3

4

두 점을 곧은 선으로 연결한 후 세어 보면 모두 10개입니다.

5

➡ 3개

6 ㉡ 모든 직사각형의 네 변의 길이가 모두 같은 것은 아니므로 정사각형이라고 할 수 없습니다.

8 (정사각형의 네 변의 길이의 합)
=8+8+8+8=32 (cm)

9 삼각자의 직각 부분을 이용하여 선분을 긋습니다.

12 (직사각형을 한 개 만드는 데 사용한 철사의 길이)
=15+8+15+8=46 (cm)
➡ (선주가 처음에 가지고 있던 철사의 길이)
=46+9=55 (cm)

13

14
①		
②	③	
④	⑤	⑥

작은 직사각형 1개짜리: ①, ②, ③, ④, ⑤, ⑥ → 6개
작은 직사각형 2개짜리: ①+②, ②+④, ③+⑤,
　　　　　　　　　　　②+③, ④+⑤, ⑤+⑥
　　　　　　　　　　　→ 6개
작은 직사각형 3개짜리: ①+②+④, ④+⑤+⑥
　　　　　　　　　　　→ 2개
작은 직사각형 4개짜리: ②+③+④+⑤ → 1개
➡ 6+6+2+1=15(개)

15 정사각형은 네 변의 길이가 모두 같으므로 굵은 선의 길이는 정사각형의 한 변의 길이의 8배입니다.
➡ 4×8=32 (cm)

16 (직사각형의 네 변의 길이의 합)
=9+7+9+7=32 (cm)
정사각형은 네 변의 길이가 같으므로
□+□+□+□=32입니다.
따라서 8+8+8+8=32이므로 □=8입니다.

17
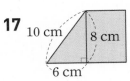
(직각삼각형의 세 변의 길이의 합)
=10+6+8
=24 (cm)

18 직각은 작은 각 4개로 이루어지므로 직각보다 작은 각은 작은 각 1개, 2개, 3개로 이루어진 각입니다.

작은 각 1개로 이루어진 각: 5개
작은 각 2개로 이루어진 각: 4개
작은 각 3개로 이루어진 각: 3개

따라서 직각보다 작은 각은 모두
$5+4+3=12$(개)입니다.

서술형
19 예 만들 수 있는 가장 큰 정사각형의 한 변의 길이는 15 cm 이므로 남은 사각형은 짧은 변이 $17-15=2$ (cm), 긴 변이 15 cm인 직사각형입니다.

따라서 남은 사각형의 네 변의 길이의 합은
$2+15+2+15=34$ (cm)입니다.

평가 기준	배점(5점)
만들 수 있는 가장 큰 정사각형의 한 변의 길이를 구했나요?	2점
남은 사각형의 네 변의 길이의 합을 구했나요?	3점

서술형
20 예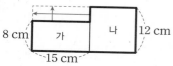

그림과 같이 굵은 선을 옮기면 굵은 선의 길이는 긴 변이 $15+12=27$ (cm), 짧은 변이 12 cm인 직사각형의 네 변의 길이의 합과 같습니다.

따라서 굵은 선의 길이는
$27+12+27+12=78$ (cm)입니다.

평가 기준	배점(5점)
굵은 선을 옮겨 직사각형으로 만들었나요?	2점
굵은 선의 길이를 구했나요?	3점

3 나눗셈

다시 점검하는 수시 평가 대비 Level ❶

14~16쪽

1 $42÷6=7$	**2** 5
3 ㉠	**4** (1) 6 (2) 9
5 27, 9, 3	**6** 3 / 3, 6
7 ㉡	
8 $2×7=14$ / $14÷2=7$(또는 $14÷7=2$)	
9 $32÷8=4$(또는 $32÷8$) / 4개	
10	**11** 7개
12 6, 3	**13** ①
14 ㉡, ㉢, ㉣, ㉠	**15** 9
16 9개	**17** 8개
18 8	**19** 8그루
20 6	

1 ■ 나누기 ▲는 ●와 같습니다.
➡ ■ ÷ ▲ = ●

2 구슬 10개를 2개씩 묶으면 5묶음이 되므로 $10÷2=5$ 입니다.

3 $24÷8$이므로 8단 곱셈구구 중 곱이 24가 되는 곱셈식 이 필요합니다.

4 (1) $5×6=30$이므로 $30÷5=6$입니다.
(2) $6×9=54$이므로 $54÷6=9$입니다.

5 27개를 9개씩 묶으면 3묶음이 되는 상황에 알맞은 문장 으로 나타냅니다.

6
$6×3=18$ $6×3=18$
$18÷6=3$ $18÷3=6$

7 $20÷4=5$는 20에서 4를 5번 빼면 0이 되는 것을 나타 냅니다.
㉠ $20÷5=4$ ㉡ $20÷4=5$

8 버섯이 2개씩 7묶음이므로 곱셈식으로 나타내면
$2 \times 7 = 14$입니다.
$2 \times 7 = 14$ ➡ $14 \div 2 = 7$, $14 \div 7 = 2$

9 (한 사람에게 줄 수 있는 사과의 수)
$= 32 \div 8 = 4$(개)

10 $21 \div 7 = 3$, $36 \div 4 = 9$, $45 \div 9 = 5$
$81 \div 9 = 9$, $35 \div 7 = 5$, $15 \div 5 = 3$

11 (꼬치의 수) = (곶감의 수) ÷ (꼬치 한 개에 꽂을 곶감의 수)
$= 49 \div 7 = 7$(개)

12 $30 \div 5 = 6$, $6 \div 2 = 3$

13 ① $54 \div 6 = 9$
② $72 \div 9 = 8$
③ $24 \div 4 = 6$
④ $40 \div 5 = 8$
⑤ $21 \div 3 = 7$
따라서 몫이 가장 큰 것은 ①입니다.

14 ㉠ $16 \div \square = 2$ ➡ $\square \times 2 = 16$에서 $8 \times 2 = 16$이므로 $\square = 8$입니다.
㉡ $30 \div 6 = \square$, $\square = 5$
㉢ $48 \div 8 = \square$, $\square = 6$
㉣ $42 \div \square = 6$ ➡ $\square \times 6 = 42$에서 $7 \times 6 = 42$이므로 $\square = 7$입니다.
➡ $5 < 6 < 7 < 8$

15 $28 \div 4 = 7$이므로 $63 \div \square = 7$입니다.
$\square \times 7 = 63$에서 $9 \times 7 = 63$이므로 $\square = 9$입니다.

16 (단팥빵과 크림빵의 수의 합) = $12 + 15 = 27$(개)
➡ (포장한 봉지 수) = $27 \div 3 = 9$(개)

17 초콜릿이 12개씩 4상자 있으므로 전체 초콜릿의 수는
$12 + 12 + 12 + 12 = 48$(개)입니다.
따라서 한 명에게 $48 \div 6 = 8$(개)씩 주어야 합니다.

18 $1\square \div 3 = \bullet$ ➡ $3 \times \bullet = 1\square$이므로 3단 곱셈구구를 이용하여 곱의 십의 자리 수가 1인 수를 모두 찾습니다.
따라서 $3 \times 4 = 12$, $3 \times 5 = 15$, $3 \times 6 = 18$이므로 ●가 가장 클 때 $\bullet = 6$이고 이때 $\square$ 안에 알맞은 수는 8입니다.

19 예 나무 사이의 간격은 $56 \div 8 = 7$(군데)입니다.
따라서 (심은 나무의 수) = (나무 사이의 간격 수) + 1
이므로 도로 한쪽에 심은 나무는 모두
$7 + 1 = 8$(그루)입니다.

평가 기준	배점(5점)
나무 사이의 간격 수를 구했나요?	3점
도로 한쪽에 심은 나무의 수를 구했나요?	2점

20 예 어떤 수를 $\square$라고 하면
$\square \div 9 = 4$이므로 $9 \times 4 = \square$, $\square = 36$입니다.
따라서 바르게 계산하면 $36 \div 6 = 6$입니다.

평가 기준	배점(5점)
어떤 수를 구했나요?	3점
바르게 계산한 몫을 구했나요?	2점

다시 점검하는 **수시 평가 대비** Level ❷   17~19쪽

1 ②   **2** $24 - 8 - 8 - 8 = 0$

3 $15 - 5 - 5 - 5 = 0$ / $15 \div 5 = 3$ / 3명

4 (1) 7 (2) 5

5 $5 \times 6 = 30$ / $30 \div 5 = 6$(또는 $30 \div 6 = 5$)

6 5 / 8   **7** 3개

8 (위에서부터) 6 / 3 / 8, 4

9 $42 \div 6 = 7$(또는 $42 \div 6$), 7개

10 <   **11** 63

12 8장   **13** ④

14 7   **15** 6 cm

16 36   **17** 6개

18 7대   **19** 48분

20 3개

1 몫을 나타내는 수는 5이므로 나눗셈식으로 나타내면
$35 \div 7 = 5$입니다.

2 $24 \div 8 = 3$을 뺄셈식으로 나타내면 24에서 8을 3번 빼면 0이 되는 것과 같습니다.

3 뺄셈으로 해결하기: 단추 15개를 5개씩 3번 덜어 내면 0이 되므로 $15 - 5 - 5 - 5 = 0$입니다.
나눗셈으로 해결하기: 단추 15개를 5개씩 묶어 보면 3묶음이 되므로 $15 \div 5 = 3$입니다.

4 (1) $4 \times 7 = 28$이므로 $28 \div 4 = 7$입니다.
(2) $8 \times 5 = 40$이므로 $40 \div 8 = 5$입니다.

5 5개씩 6묶음이므로 곱셈식으로 나타내면 $5 \times 6 = 30$입니다.
$5 \times 6 = 30 \Rightarrow 30 \div 5 = 6,\ 30 \div 6 = 5$

6 $20 \div 4 = 5,\ 32 \div 4 = 8$

7 8단 곱셈구구에서 $8 \times 2 = 16,\ 8 \times 3 = 24,\ 8 \times 7 = 56$이므로 $16 \div 8 = 2,\ 24 \div 8 = 3,\ 56 \div 8 = 7$입니다.
따라서 8로 나누어지는 수는 16, 24, 56으로 모두 3개입니다.

8 $48 \div 8 = 6,\ 6 \div 2 = 3$
$48 \div 6 = 8,\ 8 \div 2 = 4$

9 (필요한 상자의 수)
$= $ (탁구공의 수) $\div$ (한 상자에 담을 탁구공의 수)
$= 42 \div 6 = 7$(개)

10 $32 \div 8 = 4,\ 30 \div 5 = 6 \Rightarrow 4 < 6$

11 $\square \div 7 = 9 \Rightarrow 7 \times 9 = 63$이므로 $\square = 63$입니다.

12 (꽃 한 개를 만드는 데 필요한 색종이의 수)
$= 56 \div 7 = 8$(장)

13 ① $28 \div 4 = 7$　　② $40 \div 8 = 5$
③ $24 \div 6 = 4$　　④ $56 \div 7 = 8$
⑤ $15 \div 3 = 5$

14 어떤 수를 $\square$라고 하면 $49 \div \square = 7$입니다.
$\square \times 7 = 49$에서 $7 \times 7 = 49$이므로 $\square = 7$입니다.

15 (사용하고 남은 색 테이프의 길이) $= 53 - 5 = 48$ (cm)
$\Rightarrow$ (한 도막의 길이) $= 48 \div 8 = 6$ (cm)

16 $6 \times \heartsuit = 54$에서 $54 \div 6 = \heartsuit,\ \heartsuit = 9$입니다.
따라서 $\odot \div 9 = 4$에서 $9 \times 4 = \odot,\ \odot = 36$입니다.

17 (지호가 먹은 사탕의 수) $= 2 \times 7 = 14$(개)
(남은 사탕의 수) $= 50 - 14 = 36$(개)
따라서 남은 사탕을 6봉지에 똑같이 나누어 담으면 한 봉지에는 $36 \div 6 = 6$(개)씩 담게 됩니다.

18 (두발자전거의 바퀴의 수) $= 2 \times 8 = 16$(개)이므로
(세발자전거의 바퀴의 수) $= 37 - 16 = 21$(개)입니다.
따라서 세발자전거는 $21 \div 3 = 7$(대)입니다.

서술형
19 예 공원을 한 바퀴 도는 데 걸리는 시간은
$30 \div 5 = 6$(분)입니다.
따라서 같은 빠르기로 공원을 8바퀴 도는 데 걸리는 시간은 $6 \times 8 = 48$(분)입니다.

평가 기준	배점(5점)
공원을 한 바퀴 도는 데 걸리는 시간을 구했나요?	3점
공원을 8바퀴 도는 데 걸리는 시간을 구했나요?	2점

서술형
20 예 만들 수 있는 두 자리 수는 10, 12, 13, 20, 21, 23, 30, 31, 32이므로 이 중에서 5단 곱셈구구의 곱이 되는 수를 모두 찾습니다.
$5 \times 2 = 10 \Rightarrow 10 \div 5 = 2,$
$5 \times 4 = 20 \Rightarrow 20 \div 5 = 4,$
$5 \times 6 = 30 \Rightarrow 30 \div 5 = 6$
따라서 5로 나누어지는 수는 10, 20, 30으로 모두 3개입니다.

평가 기준	배점(5점)
만들 수 있는 두 자리 수를 모두 구했나요?	2점
만든 두 자리 수 중에서 5로 나누어지는 수는 모두 몇 개인지 구했나요?	3점

서술형 50% 단원 평가 20~23쪽

1 (1) 615 (2) 361

2 (×) (×) (○)

3 (○)
( )

4 687 / 787 / 887   **5** 직각삼각형

6 (1) 9 / 9 (2) 7 / 7   **7** 예 약 450

8 2개   **9** 4장

10 600   **11** 6개

12 5   **13** 782, 508

14 3개   **15** 22 cm

16 915   **17** 6개

18 6   **19** 792

20 16그루

1 일의 자리부터 차례로 계산합니다.

(1)   1
    4 6 5
 + 1 5 0
   6 1 5

(2)   6 10
  7̷ 5 5
 − 3 9 4
   3 6 1

2 각은 한 점에서 그은 두 반직선으로 이루어진 도형입니다.

3 $15 \div 5 = 3$은 15에서 5를 3번 덜어 내면 0이 됨을 나타냅니다.

4 같은 수에 100씩 커지는 수를 더하면 계산 결과도 100씩 커집니다.

5 예 꼭짓점이 3개이고 변이 3개인 도형은 삼각형이고, 한 각이 직각인 삼각형은 직각삼각형입니다.

평가 기준	배점(5점)
꼭짓점이 3개이고 변이 3개인 도형을 알고 있나요?	2점
설명하는 도형의 이름을 바르게 썼나요?	3점

6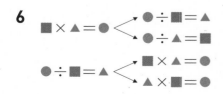

7 예 671을 어림하면 670쯤이고, 217을 어림하면 220쯤이므로 $671 - 217$을 어림하여 구하면
약 $670 - 220 = 450$입니다.

평가 기준	배점(5점)
671과 217을 몇백몇십쯤으로 어림했나요?	3점
671 − 217을 어림하여 계산했나요?	2점

8 점 ㄱ에서 시작하는 반직선 ㄱㄴ과 점 ㄴ에서 시작하는 반직선 ㄴㄱ을 그을 수 있습니다.

9 예 붙임딱지 24장을 공책 6권에 똑같이 나누어 붙이려면 $24 \div 6 = 4$이므로 한 권에 4장씩 붙이면 됩니다.

평가 기준	배점(5점)
문제에 알맞은 식을 세웠나요?	3점
공책 한 권에 몇 장씩 붙이면 되는지 구했나요?	2점

10 $897 - 231 = 666$이므로 $\square + 66 = 666$입니다.
따라서 $666 - 66 = \square$, $\square = 600$입니다.

11 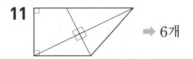 ➡ 6개

12 예 7단 곱셈구구에서 곱이 35인 경우는 $7 \times 5 = 35$이므로 $35 \div 7$의 몫은 5입니다.
따라서 □ 안에 공통으로 들어갈 수는 5입니다.

평가 기준	배점(5점)
7단 곱셈구구에서 곱이 35인 경우를 구했나요?	3점
□ 안에 공통으로 들어갈 수를 구했나요?	2점

13 일의 자리 수끼리의 차가 4가 되는 두 수는 782, 508입니다.
➡ $782 - 508 = 274$

14 $54 \div 9 = 6$이므로 $6 < \square$입니다.
따라서 □ 안에 들어갈 수 있는 수는 7, 8, 9로 모두 3개입니다.

15 예 직사각형은 마주 보는 두 변의 길이가 같으므로 직사각형의 네 변은 각각 5 cm, 6 cm, 5 cm, 6 cm입니다. 따라서 네 변의 길이의 합은
$5 + 6 + 5 + 6 = 22$ (cm)입니다.

평가 기준	배점(5점)
직사각형은 마주 보는 두 변의 길이가 같음을 알고 있나요?	3점
직사각형의 네 변의 길이의 합을 바르게 구했나요?	2점

16 예 $243+671=914$이므로 $914<\square$입니다.
따라서 $\square$ 안에 들어갈 수 있는 세 자리 수 중에서 가장 작은 수는 915입니다.

평가 기준	배점(5점)
$243+671$의 값을 구했나요?	3점
$\square$ 안에 들어갈 수 있는 세 자리 수 중에서 가장 작은 수를 구했나요?	2점

17 예 색칠된 정사각형을 포함한 작은 정사각형 1개짜리: 1개
색칠된 정사각형을 포함한 작은 정사각형 4개짜리: 4개
색칠된 정사각형을 포함한 작은 정사각형 9개짜리: 1개
따라서 찾을 수 있는 크고 작은 정사각형은 모두
$1+4+1=6$(개)입니다.

평가 기준	배점(5점)
색칠된 정사각형을 포함한 작은 정사각형 1개, 4개, 9개로 이루어진 정사각형의 수를 각각 구했나요?	3점
찾을 수 있는 크고 작은 정사각형의 수를 구했나요?	2점

18 예 어떤 수를 $\square$라 하면 $\square\div4=9$입니다.
$4\times9=36$이므로 $\square=36$입니다.
따라서 $36\div6=6$입니다.

평가 기준	배점(5점)
어떤 수를 구했나요?	2점
어떤 수를 6으로 나눈 몫을 구했나요?	3점

19 예 만들 수 있는 가장 큰 수는 951이고, 가장 작은 수는 159입니다.
따라서 만들 수 있는 가장 큰 수와 가장 작은 수의 차는 $951-159=792$입니다.

평가 기준	배점(5점)
만들 수 있는 가장 큰 수와 가장 작은 수를 구했나요?	2점
만든 두 수의 차를 구했나요?	3점

20 예 (나무 사이의 간격의 수)$=63\div9=7$(군데)
(도로 한쪽에 필요한 나무의 수)$=7+1=8$(그루)
따라서 도로 양쪽에 필요한 나무는 모두
$8\times2=16$(그루)입니다.

평가 기준	배점(5점)
나무 사이의 간격의 수를 구했나요?	2점
필요한 나무의 수를 구했나요?	3점

4 곱셈

다시 점검하는 수시 평가 대비 Level ❶
24~26쪽

1 30, 4, 120	**2** 14, 3, 42
3 (계산 순서대로) 240, 9, 249	
4 (1) 124 (2) 78	**5** 96
6	**7** ③
8 ㉢, ㉡, ㉣, ㉠	**9** 140송이
10 ④	**11** 7개
12 90권	**13** (위에서부터) 3, 4
14 79자루	**15** 6
16 192 m	**17** 768
18 43	**19** 340 m
20 490	

1 30을 4번 더한 것을 곱셈식으로 나타내면
$30\times4=120$입니다.

2 십 모형 1개, 일 모형 4개씩 묶음이 3묶음이면 십 모형 4개, 일 모형 2개와 같습니다.
$\Rightarrow 14\times3=42$

3 83을 80과 3으로 나누어 각각 3을 곱한 후 두 곱을 더합니다.

4 (1) 십의 자리에서 올림하는 수는 백의 자리에 씁니다.
(2) 일의 자리에서 올림하는 수는 십의 자리의 계산에 더해 줍니다.

5 $16\times6=96$

6 $56\times3=168$, $70\times4=280$, $87\times2=174$

7 ③ $28\times3=84$

8 ㉠ $16\times3=48$　　㉡ $21\times5=105$
㉢ $32\times4=128$　　㉣ $50\times2=100$
$\Rightarrow$ ㉢>㉡>㉣>㉠

9 (필요한 국화의 수)
= (한 다발에 묶는 국화의 수) × (다발의 수)
= 20 × 7 = 140(송이)

10 ① 92 × 2 = 184   ② 26 × 9 = 234
③ 38 × 6 = 228   ④ 41 × 5 = 205
⑤ 52 × 4 = 208
200과의 차가 ① 16 ② 34 ③ 28 ④ 5 ⑤ 8이므로 곱이 200에 가장 가까운 것은 200과의 차가 가장 작은 ④입니다.

11 24 × 5 = 120이고 32 × 4 = 128이므로 120과 128 사이에 있는 세 자리 수는 121부터 127까지의 수입니다.
➡ 7개

12 (경미네 반 학생 수) = 16 + 14 = 30(명)
(필요한 공책 수) = 30 × 3 = 90(권)

13
```
    ㉡ 8
  ×   ㉠
 ─────────
  1 5 2
```
8 × ㉠의 일의 자리 수가 2가 되는 ㉠은 4 또는 9입니다.
㉠ = 4일 때: ㉡ × 4 + 3 = 15에서 ㉡ × 4 = 12이므로 ㉡ = 3입니다.
㉠ = 9일 때: ㉡ × 9 + 7 = 15에서 ㉡ × 9 = 8을 만족시키는 ㉡은 없습니다.
따라서 ㉠ = 4, ㉡ = 3입니다.

14 (연필 9타의 연필 수) = 12 × 9 = 108(자루)
(동생에게 주고 남은 연필 수)
= 108 - 29 = 79(자루)

15 26 × 5 = 130이므로 19 × □ < 130입니다.
□ = 6일 때 19 × 6 = 114 < 130
□ = 7일 때 19 × 7 = 133 > 130
따라서 □ 안에 들어갈 수 있는 수는 7보다 작은 수이고 그중에서 가장 큰 수는 6입니다.

16 처음에 세운 가로등과 마지막에 세운 가로등 사이에는 24 m인 간격이 8군데 있습니다.
따라서 처음에 세운 가로등과 마지막에 세운 가로등 사이의 거리는 24 × 8 = 192 (m)입니다.

17 어떤 수를 □라고 하면 □ ÷ 8 = 12이므로
12 × 8 = □, □ = 96입니다.
따라서 바르게 계산하면 96 × 8 = 768입니다.

18 합이 7인 두 수는 (0, 7), (1, 6), (2, 5), (3, 4)이므로 두 자리 수는 16, 25, 34, 43, 52, 61, 70이 될 수 있습니다.
이 수들을 4배 한 수는 16 × 4 = 64, 25 × 4 = 100, 34 × 4 = 136, 43 × 4 = 172, 52 × 4 = 208, 61 × 4 = 244, 70 × 4 = 280이므로 조건을 만족시키는 두 자리 수는 43입니다.

서술형
19 예 (할머니가 걸은 거리) = 85 × 4
= 340 (m)
따라서 할머니가 걸은 거리는 340 m입니다.

평가 기준	배점(5점)
곱셈식을 알맞게 세웠나요?	2점
할머니가 걸은 거리를 구했나요?	3점

서술형
20 예 곱이 가장 큰 경우는 72 × 9 = 648이고 곱이 가장 작은 경우는 79 × 2 = 158입니다.
따라서 두 곱의 차는 648 - 158 = 490입니다.

평가 기준	배점(5점)
곱이 가장 큰 경우와 가장 작은 경우의 곱을 각각 구했나요?	4점
두 곱의 차를 구했나요?	1점

다시 점검하는 **수시 평가 대비 Level ❷** 27~29쪽

1 (계산 순서대로) 80, 4, 84

2 (1) 240 (2) 88   **3** ④

4 357   **5** 70 × 8에 ○표

6
```
    3
    3 7
  ×   5
 ───────
  1 8 5
```
7 (선 긋기)

8 215   **9** ②

10 126   **11** 96

12 2   **13** 76권

14 지선, 5장

15 (위에서부터) 42, 2 / 28, 3 / 12, 7

16 4   **17** 13

18 512   **19** 58분

20 225

1 수 모형을 십 모형과 일 모형으로 나누어 각각 4를 곱한 후 두 곱을 더합니다.

3 ④ 34를 6번 더한 수는
$$34+34+34+34+34+34=34\times6=204$$
입니다.

4 $51\times7=357$

5 69를 어림하면 70쯤이므로 69×8을 어림하여 구하면 약 $70\times8=560$입니다.

6 십의 자리 계산을 할 때 일의 자리에서 올림한 수 3을 더하지 않았습니다.

7 $36\times5=180$, $16\times6=96$, $70\times3=210$
$90\times2=180$, $42\times5=210$, $24\times4=96$

8 ㉠ $16\times5=80$ ㉡ $45\times3=135$
➡ $80+135=215$

9 ① $15\times6=90$ ② $17\times3=51$
③ $23\times4=92$ ④ $32\times2=64$
⑤ $20\times4=80$
➡ ②<④<⑤<①<③

10 $21>14>7>6$이므로 가장 큰 수는 21이고 가장 작은 수는 6입니다.
➡ $21\times6=126$

11 어떤 수를 □라고 하면 □$\div8=12$이므로
$12\times8=$□, □$=96$입니다.

12 $42\times3=126$이므로 $63\times$□$=126$입니다.
$63\times2=126$이므로 □$=2$입니다.

13 (책꽂이에 꽂은 동화책의 수)$=13\times5=65$(권)
(전체 동화책의 수)$=65+11=76$(권)

14 (은정이가 사용한 색종이의 수)$=20\times4=80$(장)
(지선이가 사용한 색종이의 수)$=17\times5=85$(장)
따라서 $80<85$이므로 지선이가 $85-80=5$(장) 더 많이 사용하였습니다.

15 몇십몇과 몇의 곱이 84가 되도록 짝 지어 곱합니다.

16 ㉠$\times$㉠의 일의 자리 수가 6이므로 같은 두 수의 곱의 일의 자리 수가 6이 되는 경우는 $4\times4=16$, $6\times6=36$입니다.
따라서 $44\times4=176$, $66\times6=396$이므로 ㉠$=4$입니다.

17 $25\times5=125$이고 $42\times4=168$이므로 $21\times$□는 125보다 크고 168보다 작습니다.
$21\times5=105$, $21\times6=126$, $21\times7=147$, $21\times8=168$이므로 □ 안에 들어갈 수 있는 수는 6, 7입니다.
➡ $6+7=13$

18 $2\times2=4$, $16\times2=32$이므로 바로 앞의 수에 2를 곱하는 규칙입니다.
따라서 ㉠$=4\times2=8$이고 ㉡$=32\times2=64$이므로
㉡$\times$㉠$=64\times8=512$입니다.

19 예 나무토막을 30도막으로 자르려면 29번 잘라야 합니다.
따라서 나무토막을 30도막으로 자르는 데
$29\times2=58$(분)이 걸립니다.

평가 기준	배점(5점)
나무토막을 잘라야 하는 횟수를 구했나요?	2점
자르는 데 걸리는 시간을 구했나요?	3점

20 예 꼭짓점에 있는 두 수의 곱을 가운데에 쓰는 규칙입니다. $25\times$㉡$=175$에서 ㉡$=7$이고 $7\times$㉢$=63$에서 ㉢$=9$입니다.
따라서 ㉠$=25\times9=225$입니다.

평가 기준	배점(5점)
규칙을 찾았나요?	1점
㉡, ㉢에 알맞은 수를 각각 구했나요?	2점
㉠에 알맞은 수를 구했나요?	2점

5 길이와 시간

다시 점검하는 수시 평가 대비 Level ❶ 30~32쪽

1 60	**2** 5 cm 9 mm
3 3시 25분 12초	**4** ②, ⑤
5 <	**6** ③, ④
7 (1) 9 km 10 m (2) 8 km 820 m	
8 (1) mm (2) cm	**9** 7시 18분 6초
10 10, 3	**11** 병원
12 3 km 720 m	**13** 오후 9시 15분
14 1시간 45분 50초	**15** ㉠, ㉡, ㉣, ㉢
16 8 km 50 m	**17** 올라갈 때
18 14시간 12분 5초	**19** 오후 12시 16분 31초
20 100 m	

2 색연필의 길이는 5 cm보다 9 mm 더 길므로
5 cm 9 mm입니다.

4 ① 7 cm 4 mm=74 mm
③ 8 km 26 m=8026 m
④ 4090 m=4 km 90 m

5 5800 m=5 km 800 m
➡ 5 km 80 m<5800 m

6 ① 1분 40초=60초+40초=100초
② 1분 25초=60초+25초=85초
⑤ 270초=240초+30초=4분 30초

7 (1)
```
        1
     5 km 740 m
   + 3 km 270 m
   ─────────────
     9 km  10 m
```
(2)
```
      12      1000
    1̶3̶ km
   −  4 km 180 m
   ─────────────
      8 km 820 m
```

9 8시 5분 3초−46분 57초=7시 18분 6초

10 4 cm 7 mm+5 cm 6 mm
=10 cm 3 mm

11 1 km 500 m=1500 m이므로 주하네 집에서 거리가
500 m의 3배쯤 되는 곳은 병원입니다.

12 (하루에 호수 둘레를 걷는 거리)
=1860 m+1860 m
=3720 m
=3 km 720 m

13 (음악회가 끝난 시각)
=오후 7시 30분+1시간 45분
=오후 9시 15분

14 피아노 연습을 시작한 시각은 3시 16분 40초이고 끝낸
시각은 5시 2분 30초이므로 피아노 연습을 한 시간은
5시 2분 30초−3시 16분 40초
=1시간 45분 50초입니다.

15 ㉠ 12 cm 4 mm   ㉡ 11 cm 7 mm
㉢ 11 cm 1 mm   ㉣ 11 cm 6 mm
➡ ㉠>㉡>㉣>㉢

16 4 km 200 m+3 km 850 m=8 km 50 m

17 (올라갈 때 걸린 시간)
=오후 1시 20분−오전 9시 45분
=13시 20분−9시 45분
=3시간 35분
(내려올 때 걸린 시간)=5시 25분−2시 40분
=2시간 45분
따라서 3시간 35분>2시간 45분이므로 올라갈 때 시간
이 더 많이 걸렸습니다.

18 (낮의 길이)
=오후 5시 14분 30초−오전 7시 26분 35초
=17시 14분 30초−7시 26분 35초
=9시간 47분 55초
(밤의 길이)
=24시간−9시간 47분 55초
=14시간 12분 5초

서술형
19 예 결승점에 도착한 시각은 오전 10시 26분 53초에서
1시간 49분 38초 후입니다.
따라서 결승점에 도착한 시각은
오전 10시 26분 53초+1시간 49분 38초
=오후 12시 16분 31초입니다.

평가 기준	배점(5점)
계산식을 알맞게 세웠나요?	3점
결승점에 도착한 시각을 구했나요?	2점

서술형

20 예 기차와 버스를 타고 간 거리는
$$16\,km\;200\,m + 23\,km\;700\,m$$
$$= 39\,km\;900\,m입니다.$$
따라서 석훈이가 걸어서 간 거리는
$$40\,km - 39\,km\;900\,m = 100\,m입니다.$$

평가 기준	배점(5점)
석훈이가 기차와 버스를 타고 간 거리를 구했나요?	2점
석훈이가 걸어서 간 거리를 구했나요?	3점

다시 점검하는 수시 평가 대비 Level ❷
33~35쪽

1 ⑴ 7, 9 ⑵ 5400   **2** 4 cm 5 mm

3 ㉡, ㉣   **4** 3 cm 3 mm

5 ⑤   **6** ⑴ 시간 ⑵ 분

7 12시 25분 17초   **8** 영균

9 ⑴ 4 mm ⑵ 2 km   **10** 46

11 770 m   **12** 4시간 15분

13 8시 46분 29초   **14** 18 cm 8 mm

15 (위에서부터) 30 / 6, 41

16 서점, 960 m   **17** 오전 10시 30분

18 3 cm 5 mm   **19** 47 cm 2 mm

20 오전 9시 57분

---

1 ⑴ 79 mm = 70 mm + 9 mm = 7 cm 9 mm

　⑵ 5 km 400 m = 5000 m + 400 m = 5400 m

2 지우개의 긴 쪽의 길이를 자로 재어 보면 4 cm 5 mm
입니다.

4 클립의 길이는 1 cm가 3번 들어가므로 3 cm, 작은 눈
금 3칸이므로 3 mm입니다.
따라서 클립의 길이는 3 cm 3 mm입니다.

---

5 ① 6 cm 5 mm(= 65 mm) > 56 mm
② 107 mm = 10 cm 7 mm
③ 3 km 40 m < 3400 m(= 3 km 400 m)
④ 8120 m = 8 km 120 m
⑤ 5 km 9 m < 5010 m(= 5 km 10 m)

7 7시 34분 29초 + 4시간 50분 48초
= 11시 84분 77초 = 12시 25분 17초

8 125초 = 2분 5초이므로 2분 5초 < 2분 15초입니다.
따라서 영균이가 더 오래 했습니다.

10 7 cm 5 mm − 2 cm 9 mm = 4 cm 6 mm
　　　　　　　　　　　　　　　　　= 46 mm

11 (소라가 걸은 거리)
= (집에서 우체국까지의 거리)
− (문구점에서 우체국까지의 거리)
= 2 km 200 m − 1430 m
= 2 km 200 m − 1 km 430 m
= 770 m

12 (3일 동안 운동을 한 시간)
= 38분 + 1시간 25분 + 2시간 12분
= 3시간 75분 = 4시간 15분

13 시계가 나타내는 시각은 11시 20분 10초이므로
2시간 33분 41초 전의 시각은
11시 20분 10초 − 2시간 33분 41초
= 8시 46분 29초입니다.

14 47 mm = 4 cm 7 mm이고 정사각형은 네 변의 길이
가 모두 같습니다.
(정사각형의 네 변의 길이의 합)
= 4 cm 7 mm + 4 cm 7 mm + 4 cm 7 mm
　+ 4 cm 7 mm
= 16 cm 28 mm
= 18 cm 8 mm

15 초 단위의 계산: 60 + 31 − □ = 50, 91 − □ = 50,
　　　　　　　　　　　　　　　□ = 41
분 단위의 계산: □ − 1 − 4 = 25, □ − 1 = 29,
　　　　　　　　　　　　　　□ = 30
시 단위의 계산: 8 − □ = 2, □ = 6

16 (집에서 서점을 지나 은행까지 가는 거리)
　＝1680 m＋1 km 490 m
　＝1 km 680 m＋1 km 490 m
　＝3 km 170 m
　(집에서 공원을 지나 은행까지 가는 거리)
　＝2150 m＋1 km 980 m
　＝2 km 150 m＋1 km 980 m
　＝4 km 130 m
　따라서 3 km 170 m＜4 km 130 m이므로
　서점을 지나서 가는 것이
　4 km 130 m－3 km 170 m＝960 m 더 가깝습니다.

17 (2교시 시작 시각)＝오전 8시 50분＋40분＋10분
　　　　　　　　＝오전 9시 40분
　(3교시 시작 시각)＝오전 9시 40분＋40분＋10분
　　　　　　　　＝오전 10시 30분

18 (색 테이프 2장의 길이의 합)
　＝25 cm 7 mm＋18 cm 6 mm
　＝44 cm 3 mm
　(겹쳐진 부분의 길이)
　＝44 cm 3 mm－40 cm 8 mm
　＝3 cm 5 mm

서술형
19 예 물에 젖지 않은 부분의 길이는 전체 막대의 길이에서 젖은 부분의 길이를 뺀 것과 같습니다.
　따라서 물에 젖지 않은 부분의 길이는
　80 cm－32 cm 8 mm＝47 cm 2 mm입니다.

평가 기준	배점(5점)
식을 알맞게 세웠나요?	2점
물에 젖지 않은 부분의 길이를 구했나요?	3점

서술형
20 예 주말농장에 가는 데 걸린 시간은
　1시간 25분＋45분＝2시간 10분입니다.
　따라서 집에서 출발한 시각은
　오후 12시 7분－2시간 10분＝오전 9시 57분입니다.

평가 기준	배점(5점)
주말농장에 가는 데 걸린 시간을 구했나요?	2점
집에서 출발한 시각을 구했나요?	3점

6 분수와 소수

다시 점검하는 수시 평가 대비 Level ❶
36~38쪽

1 ㉡	**2** (1) 5개 (2) 8개
3 $\frac{3}{10}$ / 0.6, 0.8	**4** $\frac{5}{10}$, 0.5
5 (선 연결)	**6** (1) 38 (2) 1.5
7 (1) 5.2 (2) 1.4	**8** (1) ＞ (2) ＜
9 ㉢	**10** 9.8 cm
11 2조각	**12** $\frac{1}{5}$, $\frac{1}{9}$
13 $\frac{20}{23}$, $\frac{9}{23}$	**14** 4개
15 0.6	**16** 어제
17 병원	**18** 3개
19 $\frac{1}{3}$	**20** 0.2 m

1 넷으로 나눈 도형을 점선을 따라 잘라서 겹쳐 보았을 때 모양과 크기가 같은 것은 ㉡입니다.

2 (1) 전체를 똑같이 5로 나누었습니다.
　(2) 전체를 똑같이 8로 나누었습니다.

3 전체를 똑같이 10으로 나눈 것 중의 1은 $\frac{1}{10}$＝0.1입니다.

4 전체를 똑같이 10으로 나눈 것 중의 5는 $\frac{5}{10}$＝0.5입니다.

5 $\frac{4}{10}$＝0.4(영 점 사), $\frac{9}{10}$＝0.9(영 점 구)

6 (1) 3.8은 0.1이 38개입니다.
　(2) 0.1이 15개이면 1.5입니다.

7 (1) 1 mm＝0.1 cm이고
　　5 cm 2 mm＝52 mm이므로 0.1 cm가 52개이면 5.2 cm가 됩니다.
　(2) 14 mm는 0.1 cm가 14개인 1.4 cm가 됩니다.

8 (1) 분모가 같은 분수는 분자가 클수록 더 큽니다.

따라서 7>5이므로 $\frac{7}{15}>\frac{5}{15}$입니다.

(2) 단위분수는 분모가 클수록 더 작습니다.

따라서 18>11이므로 $\frac{1}{18}<\frac{1}{11}$입니다.

9 ㉠ $\frac{2}{4}$ ㉡ $\frac{2}{4}$ ㉢ $\frac{2}{5}$ ㉣ $\frac{2}{4}$

따라서 색칠한 부분이 나타내는 분수가 다른 것은 ㉢입니다.

10 9 cm와 8 mm만큼은 9 cm 8 mm입니다.

1 mm=0.1 cm이고 9 cm 8 mm=98 mm이므로 98 mm는 0.1 cm가 98개인 9.8 cm가 됩니다.

따라서 태주가 가지고 있는 색 테이프의 길이는 9.8 cm 입니다.

11

전체를 똑같이 6조각으로 나눈 후 전체의 $\frac{1}{3}$만큼 먹었으므로 2조각 먹은 것입니다.

12 단위분수는 분모가 클수록 더 작습니다. 분모의 크기를 비교하면 9>7>5이므로 $\frac{1}{9}<\frac{1}{7}<\frac{1}{5}$입니다.

13 분모가 23으로 같으므로 분자의 크기를 비교하면 9<10<12<16<20입니다.

따라서 가장 큰 분수는 $\frac{20}{23}$이고 가장 작은 분수는 $\frac{9}{23}$입니다.

14 분모가 20으로 같으므로 분자의 크기를 비교하면 11<□<16입니다.

따라서 □ 안에 들어갈 수 있는 수는 12, 13, 14, 15로 모두 4개입니다.

15 남은 주스의 양은 전체를 똑같이 10으로 나눈 것 중의 10-4=6이므로 소수로 나타내면 0.6입니다.

16 5 mm=0.5 cm이므로 오늘 내린 눈의 양은 0.5 cm 입니다.

따라서 0.6>0.5이므로 어제 눈이 더 많이 내렸습니다.

17 1.7>1.3>0.9이므로 학교에서 가장 먼 곳은 병원입니다.

18 분모가 12인 분수 중에서 $\frac{7}{12}$보다 크고 $\frac{11}{12}$보다 작은 분수는 분자가 7보다 크고 11보다 작은 8, 9, 10입니다.

따라서 $\frac{8}{12}$, $\frac{9}{12}$, $\frac{10}{12}$으로 모두 3개입니다.

서술형
19 예 단위분수는 분자가 1인 분수이고 분모가 작을수록 더 큽니다.

따라서 가장 큰 단위분수를 만들려면 분모에 1을 제외한 수 중 가장 작은 수를 넣어야 하므로 만들 수 있는 가장 큰 분수는 $\frac{1}{3}$입니다.

평가 기준	배점(5점)
단위분수의 크기를 비교할 수 있나요?	2점
가장 큰 단위분수를 구했나요?	3점

서술형
20 예 남은 색 테이프의 길이는 전체를 똑같이 10조각으로 나눈 것 중의 10-3-5=2(조각)입니다.

따라서 남은 색 테이프의 길이는 전체를 똑같이 10조각으로 나눈 것 중의 2조각이므로 0.2 m입니다.

평가 기준	배점(5점)
남은 색 테이프는 전체를 똑같이 10조각으로 나눈 것 중 몇 조각인지 구했나요?	2점
남은 색 테이프의 길이를 소수로 나타냈나요?	3점

다시 점검하는 수시 평가 대비 Level ② 39~41쪽

1 ㉡, ㉣　　　　**2** 0.3, 영 점 삼

3 $\frac{4}{6}$, $\frac{2}{6}$　　　　**4** (1) 7 (2) 2.3

5 (1) < (2) >　　　　**6** $\frac{1}{4}$

7 1.4　　　　**8** 8.7 cm

9 ③　　　　**10** $\frac{9}{13}$에 ○표, $\frac{1}{15}$에 △표

11 ①, ③　　　　**12** ④

13 88　　　　**14** 1, 2, 3, 4, 5

15 $\frac{24}{26}$, $\frac{12}{26}$, $\frac{11}{26}$, $\frac{7}{26}$, $\frac{3}{26}$

16 공원　　　　**17** 10.8 cm

18 배추, 고추, 무　　　　**19** 4개

20 대전

1 나눈 조각의 모양과 크기가 같은 것을 찾으면 ⓒ, ⓔ입니다.

2 전체를 똑같이 10으로 나눈 것 중의 3이므로 $\dfrac{3}{10}=0.3$이고 영 점 삼이라고 읽습니다.

3 전체를 똑같이 6으로 나눈 것 중의 4만큼 색칠하였으므로 색칠한 부분은 $\dfrac{4}{6}$, 색칠하지 않은 부분은 $\dfrac{2}{6}$입니다.

4 (1) 0.■는 0.1이 ■개입니다.
(2) 0.1이 ▲■개이면 ▲.■입니다.

5 (1) 분자의 크기를 비교하면 $4<9$이므로 $\dfrac{4}{16}<\dfrac{9}{16}$입니다.
(2) 분모의 크기를 비교하면 $9<11$이므로 $\dfrac{1}{9}>\dfrac{1}{11}$입니다.

6 파란색 부분은 전체를 똑같이 4로 나눈 것 중 1이므로 $\dfrac{1}{4}$입니다.

7 1 km와 전체를 똑같이 10으로 나눈 것 중의 4이므로 1과 0.4만큼인 1.4 km입니다.

8 8 cm보다 7 mm 더 긴 길이는 8 cm 7 mm입니다. 1 mm$=0.1$ cm이고 8 cm 7 mm$=87$ mm이므로 87 mm는 0.1 cm가 87개인 8.7 cm가 됩니다.

9 ③ 3 cm 6 mm$=3.6$ cm

10 분모가 13인 분수끼리 비교하면 $\dfrac{9}{13}>\dfrac{1}{13}$이고 단위분수끼리 비교하면 $\dfrac{1}{13}>\dfrac{1}{15}$입니다.
따라서 $\dfrac{9}{13}>\dfrac{1}{13}>\dfrac{1}{15}$입니다.

11 ③ $\dfrac{9}{10}=0.9$ ④ $\dfrac{6}{10}=0.6$
➡ $0.3<0.5<\dfrac{6}{10}<0.8<\dfrac{9}{10}<1.7$

12 단위분수는 분모가 작을수록 더 큽니다. 따라서 □ 안에 들어갈 수 있는 수는 11보다 작은 수입니다.

13 ・$\dfrac{1}{10}=0.1$이고 0.1이 24개이면 2.4이므로 ⊙$=24$입니다.

・6.4는 0.1이 64개인 수이므로 ⓒ$=64$입니다.
➡ ⊙$+$ⓒ$=24+64=88$

14 소수점 왼쪽 부분이 같으므로 소수 부분을 비교하면 □<6입니다.
따라서 □ 안에 들어갈 수 있는 수는 1, 2, 3, 4, 5입니다.

15 분모가 26으로 같으므로 분자의 크기를 비교하면 $24>12>11>7>3$입니다.
따라서 큰 분수부터 차례로 쓰면 $\dfrac{24}{26}$, $\dfrac{12}{26}$, $\dfrac{11}{26}$, $\dfrac{7}{26}$, $\dfrac{3}{26}$입니다.

16 $\dfrac{4}{10}=0.4$이고 $0.4<0.6$이므로 재석이네 집에서 더 가까운 곳은 공원입니다.

17 (네 변의 길이의 합)
$=27+27+27+27=108$(mm)
따라서 1 mm$=0.1$ cm이고 108 mm는 0.1 cm가 108개인 10.8 cm가 됩니다.

18 단위분수의 분모의 크기를 비교하면 $4<5<7$이므로 $\dfrac{1}{4}>\dfrac{1}{5}>\dfrac{1}{7}$입니다.
따라서 넓은 부분에 심은 채소부터 차례로 쓰면 배추, 고추, 무입니다.

^{서술형}
19 예 단위분수는 분모가 작을수록 더 큽니다.
$\dfrac{1}{10}$보다 큰 단위분수는 $\dfrac{1}{9}$, $\dfrac{1}{8}$, $\dfrac{1}{7}$, $\dfrac{1}{6}$, ...이고 이 중에서 분모가 5보다 큰 단위분수는 $\dfrac{1}{9}$, $\dfrac{1}{8}$, $\dfrac{1}{7}$, $\dfrac{1}{6}$로 모두 4개입니다.

평가 기준	배점(5점)
$\dfrac{1}{10}$보다 큰 단위분수를 모두 구했나요?	3점
조건을 만족시키는 분수는 모두 몇 개인지 구했나요?	2점

^{서술형}
20 예 $\dfrac{8}{10}$ cm$=0.8$ cm이고 1 cm 4 mm$=1.4$ cm입니다.
따라서 $1.4>1.2>0.8$이므로 비가 가장 많이 내린 도시는 대전입니다.

평가 기준	배점(5점)
단위를 같게 하여 크기를 비교했나요?	3점
비가 가장 많이 내린 도시를 구했나요?	2점

서술형 50% 단원 평가

42~45쪽

1 (1) 28 (2) 159   **2** (1) 5, 3 (2) 47

3 3100 m   **4** ©

5 (1) $\dfrac{3}{5}$ / $\dfrac{2}{5}$ (2) $\dfrac{5}{9}$ / $\dfrac{4}{9}$

6 (1) 9시 43분 58초 (2) 8시간 45분 8초

7

8 267개

9 ③   **10** 나영

11 태희   **12** 3 km 210 m

13 56   **14** 6시 52분 11초

15 $\dfrac{1}{21}$, $\dfrac{1}{16}$, $\dfrac{1}{12}$, $\dfrac{1}{7}$ **16** 7.8 cm

17 0.4   **18** 12 km 454 m

19 오이, 2개   **20** 93 cm

---

2 (1) 50 mm=5 cm이므로 53 mm=5 cm 3 mm 입니다.

　　(2) 4 cm=40 mm이므로 4 cm 7 mm=47 mm 입니다.

3 예 3 km보다 100 m 더 먼 거리는 3 km 100 m입니다. 3 km 100 m=3000 m+100 m=3100 m 이므로 정원이가 매일 달리는 거리는 3100 m입니다.

평가 기준	배점(5점)
3 km보다 100 m 더 먼 거리를 구했나요?	2점
단위를 m로 바르게 나타냈나요?	3점

4 ㉠ $40 \times 3 = 120$　㉡ $20 \times 6 = 120$
　　㉢ $50 \times 3 = 150$　㉣ $30 \times 4 = 120$
　　따라서 나타내는 수가 다른 하나는 ㉢입니다.

5 (1) 전체를 똑같이 5로 나눈 것 중의 3만큼 색칠하고 2만큼 색칠하지 않았으므로 색칠한 부분은 $\dfrac{3}{5}$이고, 색칠하지 않은 부분은 $\dfrac{2}{5}$입니다.

　　(2) 전체를 똑같이 9로 나눈 것 중의 5만큼 색칠하고 4만큼 색칠하지 않았으므로 색칠한 부분은 $\dfrac{5}{9}$이고, 색칠하지 않은 부분은 $\dfrac{4}{9}$입니다.

6 (2)

$$\begin{array}{r} \overset{11}{\cancel{12}}\text{시}　\overset{60}{3}\text{분}　50\text{초} \\ -　3\text{시}　18\text{분}　42\text{초} \\ \hline 8\text{시간}　45\text{분}　8\text{초} \end{array}$$

7 $\dfrac{8}{10}=0.8$(영 점 팔), $\dfrac{3}{10}=0.3$(영 점 삼), $\dfrac{1}{10}=0.1$(영 점 일)

8 예 세발자전거 한 대의 바퀴는 3개이므로 세발자전거 89대의 바퀴는 $3 \times 89 = 89 \times 3 = 267$(개)입니다.

평가 기준	배점(5점)
문제에 알맞은 식을 세웠나요?	2점
세발자전거의 바퀴는 모두 몇 개인지 구했나요?	3점

9 ① 140 ② 120 ③ 160 ④ 150 ⑤ 117
　➡ $160 > 150 > 140 > 120 > 117$이므로 곱이 가장 큰 것은 ③입니다.

10 예 나영: 3분 40초=220초, 지수: 232초
　　220초<232초이므로 나영이가 더 빨리 달렸습니다.

평가 기준	배점(5점)
단위를 같게 하여 비교했나요?	3점
누가 더 빨리 달렸는지 구했나요?	2점

11 예 분모가 같으므로 분자의 크기를 비교하면 3<4이므로 $\dfrac{3}{8} < \dfrac{4}{8}$입니다.
　　따라서 태희가 케이크를 더 많이 먹었습니다.

평가 기준	배점(5점)
분수의 크기를 비교했나요?	4점
케이크를 더 많이 먹은 사람을 찾았나요?	1점

12 (집에서 문구점까지의 거리) +(문구점에서 도서관까지의 거리)
　=1 km 20 m+2 km 190 m
　=3 km 210 m

13 8.9는 0.1이 89개입니다. ➡ ㉠=89
　0.1이 33개이면 3.3입니다. ➡ ㉡=33
　따라서 ㉠-㉡=89-33=56입니다.

14 예 7시 45분 21초에서 53분 10초 전의 시각은
　　7시 45분 21초-53분 10초=6시 52분 11초입니다.

정답과 풀이 **71**

평가 기준	배점(5점)
문제에 알맞은 식을 세웠나요?	2점
지금 시각에서 53분 10초 전의 시각을 구했나요?	3점

평가 기준	배점(5점)
오이와 감자의 수를 각각 구했나요?	4점
어느 것이 몇 개 더 많은지 구했나요?	1점

15 예 단위분수는 분모가 클수록 더 작습니다.

따라서 분모의 크기를 비교하면 $21 > 16 > 12 > 7$이

므로 $\frac{1}{21} < \frac{1}{16} < \frac{1}{12} < \frac{1}{7}$입니다.

평가 기준	배점(5점)
단위분수는 분모가 클수록 더 작은 수임을 알고 있나요?	2점
크기가 작은 분수부터 차례로 썼나요?	3점

16 예 (삼각형의 세 변의 길이의 합)

$= 26 \times 3 = 78 \, (mm)$

$78 \, mm$는 $0.1 \, cm$가 78개이므로 $7.8 \, cm$입니다.

평가 기준	배점(5점)
삼각형의 세 변의 길이의 합을 구하는 식을 세웠나요?	2점
삼각형의 세 변의 길이의 합을 cm로 나타냈나요?	3점

17 예 회색으로 칠한 부분은 벽 전체를 똑같이 10으로 나눈

것 중의 $10 - 6 = 4$입니다.

따라서 회색으로 칠한 부분은

벽 전체의 $\frac{4}{10} = 0.4$입니다.

평가 기준	배점(5점)
벽 전체를 똑같이 10으로 나누었을 때 회색으로 칠한 부분의 수를 구했나요?	2점
회색으로 칠한 부분을 소수로 나타냈나요?	3점

18 $6520 \, m = 6 \, km \, 520 \, m$

$2100 \, m = 2 \, km \, 100 \, m$

(㉮~㉭) = (㉮~㉬) + (㉫~㉭) - (㉫~㉬)

$= 6 \, km \, 520 \, m + 8 \, km \, 34 \, m$

$\quad - 2 \, km \, 100 \, m$

$= 14 \, km \, 554 \, m - 2 \, km \, 100 \, m$

$= 12 \, km \, 454 \, m$

19 예 (오이의 수) $= 32 \times 4 = 128$(개)

(감자의 수) $= 18 \times 7 = 126$(개)

따라서 $128 > 126$이므로 오이가

$128 - 126 = 2$(개) 더 많습니다.

20 예 (색 테이프 6장의 길이) $= 18 \times 6 = 108 \, (cm)$

겹쳐진 부분은 5군데이므로 겹쳐진 부분의 길이의 합

은 $3 \times 5 = 15 \, (cm)$입니다.

➡ (이어 붙인 색 테이프의 전체 길이)

$= 108 - 15 = 93 \, (cm)$

평가 기준	배점(5점)
색 테이프 6장의 길이와 겹쳐진 부분의 길이의 합을 각각 구했나요?	3점
이어 붙인 색 테이프의 전체 길이를 구했나요?	2점

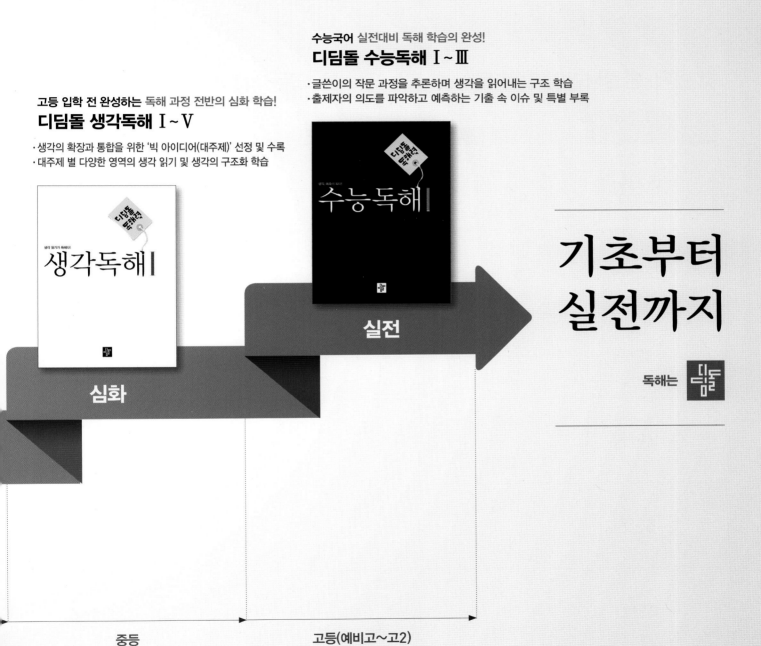

고등 입학 전 완성하는 독해 과정 전반의 심화 학습!
디딤돌 생각독해 Ⅰ~Ⅴ
·생각의 확장과 통합을 위한 '빅 아이디어(대주제)' 선정 및 수록
·대주제 별 다양한 영역의 생각 읽기 및 생각의 구조화 학습

수능국어 실전대비 독해 학습의 완성!
디딤돌 수능독해 Ⅰ~Ⅲ
·글쓴이의 작문 과정을 추론하며 생각을 읽어내는 구조 학습
·출제자의 의도를 파악하고 예측하는 기출 속 이슈 및 특별 부록

기초부터 실전까지

독해는 디딤돌

심화

실전

중등

고등(예비고~고2)

다음에는 뭐 풀지?

최상위로 가는
'맞춤 학습 플랜'

STEP
4
Book

다음에 공부할 책을 고르기 어려우시다면, 현재 성취도를 먼저 체크해 보세요.
최상위로 가는 맞춤 학습 플랜만 있다면 내 실력에 꼭 맞는 교재를 선택할 수 있어요!
단계에 따라 내 실력을 진단해 보고, 다음 학습도 야무지게 준비해 봐요!

첫 번째, 단원평가의 맞힌 문제 수 또는 점수를 모두 더해 보세요.

단원		맞힌 문제 수	OR	점수 (문항당 5점)
1단원	1회			
	2회			
2단원	1회			
	2회			
3단원	1회			
	2회			
4단원	1회			
	2회			
5단원	1회			
	2회			
6단원	1회			
	2회			
합계				

※ 단원평가는 각 단원의 마지막 코너에 있는 20문항 문제지입니다.